国家社会科学基金项目“中国对外贸易中的碳排放绩效评估”
（项目批准号:13BJY069）成果
江苏第二师范学院学术著作出版基金资助项目

中国对外贸易中的碳排放绩效评估

孙爱军◎著

中国社会科学出版社

图书在版编目（CIP）数据

中国对外贸易中的碳排放绩效评估/孙爱军著. —北京：中国社会科学出版社，2020.7

ISBN 978-7-5203-6355-6

Ⅰ.①中… Ⅱ.①孙… Ⅲ.①二氧化碳—排气—影响—对外贸易—经济绩效—评估—中国 Ⅳ.①X511 ②F752

中国版本图书馆 CIP 数据核字(2020)第 065220 号

出 版 人 赵剑英
责任编辑 张 林
特约编辑 宗彦辉
责任校对 沈丁晨
责任印制 戴 宽

出 版 中国社会科学出版社
社 址 北京鼓楼西大街甲 158 号
邮 编 100720
网 址 http://www.csspw.cn
发 行 部 010-84083685
门 市 部 010-84029450
经 销 新华书店及其他书店

印 刷 北京明恒达印务有限公司
装 订 廊坊市广阳区广增装订厂
版 次 2020 年 7 月第 1 版
印 次 2020 年 7 月第 1 次印刷

开 本 710×1000 1/16
印 张 15.75
插 页 2
字 数 247 千字
定 价 96.00 元

序言一

国际贸易的实践已经反复证明，世界各国参与国际分工与多边贸易合作是历史的选择，贸易自由是经济发展的必然规律。各个国家通过贸易合作，发挥各自的比较优势，不仅有利于经济的发展，而且有利于减少全球的碳排放。中国在推动经济高质量发展的过程中，始终坚持“绿水青山就是金山银山”的发展理念，积极参与应对全球气候变化治理，通过加快贸易转型推动绿色发展、循环发展、低碳发展。尤其是在当前贸易保护主义抬头、国际贸易摩擦加剧形势下，更加关注产业升级、清洁生产和贸易商品的附加值，形成提高效率、节约资源、保护环境的贸易发展方式，努力从贸易大国走向贸易强国。

孙爱军教授是工学博士、经济学博士后，在本书的写作过程中，选择的主题属于经济学的前沿课题，研究路径逻辑性强，框架结构科学合理，政策价值导向鲜明。该专著立足于对当今国际经济以及中国当前对外的贸易发展形势的客观分析，通过运用科学方法对相关翔实数据深入研究分析，推演出对外贸易、碳排放、效率三者之间长期均衡关系与耦合协调度，并以此作为理论依据定位我国贸易发展方式转变方向和衡量标准，提出各地要在国家发展战略的指引下积极实施绿色低碳发展，科学规划出口贸易的产业、规模和结构等，注重出口低耗、低碳的清洁产品等政策性建议，以实现我国在国际减排谈判中争取主动权和话语权的目标。该书博征旁引，梳理大量文献资料，介绍了课题研究现状、框架、方法、特色及其创新之处，为后续研究的展开提供了坚实的基础；在研究方法上采用定性定量分析，重点就中国对外贸易的空间关联、出口贸易的碳排放效率测度和特征以及碳排放效率、出口贸易及其比较优势等方面进行系统研究，主张我国积极参与国际碳排放市场的分配，在全球碳减排行动中争取话语权，在减排中保持贸易比较优势。

中国作为世界第二大能源消费国，碳排放总量连续多年居于世界第一，但是中国因为出口给国外消费者而承担的碳排放接近国内碳排放总量的1/3。出口拉动模式导致中国出口贸易量一直居高不下，隐含的碳排放数额巨大。因此研究出口贸易的碳排放效率，对于促进中国生态文明建设具有现实意义。作为在政协人口资源环境系统长期从事环境保护工作的一员，看到这样既有学术创新之视域，又有低碳减排之良策的科研成果，感到特别高兴。衷心希望有更多的学者和有识之士，勇于承担起环境保护的历史责任，善于贴近当今生态文明建设中面临的现实问题，加强政策研究和对策研究，让理论走出书斋，服务发展，多为环境保护鼓与呼，多为低碳经济谏诤言，携手同心，砥砺前行，在推进中国高质量发展的进程中，保住绿水青山，留下碧海蓝天。

江苏省十一届政协人口资源环境委员会主任

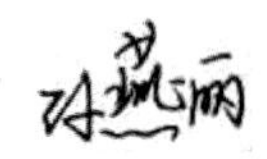

2019年10月1日

序言二

改革开放以来中国经济的高速发展在很大程度上受益于对外贸易，这一点可谓社会各界的共识。然而，对外贸易拉动经济增长的同时，也给中国的生态环境造成了相当的压力。开放发展仍然是中国未来相当长时期内需要坚持的一个重要发展理念。因此，如何走一条绿色低碳的贸易发展道路成为当前中国迫切需要解决的问题。

孙爱军教授所著的《中国对外贸易中的碳排放绩效评估》无疑为上述问题的解决提供了重要的决策依据。该专著从中国对外贸易的隐含碳测算入手，测度了中国出口碳排放效率并分析了其特征，继而分析了出口碳排放效率的影响因素以及碳排放效率与出口贸易和经济发展水平的耦合协调度，从而为出口碳排放效率的改善以及贸易政策和产业格局调整政策的制定提供了重要的学术支撑。

该专著在学术上亦颇有贡献。在研究方法上，孙爱军教授基于 DEA、组合超效率和全局参比建立了 SE—U—Global—V—SBM—MI 模型以测度碳排放效率，从共同技术效率和群组技术效率两个方面测算各地区与出口碳排放效率相关的技术缺口比率，应用耦合协调度方法测度出口贸易发展方式的转型。这些方法都具有一定的创新性。同时，该专著所使用的数据皆来自国内外公开的研究数据，具有高度的透明性，克服了以往研究数据黑箱的局限性。当然，该专著的研究的视角也具有其独特性，即通过出口贸易的、碳排放效率和经济水平的耦合协调度来衡量贸易发展方式的方向。

总之，孙爱军教授撰写的这部专著大大丰富了贸易与环境这一领域研究，同时十分有助于推动绿色低碳贸易的政策研究，是一部具有较高学术价值和政策参考价值的研究专著。

中国社会科学院环境技术经济研究室主任、
环境与发展研究中心副主任
张友国
2019 年 9 月 28 日

目　录 | contents

第一章　导论

1.1　研究背景与意义

国际贸易是世界经济发展的重要动力，全球化的专业分工和劳动合作通过贸易来完成，分工经由贸易创造财富，促进世界经济的发展。中国经济发展高速增长的成就举世瞩目，经济总量稳步增长，从2010年开始成为全球第二大经济体，为世界经济增长做出了很大的贡献，其中进出口贸易不仅是推动自身经济增长的“三驾马车”之一，也为其他国家的经济发展提供了巨大的市场，中国因此被冠称为世界经济发展的“重要引擎①”。与此同时中国是世界最大的能源消费国，除了环境污染之外，温室气体排放方面，不仅碳排放总量位居世界第一，“全球碳计划”研究认为2017年全球碳排放量的26%来自中国（碳排放总量达105亿吨），而且在利用效率方面并不乐观，单位GDP的碳排放量远高于其他国家，人均碳排放量超过世界平均水平40%，经济发展受到资源、生态环境的硬约束，面临着绝对数量和相对数量都急需减少碳排放的迫切要求，节能减排的国内外压力大、任务艰巨、形势严峻。中国以负责任的态度积极节能减排，2006年我国在“十一五”规划中就提出要建设资源节约型、环境友好型社会，并上升为一项基本国策，在产业升级、节能、发展可再生能源等举措下，明确提出到2030年左右达到碳排放峰值。在实现这一战略任务过程中，正值经济发展处于增长速

① 2017年中国经济占世界经济的比重提高到了15.3%左右，对世界经济增长的贡献率为34%左右。https：//www.sohu.com/a/233718781_999712523。

度换挡期、结构调整阵痛期、前期刺激政策消化期的“三期叠加”，经济下行压力较大，国内外政治和贸易环境错综复杂，投资拉动模式因为高额的债务和过剩产能导致很长一段时期内要谨慎应用，要“去产能、去库存、去杠杆”。内需拉动乏力和房地产经济风险并存，环境问题严重与碳排放居高不下，在当前困难重重的发展局势下，出口贸易面临着中美贸易摩擦，传统的出口贸易发展方式难以为继，如何转变贸易发展方式？如何保持中国的贸易比较优势？如何实现贸易、碳排放与经济的协调发展？对这些问题的研究具有理论价值和实践指导意义，以中美贸易摩擦为代表的中国与其他国家的博弈，是挑战更是机遇，倒逼我国对外贸易实现新型的可持续的贸易发展方式，在发展经济的同时保护环境，满足人民对美好生活的期盼，建设生态文明，实现绿色发展、低碳发展。

从2000年到2016年，中国的贸易和GDP一直保持着较快的增速，图1－1反映了中国GDP和进出口的变化，从2000年到2016年，GDP年均增长13.34%，进出口总额增长12.08%，图1－2比较了进口、出口贸易额，出口年均增长12.63%，进口年均增长11.41%，说明随着中国经济实力增强，现在越来越重视进口，但是无论是总量还是年均增速，出口还是一直大于进口，表明中国的经济增长还是在很大程度上依靠着出口贸易的拉动，中国经济发展验证了美国经济学家罗伯特逊提出的对外贸易是经济增长的发动机理论。

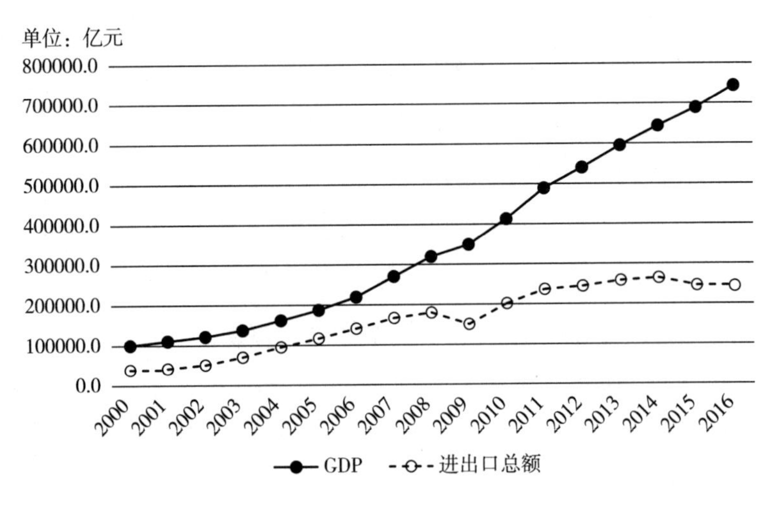

图1－1　中国GDP及进出口贸易

数据来源：2017年《中国统计年鉴》。

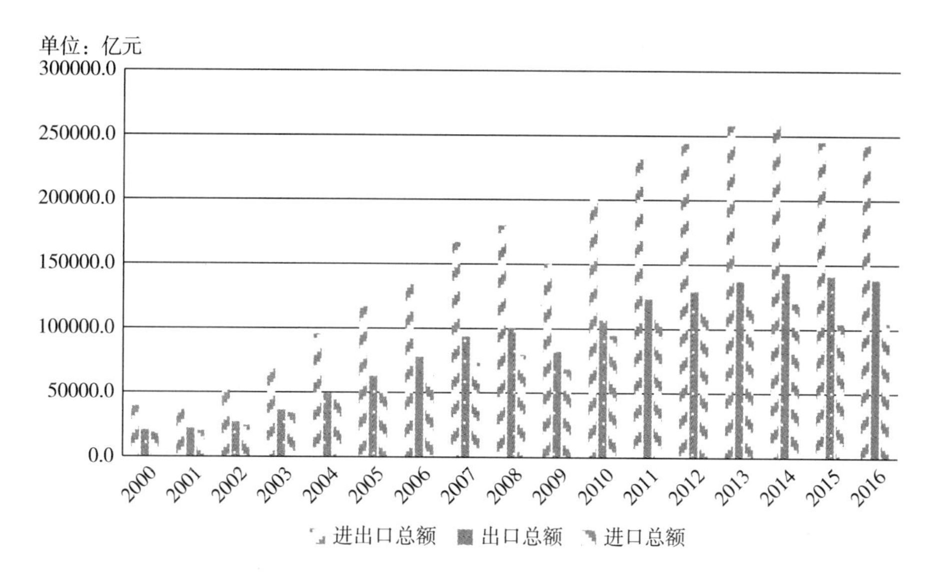

图1－2 中国进、出口贸易额

数据来源：2017年《中国统计年鉴》。

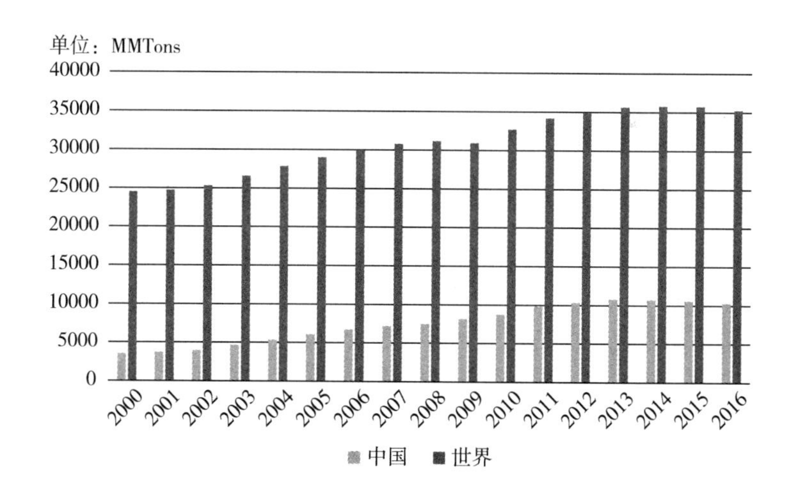

图1－3 中国与全球的碳排放

伴随着经济增长，来自美国能源信息署的数据表明，中国的碳排放稳步增长，逐渐成为碳排放大国①，2013年人均碳排放超过欧盟，2014年在世界各国的

① 全球碳计划（Global Carbon Project）公布的2013年度全球碳排放量数据表明，中国的人均碳排放量首次超过欧盟，引人关注。

碳排放数量中位于第一，中国碳排放占全球排放的比重也在增加，2000 年中国的碳排放为 3531.31MMTons，占全球的 14.39%。2008 年 5 月签署并核准的《京都议定书》呼吁发达国家从 2005 年、发展中国家从 2012 年要减少碳排放量，中国积极应对气候变化，推动绿色低碳发展，在 2013 年达到最高值 10791.21MMTons，占全球的 30.27%之后，不断采取强有力的减排措施，开始缓慢回落，2016 年占全球的 29.19%，彰显了中国坚持绿色低碳发展的决心和成效。

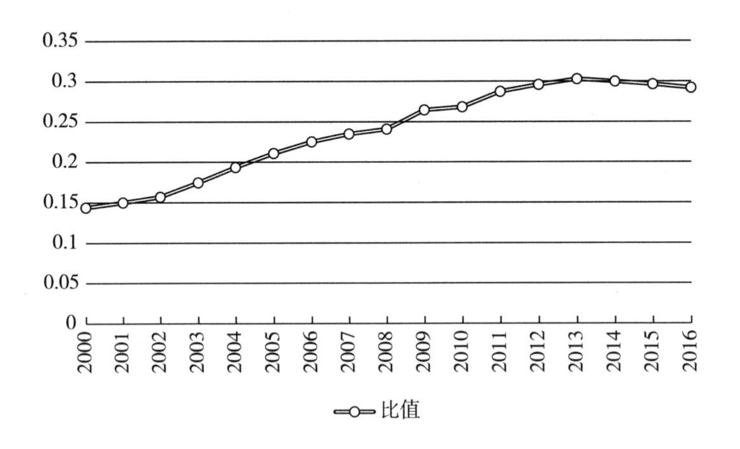

图 1 –4　2000—2016 年中国与全球的碳排放量比值

数据来源：美国能源信息署（EIA）。

通过进出口贸易，西方发达国家在消费进口商品时发生的资源消耗、环境污染和碳排放部分责任由出口国承担，中国作为世界上贸易第一、碳排放量第一的发展中国家，因为巨额的出口贸易引发的“碳泄漏”，数量不可忽视，已经有学者开始关注、研究，出口贸易引发的碳排放问题，王文举、向其凤的计算结果表明，中国因为出口而承担的碳排放占国内碳排放的 28.8%①，在中国出口拉动型经济发展模式中，因为生产了出口给发达国家消费者的商品而由国内承受的碳排放占到全部碳排放的 1/3 左右，所以，在对外贸易谈判和碳排放国际合作中，发达国家应在低碳技术、清洁能源技术与产业发展等方面，给予中国支持，同时中国也应该在国际碳减排合作中发出声音，提出合理的要求与建议。当前，中国面

① 王文举、向其凤：《国际贸易中的隐含碳排放核算及责任分配》，《中国工业经济》2011 年第 10 期。

临着温室气体国际减排谈判和国内环境的双重压力，出台相关政策的前提是亟须定量分析中国对外贸易的碳排放并做绩效评估。中国对外贸易的碳排放绩效评估涉及碳排放计算、效率及其影响因素、协调度研究等。

1.2　研究文献综述

1.2.1　出口贸易社会网络分析

应用社会网络方法研究出口贸易关联的文献相对较少。李琳、曾巍[①]认为地理邻近性对省际边界区域出口贸易有影响；魏浩、王宸[②]研究省域出口贸易的空间集聚效应；Brun 等分析了空间溢出效应。需要研究出口贸易空间关联的结构形态，揭示出口贸易空间关联“关系”造成的影响。

1.2.2　碳排放效率测算

效率计算中采用的大多符合指标，近来用综合指标来评价开始普及，其中运用环境数据包络分析法（简称 DEA，下同）的应用到多个领域（刘亦文[③]等，罗

① 李琳、曾巍：《地理邻近、认知邻近对省际边界区域经济协同发展影响机制研究》，《华东经济管理》2016 年第 5 期。

② 魏浩、王宸：《中国对外贸易空间集聚效应及其影响分析》，《数量经济技术经济研究》2011 年第 11 期。

③ 刘亦文、胡宗义：《中国碳排放效率区域差异性研究——基于三段 DEA 模型及超效率 DEA 模型分析》，《山西财经大学学报》2015 年第 4 期。

良文[①]等，沈能、王群伟[②]，魏楚[③]等，谭峥嵘[④]，吴贤荣[⑤]等，李国志、王群伟[⑥]）。已有研究主要是在模型与方法不断改进或者是评价对象的变化，研究出口贸易隐含碳排放的效率文献不多。

1.2.3 碳排放效率、出口贸易与比较优势

以碳排放效率作为核心变量，研究不同变量对碳排放效率的影响和作用。李卓霖[⑦]、赵凯[⑧]、李国志[⑨]、郭旭[⑩]等学者通过 DEA 模型中的 VRS 假设下的 Malmquist 指数模型，进行效率测算；谌伟等[⑪]对中国碳排放效率进行分解分析；李国志和王群伟[⑫]、刘广为和赵涛[⑬]对研究做进一步拓展。

1.2.4 协调度

研究对外贸易与经济发展或者研究对外贸易与碳排放的文献比较多，研究对

---

① 罗良文、李珊珊：《FDI、国际贸易的技术效应与我国省际碳排放效率》，《国际贸易问题》2013 年第 8 期。

② 沈能、王群伟：《中国能源效率的空间模式与差异化节能路径——基于 DEA 三阶段模型的分析》，《系统科学与数学》2013 年第 4 期。

③ 魏楚、沈满洪：《能源效率及其影响因素：基于 DEA 的实证分析》，《管理世界》2007 年第 8 期。

④ 谭峥嵘：《中国省级区域碳排放效率及影响因素研究——基于 Malmquist 指数》，《环保科技》2012 年第 2 期。

⑤ 吴贤荣、张俊飚、田云、李鹏：《中国省域农业碳排放：测算、效率变动及影响因素研究——基于 DEA - Malmquist 指数分解方法与 Tobit 模型运用》，《资源科学》2014 年第 4 期。

⑥ 李国志、王群伟：《中国出口贸易结构对二氧化碳排放的动态影响——基于变参数模型的实证分析》，《国际贸易问题》2011 年第 1 期。

⑦ 李卓霖：《我国区域碳排放效率测度及影响因素分析》，硕士学位论文，中国矿业大学，2014 年。

⑧ 赵凯：《我国区域工业劳动生产率及其差距与碳排放强度的关系研究——基于 VAR 模型的动态分析》，硕士学位论文，暨南大学，2013 年。

⑨ 李国志：《基于技术进步的中国低碳经济研究》，博士学位论文，南京航空航天大学，2011 年。

⑩ 郭旭：《基于 DEA 方法的上海市行业碳排放环境效率分析》，硕士学位论文，合肥工业大学，2014 年。

⑪ 谌伟、诸大建：《中国二氧化碳排放效率低么？——基于福利视角的国际比较》，《经济与管理研究》2011 年第 1 期。

⑫ 李国志、王群伟：《中国出口贸易结构对二氧化碳排放的动态影响——基于变参数模型的实证分析》，《国际贸易问题》2011 年第 1 期。

⑬ 刘广为、赵涛：《中国碳排放强度影响因素动态效应分析》，《资源科学》2012 年第 10 期。

外贸易、碳排放、效率三者之间关系的成果不多。陈光春①等应用协整分析、脉冲响应等方法；许广月和宋德勇②、王斌③通过协整分析、格兰杰因果关系检验等方法研究出口贸易、碳排放等三个变量之间的长期均衡关系，本课题是对出口贸易、碳排放效率、经济水平三者之间的耦合协调度进行计算、分析。

1.3 研究框架及思路

研究思路是：在梳理研究现状基础上，具体技术线路见下图。

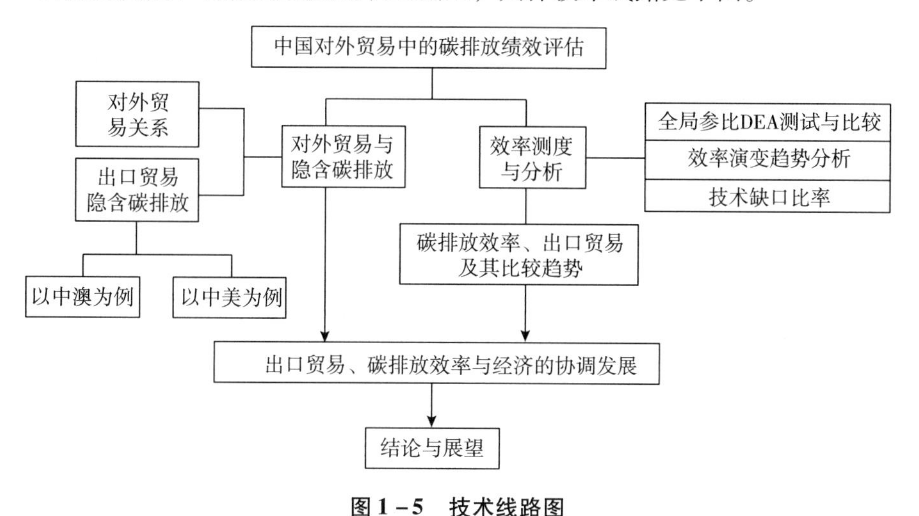

图1-5 技术线路图

① 陈光春、蒋玉莲、马小龙等：《广西出口贸易与碳排放关系实证研究》，《广西社会科学》2014年第1期。

② 许广月、宋德勇：《我国出口贸易、经济增长与碳排放关系的实证研究》，《国际贸易问题》2010年第1期。

③ 王斌：《我国出口贸易、经济增长与碳排放的协整与因果关系——基于1978—2012年数据的实证分析》，《经济研究参考》2014年第4期。

1.4 研究方法

一是应用社会网络分析方法，说明世界各国在自由贸易与全球化中紧密关联，倡导多边主义的开放、包容与合作，反对贸易保护主义。二是构建了基于非期望产出的全局参比 DEA 模型计算效率。组合超效率和全局参比，建立 SE－U－Global－V－SBM－MI 模型来计算出口贸易隐含的碳排放效率，在比较全局参比与相邻参比、固定参比、序列参比、窗口参比等不同 Malmquist 模型的计算结果后，进一步应用配对 T 检验、Kendall's τ 检验和 Wilcoxon 检验对不同假设下的计算结果进行对照比较，从统计上确保结果的科学性、可靠性。三是拓展效率计算方法：用技术缺口比率反映出了共同前沿与区域前沿技术水平的差距计。考虑到区域技术水平的差异，从共同技术效率和群组技术效率两个方面，测算出共同前沿和群组前沿条件中各省份 Malmquist 指数下的出口贸易碳排放效率，并以此计算技术缺口比率。分析各省与潜在最有出口贸易碳排放效率的差距。

四是应用空间计量方法：应用空间计量和系统距估计等计量分析工具，在研究出口贸易隐含的碳排放效率的影响因素时，采用空间杜宾模型，比较三种不同的空间权重下的空间作用，并应用空间回归偏微分方法；应用距估计方法分析碳排放规制对出口贸易的比较优势的影响和作用。建立空间杜宾模型分析国际贸易中的碳排放效率与影响因素，应用空间面板回归偏微分效应分解方法得出间接效应、直接效应以及总效应。

五是创新评价方法：应用耦合协调度的方法，对出口贸易、碳排放与经济水平发展进行评价，并以此提出政策建议。

1.5 研究的特色

（1）研究有可靠、规范的数据作为依据

现有的计算方法有许多，导致同一研究对象得到的结果差异较大，因为很多的国内研究没有提供数据，导致计算结果和研究结论存在大相径庭的现象，难以统一理论研究的口径，本课题整理出国际、国内公开的研究数据，确保了我们的结果可检验、可重复。同时为后续相关研究提供了基础的数据，为研究者节约了收集和整理数据的时间。

（2）研究方法具有一定的先进性

在碳排放效率的计算中，我们基于研究对象的特点，选择了在可变规模报酬假设下，考虑到非期望产出的、超效率全局参比效率和 Malmquist 指数，为了验证结果的可行度，进一步比较了不同面板数据模型下的碳排放效率，并且做配对检验；进一步通过技术缺口比率分析各省份与全国潜在最有出口贸易碳排放效率的差距；在国际贸易中的碳排放绩效研究及影响因素进行分析时，应用空间杜宾模型，分析出口贸易对碳排放效率的空间溢出效应，应用空间面板回归偏微分效应分解方法得出间接效应、直接效应以及总效应。

（3）研究成果有一定的应用价值

贸易发展方式转变的衡量是什么？研究中计算省域出口贸易的中心度、碳排放效率和经济水平的耦合协调度，以此作为贸易发展方式的方向和衡量标准，出口贸易要按照国家统一部署，根据国家环境保护战略，各省要积极实施绿色低碳发展，一方面要提高出口贸易的中心度，如参与“一带一路”，另一方面要转变贸易发展方式，以中美贸易摩擦为契机，化压力为机遇，在国家发展战略的指引下，以减排为引领，科学规划出口贸易的产业、规模和结构等，出口低能耗、低碳的清洁产品，从贸易角度在国际减排谈判中争取主动权和话语权。

1.6　研究的创新点

（1）在测算碳排放效率方面，基于非期望产出的 DEA 模型，组合超效率和全局参比，建立了 SuperEfficiency – Undesirable – Malmquist Productivity Index（Global，Single Index，Multiplicative and GeoMean） – Variable – Benchmark 模型

来计算出口贸易隐含的碳排放效率，简记为 SE – U – Global – V – SBM – MI，在比较全局参比与相邻参比、固定参比、序列参比、窗口参比等不同 Malmquist 模型的计算结果后，选择了全局参比的结果，结果具有可靠性。

（2）计算并通过技术缺口比率，分析各省与潜在最有出口贸易碳排放效率的差距。考虑到区域技术水平的差异，从共同技术效率和群组技术效率两个方面，测算出共同前沿和群组前沿条件中各省份 Malmquist 指数下的出口贸易碳排放效率，并以此计算技术缺口比率。

（3）应用多种计量分析工具，研究出口贸易隐含的碳排放效率的影响因素，采用空间杜宾模型，比较三种不同的空间权重下的空间作用，并应用空间回归偏微分方法；应用距估计方法分析碳排放规制对出口贸易的比较优势的影响和作用。

（4）应用耦合协调度的方法对出口贸易发展方式转型进行评价，并以此提出政策建议。

本章介绍了研究背景、研究框架、思路与方法，结合国际经济以及中国当前对外的贸易发展形势，研究出口贸易隐含碳排放效率，一方面是因为自由贸易是世界各国经济发展的必然选择，不断地被理论民证明，被历史事实所证明。另一方面是凸显只有通过出口贸易隐含碳排放效率的提高，才能实现中国的碳减排目标，实现出口贸易和经济增长的协调发展。在后续的研究中，为确保课题研究过程的科学性、严谨性，在规范地整理数据基础上，应用符合具体实际的科学方法，从出口贸易隐含碳排放效率模型计算、效率特征分析等方面进行量化分析，在全文最后附上了数据，不仅保证了结果的可重复、可验证，而且为相关领域的后续研究奠定基础。

第二章　中国对外贸易的空间关联分析

2.1　引言

众所周知，亚当·斯密提出的自由贸易理论是国际贸易的核心理论，是WTO多边贸易体制的理论基础，影响着世界各国的贸易政策。对外贸易在十八世纪日益成为世界各国至关重要的国家事务，十九世纪以来很多学者坚持经济逻辑优先，休谟、斯密主张经济全球化、创造共赢的局面，各个国家参与全球市场竞争、通过贸易获益已经成为一项融入世界经济主流的基本活动。另外，马基雅维利主义的国家理性强调以国家的边界作为权衡利弊的尺度，突出本国优先，贸易受制于国家理性，尤其是在经济衰退与贸易量萎缩中，贸易保护主义抬头，国际贸易增长趋缓甚至停滞不前。对亚当·斯密和大卫李嘉图主张的自由贸易，反对者认为自由贸易导致本国利益受损、经济安全受到威胁，民族工业、中小企业等受到冲击，基于政治优先于经济的逻辑，设立贸易限制，有些国家为了保护本国产业而干预经济活动。世界银行研究报告显示已经实现的贸易限制措施超过47项，2015年的世贸组织数据表明全球执行的贸易救济案件达1760件，美国在2008—2015年的贸易保护性举措累积有600多项，货物贸易总值和服务贸易分别下降13%和6%，存在着两种对立的贸易观点。本文的理论意义是探讨并分析在国际贸易争端以及波动起伏的贸易战背景下能否形成稳定的贸易网络关系，在两种不同的理论观点下，是主张自由贸易、贸易多边主义还是支持主张本国利益优先、实行贸易保护主义？实践意义在于以 G20① 国家为研究对象，量化分析 G20 国家贸易的空间特征与网络效应，分析贸易自由是内在发展规律和经济发展的必然还是外在的强加？贸易空间网络结构特征是否有利于进出口贸易增长？本文对 G20 成员国之间贸易的这些空间关联关系进行分析，有利于揭示国际贸易一般发展规律，同时也能为驳斥贸易保护主义论调提供经验证据，回应前面的两种不同理论观点的争论。

后续内容安排如下：第二部分是国内外相关研究评述；第三部分为方法与数据说明，国家之间网络关联关系的计算过程，选用的是网络特征指标介绍；第四部分为中心性分析与块模型分析结果，中心性分析的作用在于量化计算中心地位和作用，并且量化各个国家的核心和边缘程度，块模型分析是为了揭示各成员国在出口贸易关联网络的空间聚类特征；第五部分为 G20 国家间出口贸易空间关联网络的效应，重点分析了 G20 贸易网络中心度对成员国进出口贸易的影响程度及其贡献，并且给出中国的贸易中心度；最后为研究的结论与启示，说明中国与世界各国的贸易关联。

2.2 文献综述

作为一个新兴的国际经济合作论坛，G20 每年一度的峰会举世瞩目，在国际经济合作中的地位与影响备受关注，国内外学者对贸易结构及运行机制、网络关系、贸易发展与经济增长等方面进行了多方面研究。第一，关于贸易结构与内在运行机制的研究。斯密认为自由市场才是解决贫困和失业的根本之道，保护主义是基于政治逻辑下的选择，国家之间自由贸易是国家经济发展的理性

① G20 由原八国集团以及其余 12 个重要经济体组成，包括英国、美国、日本、法国、德国、加拿大、意大利、俄罗斯、澳大利亚、巴西、阿根廷、墨西哥、中国、印度尼西亚、印度、沙特阿拉伯、南非、土耳其、韩国，共 19 个国家以及欧盟。这些国家的国民生产总值约占全世界的 85%，人口占全球人口的 67%，国土面积占全球的 60%，贸易额占全球的 80%，在人口数量、经济体量和贸易总额等方面几乎覆盖了全球的大部分，成员构成兼顾了发达国家和发展中国家以及不同地域利益平衡。作为对国际贸易有重要影响力的国际经济合作论坛，对世界各国间的贸易和经济合作有积极的导向和示范作用，有力地促进了国际经济和贸易的协调发展。

选择。如刘光溪[①]、Tim Büthe. et al. , V. M. Helen[②] 分析贸易结构表层转变的深层原因是全球产业结构的调整和转移，更多的是研究贸易双边之间的关系。相似的研究还有 Scott L. baier et al. 、B. Jeffrey、H. Bergstrand[③]、Mounir Belloumi[④] 等。王丽萍[⑤]分析中欧之间贸易面临的形势，针对来自欧盟贸易保护主义的挑战，提出要平衡与美国、日本的贸易差额，拓宽中欧全方位、多层次、宽领域的贸易新空间。朱杰进[⑥]认为 G20 国家之间的协调机制是一种非正式性的国家间沟通与相互作用，基于沟通、协商达成的共识具有一定的约束力，执行中有灵活性。黄超[⑦]认为 G20 机制克服了现有 OECD 的“合法性缺陷”和联合国的“协调性”，较好地促进了发达国家和发展中国家之间的政治和经济合作。第二，关于 G20 框架内国家之间的网络关系。休谟和斯密都并不认为自由贸易导致富国的经济衰退，反对贸易的猜忌，主张国家之间的贸易往来。Raja Kali[⑧] 与姚永玲[⑨]等采用社会网络分析方法分析，结论是二十国集团网络的整体联结不断加强，中国在整体性网络中的显著性与中心性不断增强。徐凡[⑩]也采用社会网络分析方法，研究网络结构及其变化趋势，表明二十国集团组成的网络整体性正在得到强化，中国的中心性地位日益凸显，对外贸易谈判能力不断增强。第三，G20 国家在国际经济发展的地位及其作

---

① 刘光溪：《贸易结构的表层转变与贸易增长的“粗放性”》，《国际贸易组织动态与研究》2006 年第 8 期。

② Tim Büthe, Helen, V. M. , 2008, “The politics of Foreign Direct Investment into Developing Countries: Increasing FDI through International Trade Agreements? ”, *American Journal of Political Science*, 52 (4), pp. 741 – 762.

③ Scott L. baier et al. , B. Jeffrey, H. Bergstrand, 2007, “Do free trade agreements actually increase members´international trade? ”, *Journal of International Economics*, 71 (1), pp. 72 – 95.

④ Mounir Belloumi, 2014, “The relationship between trade, FDI and economic growth in Tunisia: An application of the autoregressive distributed lag model”, *Economic System*, 8 (2), pp. 269 – 287.

⑤ 王丽萍：《中欧经贸关系发展中的制约因素及对策研究》，《东南亚研究》2002 年第 3 期。

⑥ 朱杰进：《国际机制间合作与 G20 机制转型——以反避税治理为例》，《国际展望》2015 年第 5 期。

⑦ 黄超：《新型全球发展伙伴关系构建与 G20 机制作用》，《社会主义研究》2015 年第 3 期。

⑧ Raja Kali, 2010, “Financial contagion on the international trade network”, *Economic Inquiry*, 48 (4), pp. 1072 – 1101.

⑨ 姚永玲、李恬：《二十国集团贸易网络关系及其结构变化》，《国际经贸探索》2014 年第 11 期。

⑩ 徐凡：《G20 机制化建设与中国的战略选择——小集团视域下的国际经济合作探析》，《东北亚论坛》2014 年第 6 期。

用。如曹广伟[①]分析指出，随着经济全球化与发展中国家的崛起，G20 逐步形成协调不同国家经济决策的沟通机制与重要的经济合作平台，有效地推动了各个国家的经济增长。赵瑾[②]提出 G20 作为国际经济治理新机制的地位日益凸显，中国应该和发展中国家一起，围绕共同发展问题，在国际经济舞台上积极作为，促进不同类型国家之间的平衡发展与绿色发展。崔志楠[③]等指出以匹兹堡峰会为标志，G20 从 2009 年开始发展成治理国际金融体系最具影响力的平台之一。陈建奇[④]等的研究结论是 G20 国家宏观经济政策的变化会影响到其他国家，具有溢出效应，如美国大量发行基础货币将会导致跨国流动资本增加。张海冰[⑤]呼吁 G20 推动各个国家之间政治经济发展合作，强调平等，注重成效。Lesage D.[⑥] 和赵进东[⑦]总结中国在 G20 中的角色经历了从“被动参与、核心参与到引领者和国际规则制定参与者”等不同等级地位。中国在杭州峰会上反对贸易保护主义，倡导通过扩大贸易带动发展中国家工业发展，完善贸易的机制，推动贸易便利化、自由化。此外，涉及 G20 成员国之间的贸易文献，还有不少是围绕贸易摩擦、贸易与环境保护等展开的，摩擦的内容既有具体的产品如纺织品、钢铁、轮胎，企业的反倾销争议等，也有经济政策、体制和制度层面，中美贸易因数额巨大、摩擦最多导致研究文献最多，如韩擎[⑧]从产业结构视角分析中美之间贸易摩擦的现状、趋势及其原因，其他文献还有很多，在此就不一一列举。

现有文献研究 G20 国家之间贸易数量、产品结构及其对经济增长的贡献，深入解释 G20 各国间的贸易空间关联效应的很少，也未进一步解释 G20 国家间出口贸易网络关系和结构，没有量化分析贸易中心度对贸易的影响。本文的理论框

---

① 曹广伟：《一种新的国际经济协调机制的建构——简评 G20 机制在应对全球经济危机中的作用》，《东南亚纵横》2010 年第 5 期。

② 赵瑾：《G20：新机制、新议题与中国的主张和行动》，《国际经济评论》2010 年第 5 期。

③ 崔志楠、邢悦：《从“G7 时代”到“G20 时代”——国际金融治理机制的变迁》，《世界经济与政治》2011 年第 1 期。

④ 陈建奇、张原：《G20 主要经济体宏观经济政策溢出效应研究》，《世界经济研究》2013 年第 8 期。

⑤ 张海冰：《试析 G20 在联合国 2015 年后发展议程中的角色》，《现代国际关系》2014 年第 7 期。

⑥ Lesage，D.，2014，“The Current G20 Taxation Agenda：Compliance，Accountability and Legitimacy”，*International Organisations Research Journal*，9（44），pp. 814 – 835.

⑦ 赵进东：《中国在 G20 中的角色定位与来路》，《改革》2016 年第 6 期。

⑧ 韩擎：《从产业结构看中美贸易摩擦的特征、原因及趋势》，《世界贸易组织动态与研究》2004 年第 7 期。

架是：首先，把 G20 国家之间的贸易看作一种关系和结构，用引力模型方法来计算并测算国家贸易之间的网络关系；其次，应用对关系和结构做分析的社会网络分析法（简记为 SNA）做分析，最后，在前面简化的基础上做计量分析。研究思路是以 G20 国家为研究对象，整理 2000—2016 年 G20 国家间进、出口贸易数据，采用社会网络分析方法，对进、出口贸易的空间关联网络结构和网络效应进行考察，然后，计算分析网络密度（Density）、网络关联度（Connectedness）等整体性网络特征，进一步采用块模型（Block Modeling）方法揭示 G20 国家贸易在空间上的板块划分，计算中心度，并且运用中心性分析（Centraliy）的方法考察 G20 各成员国在整体网络中的作用和地位，最后，量化分析网络结构特征对进、出口贸易规模的影响，得到启示和建议。区别于已有文献定性分析 G20 国家之间的贸易发展特征、定量分析贸易和经济增长之间关系的研究成果，本文的贡献在于：（1）首次运用社会网络分析法来分析国家层面上的关系，以 G20 国家贸易往来联结而成的网络结构为研究对象，分析了 G20 国家贸易网络的形态特征和互动特征；（2）结构决定属性，量化分析网络中心度对进出口贸易量的属性数据是否产生影响及其作用的大小，证明网络中心度对贸易增长是否有贡献，从而从正面回答贸易保护主义不利于贸易网络结构特征的内在发展规律。

2.3　方法与数据

1. G20 国家间贸易空间关联关系的确定

确定国家间贸易空间关联关系是前提。社会网络分析中“关系”数据的建立，常用的方法有引力模型和 VAR Granger Causality 检验方法。本文选用修正后的引力模型[①]来确定国家贸易之间的网络关系，修正后的引力模型如

---

① 引力模型的思想和概念源自物理学中牛顿提出的万有引力定律：两物体之间相互引力与两个物体的质量大小成正比，与两物体之间的距离远近成反比。早在 20 世纪 50 年代初，最早将引力模型用于研究国际贸易的是 Tinbergen（1962）和 Poyhonen（1963），他们分别独立使用引力模型研究分析了双边贸易流量，并得出了相同的结果：两国双边贸易规模与他们的经济总量成正比，与两国之间的距离成反比，由于引力模型所需要的数据具有可获得性强、可信度高等特点，贸易引力模型的应用越来越广泛，成为国际贸易流量的主要实证研究工具。

式（2－1）所示。

$$y_{ik} = Q_{ik} \frac{\sqrt[3]{P_i E_i G_i} \sqrt[3]{P_k E_k G_k}}{(\frac{D_{ik}}{g_i - g_k})^2}, Q_{ik} = \frac{E_i}{E_i = E_k} \tag{2-1}$$

式（2－1）中，i、k 代表不同的国家；y_{ik} 表示国家 i 和国家 k 之间的引力；E_i、E_k 分别表示国家 i 和国家 k 的出口贸易总量；Q_{ik} 表示 i 国占 i 与 k 两个国家之间出口贸易商品额比例（或者贡献程度）。考虑经济发展水平和地理位置对于出口贸易的便捷程度有直接的作用，在研究中综合两者因素，用 i 和 j 两个人均 GDP 的差值（$g_i - g_k$）除 i 和 k 两个国家之间的地理距离（D_{ik}）来表示，引力模型公式中用到的距离是指国家之间的地理距离，考虑到可能存在负值现象，所以取平方，如式（2－1）中所示。通过上式测量各个数值并且构建引力矩阵，以该矩阵的行平均值做参照值，若矩阵上的元素值大于参照值说明该行国家与该列国家出口贸易具有关联关系，用“1”来标记；否则就标记为 0，表明不存在关联。

2. 网络特征指标

（1）整体网络特征。用网络密度、网络关联度、网络等级度和网络效率对 G20 国家贸易整体网络特征来进行衡量。网络密度反映 G20 国家进出口贸易空间关联网络的紧密程度，网络密度越大，表明成员国间进出口贸易之间的关联就越紧密，对各国进出口贸易产生的影响也越大。网络关联度反映 G20 国家间进出口贸易空间关联网络自身的稳健性和脆弱性，如果很多国家都与某一国家有着贸易关联，那么整个关联网络对该国家有着很高的贸易依赖性。网络等级度反映各国家贸易地位在网络中所处等级，网络等级度越高则网络中成员国之间的等级结构越森严，网络效率反映了网络中各成员国之间的连接效率，网络效率越低，那么成员国之间的连线越多，出口贸易之间的联系也越紧密，整个网络就越稳定。

（2）各国家贸易的网络特征。用点度中心度、中介中心度和接近中心度等网络中心性指标对各国家间进出口贸易的网络结构特征来进行衡量。其中，点度中心度（*Degree Centality*）是通过网络中的连接数来判断各成员国在网络中所处中心位置的程度，点度中心度越高，说明该国家在网络中与其他成员国之间的联系越多，该国家也更加处于网络的中心。中介中心度（*Betweenness Cenrality*）具有衡量某个成员国作为媒介者的能力，中介中心度越高则说明该国家越能把控与其他成员国之间的出口贸易行动，该国家也就更加处于网络的中心地位。接近中心度（*Closeness Centrality*）则描述了网络中某个国家在出口贸易过程中“独立”的程度。某个国家的接近中心度越高，则与其他成员国之间的直接关联就越多，在整个网络中就成为中心行动者。

3. 数据来源

研究中是以国家作为一个研究节点，欧盟作为一个区域性组织不纳入研究范围。各国的进、出口贸易总量来源于2000—2016年的国际贸易数据库，世界银行官方网站提供有年度商品贸易数据，涵盖全球99%的国家之间实际发生的贸易数额。其中贸易数据以2000年基准进行了平减。

表2-1　　进、出口贸易的描述性统计

变量		均值	标准差	最小值	最大值
进口贸易	总体	2629.11	2716.973	146.1	17618.9
	组内		2254.604	571.2	8778.96
	组间		1597.274	-3190	11469
出口贸易	总体	2338.52	2733.084	60.28	16724.9
	组内		2425.919	548.5	11286.5
	组间		1370.069	-1681	12487.2

注：国家之间的距离用国家之间的球面距离表示，应用ArcGIS自行计算而得，具体计算过程参见附件1。

2.4 G20 国家间贸易的空间网络结构特征

1. 国家间贸易的空间网络联系图

用空间网络图的形式反映各个国家之间出口贸易的联结关系。以 2016 年的进出口总量为例，使用 UCINET 可视化工具 Netdraw 绘制，展示各成员国间贸易空间的关联网络结构形态，参见图 2－1。

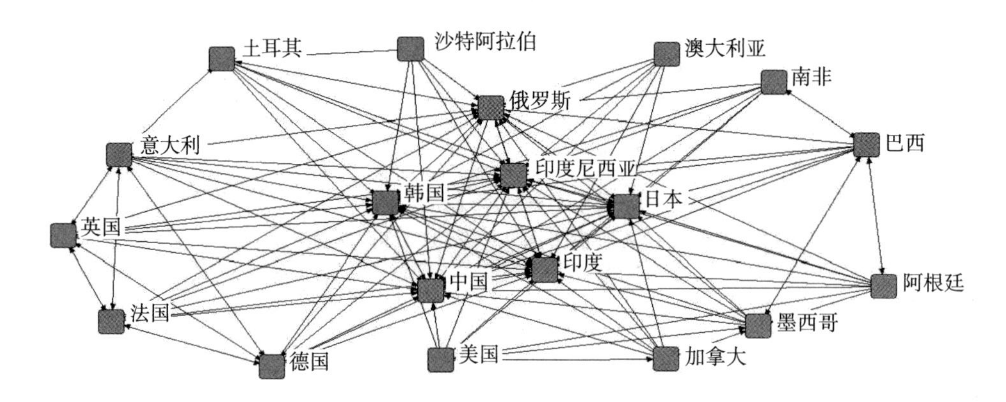

图 2－1　2016 年 G20 国家间进出口总贸易空间关联网络

分析 G20 国家间进出口贸易总量数据的空间关联网络联系，网络密度为 0.3889，存在 133 个关联关系，其中，美国进出口贸易的溢出效应，点出度为 7，点入度为 3，记为美国（7－3），其他的情况是：日本（4－18）、德国（9－4）、法国（9－3）、英国（9－3）、意大利（10－3）、加拿大（8－1）、俄罗斯（7－14）、中国（4－18）、阿根廷（9－1）、澳大利亚（6－0）、巴西（9－3）、印度（5－18）、印度尼西亚（5－18）、墨西哥（8－4）、沙特阿拉伯（7－0）、南非（7－1）、韩国（4－18）、土耳其（6－3）。从图形中可以看出 G20 国家间进出口贸易在空间上是普遍联系的。

进一步分别对进、出口贸易结构的中心性进行比较分析，做 2－模数据的中心度可视化分析，形象展示各个国家的中心化程度。首先，比较进口贸易的 2000 年（参见图 2－2）和 2016 年（参见图 2－3）可以看出，中国、印度、印度尼西亚、日本、韩国和俄罗斯都显著地处于 G20 国家进口贸易网络的核心，中心度大的点的面积规模也相对大，2016 年俄罗斯的中心度明显相对较小。

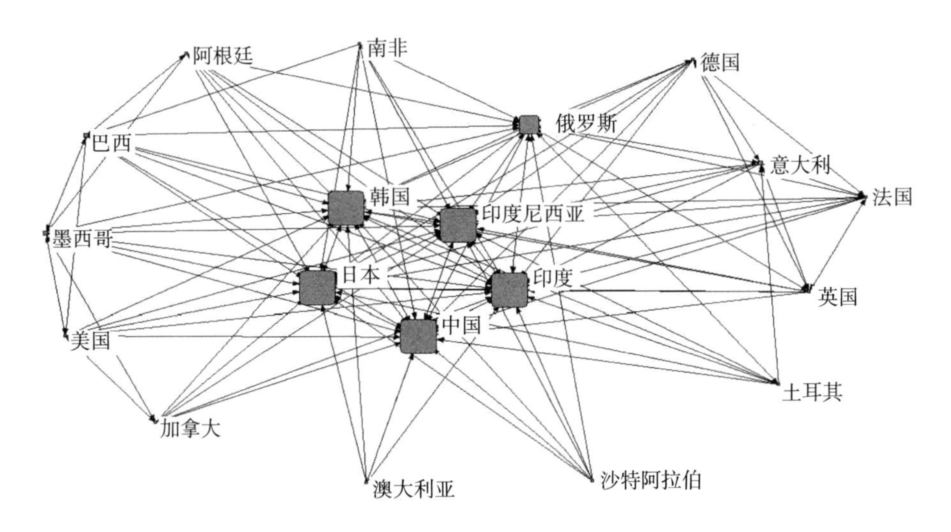

图 2－2　2000 年 G20 国家间进口贸易空间关联网络

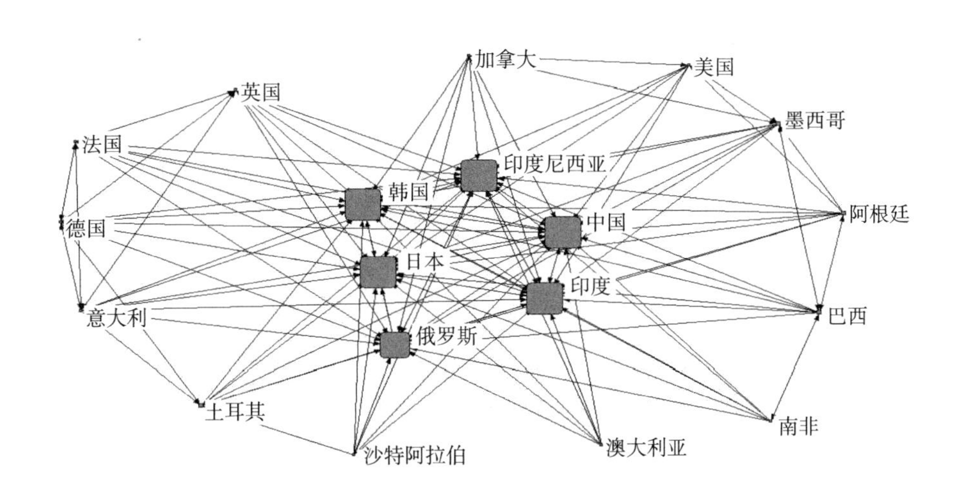

图 2－3　2016 年 G20 国家间进口贸易空间关联网络

其次，从出口贸易视角比较分析 G20 国家空间关联的网络结构形态图，以 2000 年和 2016 年为例，发现所呈现的特征和进口贸易的一样，中国、印度、印度尼西亚、日本、韩国和俄罗斯都显著地处于 G20 国家进口贸易网络的核心，同样发现俄罗斯的规模相对较小，是因为西方国家的制裁，俄罗斯虽然一直致力于国际贸易，但在出口能源、进口轻工业产品等方面数量都相对较小、品种比较单一，导致其虽然是一个大国，中心程度比其他国家反而一直较弱。由于篇幅关系，具体到每一个年份的图就不一一列出。

2. G20 国家贸易的网络结构特征

网络密度与网络关联性能够体现网络结构特征信息，为了揭示 G20 国家进、出口贸易不同特征，分别研究进口贸易和出口贸易的网络密度和网络关联性，现对 2000—2016 年网络密度和关联性进行比较分析。

（1）网络密度。网络密度和空间关联关系数成正比，网络密度越高表示成员国间的空间关联（越）紧密，但也不是越高越好，如果网络密度不断提升，但是网络等级度和网络效率比相对较低，那么网络中就会存在冗余现象。从出口贸易角度来看，G20 国家间 2000 年至 2016 年出口贸易的空间关联关系总数保持在 130 左右，最小为 2000 年的 128，最大为 2006 年和 2008 年的 135，变化幅度不大，从 2008 年至 2015 年有所下降但变化幅度较为平稳，2016 年下降到 130，这与 2016 年开始贸易保护主义势头日益上升的影响是一致的。如果因为各种贸易的限制和障碍，比如反倾销调查、提高进口税收等，就额外增加贸易的交易成本，导致进出口贸易受阻，抑制资源配置和要素流动，以此看，2006 年和 2008 年的网络密度和关联系数虽然最高，但是网络等级度分别是 0. 5752 和 0. 535（最高值是 0. 5886），网络效率分别是 0. 4183 和 0. 4248（最高值是 0. 4444），

从进口贸易角度来看，G20 国家间 2000 年至 2016 年出口贸易的空间关联关系总数保持在 130 左右，最小为 2000 年和 2014 年的 129，相比于出口贸易只大一个单位，最大的是 2003 年至 2005 年的 136。总体来说，G20 国家间进口和出口贸易空间关联的整体网络密度和空间关联关系数变化不大且相对平稳，表明 G20 国家间进口、出口贸易都形成了比较稳定的空间关联结构，外部已经形成相对稳定的体制保障和政策架构。

（2）网络关联性。首先分析进口贸易。图 2 - 4 表明，网络等级度 2002—2005 年处于最低值，都是 0. 2886，其他年份基本保持在 0. 557—0. 589 区间，2008 年前后几年都保持在一个稳定的水平，说明 G20 国家之间的等级度经受住

了世界性的金融危机冲击，G20 国家间进口贸易的空间关联结构基本是相对稳定的等级关系，不同成员国之间保持着一定的张力，偶有特发因素也会打破平衡，但很快回复到均衡状态；网络效率的测度结果表明，G20 国家间进口贸易空间关联的网络效率在 2000—2016 年有微小波动，由 2000 年的 0.4314 下降至 2003 年的 0.4183，然后开始反弹，2009 年和 2010 年上升至最高值 0.4444，原因可能是受 2008 年金融危机的影响，原材料价格上涨，资本市场冻结等均导致区域经济下行，为了拉动经济增长，各国之间加强互动，鼓励国家间进口贸易往来，比如中国 2008 年开始 4 万亿元的刺激，包括大量的政府采购，推动区域生产要素加速流动，从而 G20 国家间进口贸易的关联关系增加，保持了网络稳定性，中国为经济复苏做出了很大的贡献。直至 2010 年开始全球经济复苏，经济全球化进程促进资源有效配置，从而使得成员国之间进、出口贸易的联系愈加紧密，国际贸易增多，资源优化，G20 国家之间的贸易效率得以提升。但是到 2015 年、2016 年，不断发生的贸易保护主义导致网络效率下降，最低数值是 0.4052。其次分析出口贸易。图 2－5 表明，G20 国家间出口贸易空间关联的网络等级度位于 0.525－0.5886 之间，比进口贸易的数值显得更为稳定，网络效率在 2000—2016 年有微小波动，由 2000 年的 0.4444 下降至 2006 年的 0.4183，然后开始反弹，2007 年至 2010 连续 4 年都保持在 0.4248，个别年份会有一点下降，但是很快反弹回来，一直持续到 2016 年。

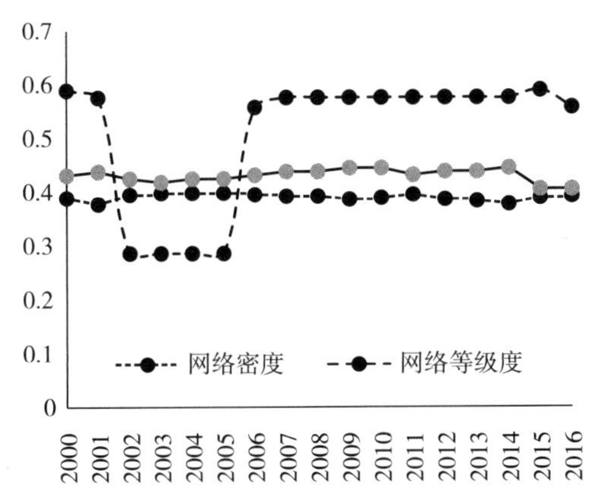

图 2－4　G20 国家 2000—2016 年进口贸易的网络结构特征

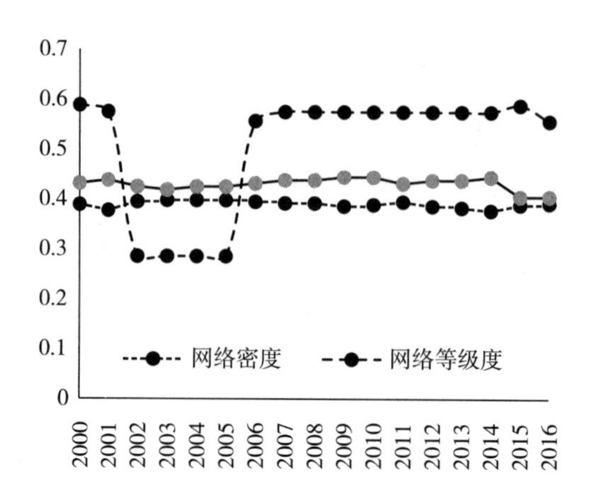

图 2－5　G20 国家 2000—2016 年出口贸易的网络结构特征

比较进口贸易和出口贸易，计算 2000 年至 2016 年的数据，结果发现进、出口贸易的网络密度和网络关联性波动不大，其中八国集团的网络结构相对稳定，空间关联更为紧密。说明虽然贸易保护主义的拥趸者不时地阻碍着世界贸易的发展，但贸易合作一直是主流，以 2017 年为例，世界贸易增长率均创下 6 年来之最，较上年增长 4.7%①。各个成员国通过长时间的互动已经形成相对稳定的进、出口贸易往来联系，波动很小，有些国家之间还共同参加一些国际组织，如已有的八国集团、正在重启谈判的中日韩自贸区，这些进一步促进 G20 以及相关国家之间自由贸易，经济贸易关系与政治关系交织又有利于资源合理配置，促进经济增长，进一步强化 G20 国家间网络的稳定性。

3. 中心性分析

为了揭示 G20 在不同阶段贸易发展的中心度、核心程度以及聚类特征，进一步做中心性分析。以 G20 国家 2016 年进出口贸易总额数据为例，计算结果参见表 2－2，其他年份没有一一列出。

① 据拉美社 2018 年 7 月 30 日报道，世贸组织在其最新发布的《世界贸易统计报告》中强调，世界商品贸易量较上年增长 4.7%。

表 2-2　　G20国家间出口贸易总额的网络中心度

国家	点度中心度				中介中心度		接近中心度	
	点出度	点入度	中心度	排序	中心度	排序	中心度	排序
美国	7	3	44.444	7	0.082	9	64.286	7
日本	4	18	100	1	6.858	1	100	1
德国	9	4	50	6	0	9	66.667	6
法国	9	3	50	6	0	9	66.667	6
英国	9	3	50	6	0	9	66.667	6
意大利	10	3	55.556	5	0.28	4	69.231	5
加拿大	8	1	44.444	7	0.082	8	64.286	7
俄罗斯	7	14	94.444	2	5.637	2	94.737	2
中国	4	18	100	1	6.858	1	100	1
阿根廷	9	1	50	6	0.175	6	66.667	6
澳大利亚	6	0	33.333	9	0	9	60	9
巴西	9	3	50	6	0.187	5	66.667	6
印度	5	18	100	1	6.858	1	100	1
印尼	5	18	100	1	6.858	1	100	1
墨西哥	8	4	55.556	5	0.35	3	69.231	5
沙特	7	0	38.889	8	0	9	62.069	8
南非	7	1	38.889	8	0	9	62.069	8
韩国	4	5	27.778	10	6.858	1	58.065	10
土耳其	10	9	66.667	3	0.093	7	75	4
均值	7	7	63.16		2.17		75.98	3

注：表中数值为计算所得。

（1）点度中心度。点度中心度刻画各个国家在社会网络结构中的贸易位置或贸易优势的差异，点入度反映了一国受他国的贸易影响程度，点出度反映了本国对他国的贸易影响程度。从表2－2得到G20国家间贸易空间网络的点度中心度平均值（63.16），高于这一均值的成员国有6个，是前文分析所指的六个国家，有中国、印度等（高达100），其中，俄罗斯点度中心度相对稍低，中国在整个空间关联网络处于中心地位，是因为在经济崛起进程中国际地位与影响力上升，出口贸易与其他成员国之间均存在空间关联和空间溢出。点度中心度排在后6位的分别是韩国、澳大利亚、沙特阿拉伯、南非、美国、加拿大。细分到点度中心度的点出度和点入度，发现G20国家的点出度均值为7，点出度大于均值的成员国有8个，由高到低分别是意大利、巴西、阿根廷、英国、法国、德国、墨西哥、加拿大等，这些国家的出口贸易对G20的其他成员国有相对比较明显的溢出效应。持平的是美国、俄罗斯、沙特阿拉伯三个国家，G20国家的点入度的平均值也是7，其中韩国、印度尼西亚、印度、中国、日本、俄罗斯等6个国家的点入度高于均值，且高于其自身的点出度，这些国家的对外依存度比较高，大量地从其他国家进口，也向这些国家出口。中国进出口贸易的点出度4低于平均值7，点入度18高于平均值7，对外溢出效应远远低于其他国家的影响，与中国进出口贸易的发展基本一致，虽然实施积极进口的贸易政策，但是中国的进出口贸易受到国际政治经济形势的变化影响大，容易受到其他国家贸易政策的影响，尤其是中国充分发掘低成本的劳动要素密集商品的国际贸易竞争优势，在2012年成为世界第一贸易大国，虽然在全球化产业链分工处于中心地位，但是大多贸易产品基本都集中处在产业链条的低端，可替代性比较高，是贸易大国但不是贸易强国。

（2）中介中心度。根据表2－2，G20国家的中介中心度均值为2.17，从高到低依次有韩国、印尼、印度、中国、日本、俄罗斯等6个国家的计算结果高于均值，这些国家在网络中控制其他国家之间贸易交流的能力强，对其他国家的控制和支配作用强。其中，中国的中介中心度达到6.858，处于较高位置，说明中国在出口贸易的空间关联网络中处于中介地位，发挥着“桥梁”和“中介”作用，发挥了劳动力资源丰富的优势，形成中国特色的加工贸易，参与国际分工和国际交换。

（3）接近中心度。接近中心度越高则表明该国在整个网络中能够更快地与其他国家产生内在连接，也就是说，该国在整个网络中充当中心行动者的角色，能够与其他国家进行进、出口贸易，效率更高，通过进出口贸易能够获得更多更好的资源。根据表2-2，G20国家出口贸易的接近中心度平均值结果是75.98，超过均值的是印尼、印度、中国、日本、俄罗斯，除日本外，大多为发展中国家。其中，中国的接近中心度达到100，远高于其他国家，这说明中国居于整个网络的中心位置，与其他G20国家都比较“接近”。由于受到自身经济结构与所处地理位置的影响，韩国、澳大利亚在接近中心度方面的排名靠后，在出口贸易网络中只是扮演边缘行动者的角色。

（4）核心与边缘分析。核心度反映核心边缘结构，在中心处密切联络但是在外层却离散，反映其直接或者间接的经济贸易往来的国家数量多少，综合决定了该国家的核心与边缘程度。2016年进出口总量的核心-边缘计算50次迭代结果，2016年和2000年一样，处于核心位置的有日本、中国、印度、印度尼西亚、韩国、俄罗斯等，而美国等国家都相对处于边缘，分别应用进出口总量数据和进口、出口分开的数据验证，十七年来核心-边缘的位置相对稳定，这种划分状态没有受到八国集团等区域性组织的影响，经受了新兴工业国家的冲击，处于相对稳定的发展状态，比如中国，一直都处于相对核心的位置，进出口贸易总额呈现稳定的增长趋势，2017年我国进出口贸易总额高达41206亿美元，2018年上半年进出口总值22058.5亿美元，较上年同期增长16%。

4. 块模型分析

通过块模型分析进、出口贸易关联网络的空间聚类特征。以2016年的出口贸易数据为例，我们采用CONCOR方法（Convergent Correlations），选分割深度为2，集中标准为0.2，把19个成员国（除欧盟）划分为四个板块（Block），结果见表2-3。其中第Ⅰ板块的成员国有2个，分别是美国和加拿大；第Ⅱ板块的成员国有8个，分别是意大利、法国、英国、土耳其、德国、俄罗斯、中国、印度；第Ⅲ板块的成员国有3个，分别是日本、印度尼西亚、韩国；第Ⅳ板块的成员国有6个，分别是澳大利亚、墨西哥、巴西、南非、沙特阿拉伯、阿根廷。

计算结果表明，2016年G20国家间对外贸易的板块内部关联关系有65个，板块之间的关联关系有36个，累计有101个，进一步量化分析板块间的出口贸易空间关联和空间溢出，计算结果参见表2-3，位于第Ⅰ板块的接收关系数有12个，板块内部的关系数有11个，板块外的关系数有1个；在发出的31个关系数中，由板块内发出的关系数11个、板块外发出的关系数30个组成，第Ⅰ板块的期望内部关系比例为21.1%，实际内部关系比例为26.8%，是“双向溢出”板块（板块划分标准参见附件2），不仅能够发出，而且能够接收其他板块的关系；第Ⅱ板块接收其他板块的关系数有52个，发出关系数有48个，其中板块内的关系数有41个，期望内部关系比例为42.1%，实际内部关系比例为85.4%，说明第Ⅱ板块为“净溢出”板块，中国是其中之一；日本、印度尼西亚、韩国等国组成的第Ⅲ板块接收其他板块的关系数是24个，发出关系数有33个，其中板块内的关系数有12个，期望内部关系比例为15.8%，实际内部比例为36.4%，是“经纪人”板块，这一板块起到联结其他板块的功能和作用；第Ⅳ板块的发出关系数有8个，其中板块内的关系数有1个，接收其他的关系数有7个，期望内部关系比例为0，实际内部关系比例为12.5%，为“净受益”板块，事实上，第四板块中的澳大利亚、墨西哥、巴西、南非、沙特阿拉伯等国是资源丰饶的国家，比如澳大利亚在2008年铁矿石出口取代巴西成为世界第一。不同板块的功能划分及其作用的发挥，形成有利的国际分工，获得贸易收益，优化资源配置，节约资源。

表2-3　G20国家间出口贸易关联板块及其相互作用①

板块	接收关系数合计(个)		发出关系数合计(个)		期望内部关系比例(%)	实际内部关系比例(%)
	板块内	板块外	板块内	板块外		
板块Ⅰ	11	1	11	30	21.1%	26.8%
板块Ⅱ	41	11	41	7	42.1%	85.4%
板块Ⅲ	12	12	12	21	15.8%	36.4%
板块Ⅳ	1	12	1	7	0	12.5%

① 板块内接收（发出）关系数合计为接收关系矩阵中主对角线上的关系数；板块外接收（发出）关系数合计为接收关系矩阵中每列（行）除自身板块外的关系数之和。期望内部关系比例=（板块内国家个数-1）/（网络中所有国家个数-1）；实际内部比例=板块内关系数/板块溢出关系总数。

2.5　G20 国家网络中心度对贸易的影响

2.5.1　G20 国家网络中心度对贸易的计量分析

考虑到结构一般会反映在属性数据方面的变化，点度、中介和接近中心度是对网络中心度的衡量，反映一个国家在 G20 内与其他国家的紧密程度，中心度作为结构是否影响到国家的属性数据及国家之间相互的贸易联系、往来的程度及规模？不同的中心度对其在 G20 内的贸易往来规模影响程度有多大？对此，下文从个体结构网络角度，建立计量模型，估计网络中心度对 G20 国家间进、出口贸易的作用。

选择各成员国的出口贸易或者进口贸易为因变量，分别以各成员国的点度中心度、中介中心度、接近中心度为自变量，做面板数据回归。考虑到取对数有利于数据的平稳，对每一个变量取自然对数后进行回归分析，模型（1）、（2）、（3）和（4）、（5）、（6）分别是以出口贸易、进口贸易为被解释变量，结果见表 2－4。

表 2－4　　个体网络结构的面板回归分析

	被解释变量是出口贸易量			被解释变量是进口贸易量		
模型	(1)	(2)	(3)	(4)	(5)	(6)
常数项	2.474	7.352***	-28.26**	-2.009	7.537***	-34.12**
点度中心度	1.174	-	-	2.33**	-	-
中介中心度	-	0.026*	-	-	0.123	-
接近中心度	-	-	8.248***	-	-	9.657***

续 表

	被解释变量是出口贸易量			被解释变量是进口贸易量		
模型	(1)	(2)	(3)	(4)	(5)	(6)
F	34. 89	22. 39	36. 59	37. 71	30. 91	39. 48
rho	0. 7016	0. 6319	0. 8988	0. 8015	0. 6844	0. 9287
R^2	0. 0157	0. 028	0. 006	0. 0367	0	0. 0238
Hausman		-0. 05	-6. 84	-0. 05	-0. 05	-10. 81
FE/RE	FE	FE	FE	FE	FE	FE

注：（1）Hauseman 检验表明，都支持固定效应模型；

（2）表格中的***、**、*分别表示在1%、5%、10%的显著性水平下拒绝原假设。

根据表2-4，模型（1）回归结果中，点度中心度的回归系数虽为正，但未通过显著性检验，说明仅仅靠点度中心度并不能增加出口贸易，有些发达国家如美国，点度中心度高但不一定是出口大国。但是计量结果表明中介中心度和接近中心度都能发挥作用；模型（2）的中介中心度通过参数为0. 1的显著性检验，计量分析的回归系数为0. 026，这意味着一个国家的中介中心度每增加1个单位，出口贸易增加0. 156个单位；模型（3）中接近中心度这一变量通过了参数为0. 01的显著性检验，面板计量回归系数估计值是8. 248，说明一个国家的接近中心度每增加1个单位，出口贸易增加8. 248个单位，这意味着接近中心度的提高使网络中各成员国的相互依赖关系更紧密，网络密度提高，出口贸易额也随之增加。所以接近中心度较高的成员国，如中国、俄罗斯、意大利、墨西哥等国，具有地理或者政治关系上的接近优势，出口贸易的发展相对突出。

模型（4）、（5）、（6）是以进口贸易为被解释变量的计量结果，区别于出口贸易的是，模型（4）回归结果中点度中心度和接近中心度都通过显著性检验，模型（5）中介中心度没有通过，说明靠自身的优势提高吸引力，或者有地缘及政治联络的优势，都有利于进口。其中，模型（6）接近中心度通过了显著性水平为0.01的检验，参数估计结果为9.657，远远大于模型（4）点度中心度的参数估计结果2.33，所以，增加进口贸易的举措除了地理位置和交通便捷之外，还可以通过增加经济上的联系、产业上的衔接、政治上的结盟等提高接近中心度。共同的特征是接近中心度同时有利于出口贸易和进口贸易，也正是基于此，2017年汉堡峰会把“塑造联动世界”作为主题，沿袭杭州峰会的理念，坚持开放发展，倡导自由贸易，促进各国更好地发挥各自的比较优势，合作共赢，推动贸易发展和世界经济增长。中国大力推进“一带一路”建设，有利于提升接近中心度，促进与相关国家的贸易往来，有利于经济发展，这正是以贸易共同体的国家立场为出发点，对贸易保护主义实施重要的经济上的影响和限制。

2.5.2　中国出口贸易的中心度

中国在G20中的中心度，分为三种即点度中心度、中介中心度、接近中心度，详细计算结果参照附表3中介中心度、附表4接近中心度、附表5点度中心度。中国在不同年份的点度中心度、中介中心度、接近中心度基本反映出中国的中心度的变化，这个中心度用于后面的协调度计算。

2.6　结论与启示

基于2000年至2016年G20国家的数据，量化分析G20国家间进、出口贸易的网络结构特征，分析网络中心度对进、出口贸易的关系，主要发现如下。

从网络结构特征来看，G20国家出口贸易已形成稳定的空间关联效应，不同年份的网络密度、网络效率变化不大，其中八国集团的空间关联结构尤其稳定，说明国家有界，但贸易无疆。从个体网络结构特征来看，中国、印度、巴西、俄罗斯、英国、美国等国家的点度中心度、中介中心度与接近中心度都高于均值，在网络中扮演中心行动者的角色，起着重要的“桥梁”和“传导”，排名前7位国家的中介中心度之和占总量的近75%，G20国家间出口贸易结构分为“双向溢出”等四个功能板块。个体效应分析表明，G20国家间出口贸易空间关联网络中各成员国的中心度对出口贸易和经济发展有影响，接近中心度对于出口和进口贸易都发挥显著性的正向作用；点度中心度对于进口贸易的作用是显著的，对于出口的作用不显著；中介中心度正好相反，对进口贸易的影响不显著，对出口贸易的作用通过了显著性检验。

启示：在科技进步和商品生产推动的全球化趋势下，贸易长期发展遵循的逻辑是互惠基础上的盈利，多年来的贸易往来已经在G20国家间形成稳定的网络关系，在互联网应用扩张的拉动下，斯密、李嘉图等倡导的自由贸易、贸易多边主义得以进一步证实，贸易自由是经济发展内在发展规律和必然趋势，已经形成的贸易空间网络结构决定着进出口贸易的发展方向，反对比较优势和经济全球化将会掣肘全球经济复苏步伐。首先，在贸易网络中各个国家要结合自身特点进一步提高核心度，维持贸易网络密度和效率稳定，加强贸易合作和政策协调，提高在贸易体系中的抗压能力，多边主义与合作不仅有利于贸易均衡、长期合作共享，而且有利于经济增长。避免强调本国利益的贸易保护主义，避免“逆全球化”。其次，充分利用地缘位置和各种政治文化因素，在G20国家间构建具体的、具有可操作性的、形式多样的多层次贸易对话机制和协调体制，解决贸易纷争，并且推动多边贸易体制成为全球贸易治理机制的核心机制，不断扩大并发展世界各国间的经济贸易往来。最后，中国作为最大的发展中国家，在巩固自身已有的贸易中心度基础上进一步提高接近中心度，通过交通基础设施建设、政治合作拓展、产业链接等形式，结合自主创新、发展高端制造等，推动贸易转型升级，满足G20乃至世界范围内广大消费者多样化的需求，积极倡导自由贸易和多边主义，深化全球贸易合作，融入全球产品价值链和国际经济体系，促进贸易网络的稳固与深化。

以上研究主要是从总量上研究G20国家间贸易的网络结构特征及其发展变化，缺少对各个国家的产业结构、资源禀赋、消费习惯和文化特征等方面的深入分析，没有考虑政治、社会等因素，在纷繁多变的国际关系中如何分析国家之间贸易特征，如何综合考虑各种因素来解决贸易差异并建设联动发展的世界经济，以G20为研究对象的结果对于“一带一路”建设以及其他区域经济发展有哪些参考和启示，这将有待于今后进一步深入研究。

附件 2.1　国家之间的球面距离计算

分类计算方式及示例：（距离单位：公里）

（1）当两地位于同一纬度上时：两地距离 = 两地之间的经度差 ×111 ×cos（该纬度）

（2）当两地位于同一经度上时：两地距离 = 两地之间的纬度差 ×111

（3）当两地不位于同一纬度也不位于同一经度时：根据经纬线之间是相互垂直的，结合第一和第二种情况，利用勾股定理可以求解。

例一：已知 A，B 两地经纬度坐标分别为（30°N，40°E）（30°N，50°E），求两地距离 H。

解：H =（50 -40）×111 ×cos30°

例二：已知 A，B 两地经纬度坐标分别为（30°N，40°E）（40°N，40°E），求两地距离 H。

解：H =（40 -30）×111

例三：已知 A，B 两地经纬度距离分别为（45°N，50°E）（50°N，60°E），求 A，B 两地距离 H。

解：此种情况下，我们将较低的纬度和较东边的经度确定为同一纬度和同一经度，故：

H =（50 -45）×111^2 + [（60 -10） ×111 ×cos45°] ^2^0. 5

附件 2.2　板块分类标准（*g* 为成员个数，*h* 为板块中的成员个数）

板块内的关系比例	板块受到的关系比例	
	≈0	=0
大于等于 $(h-1)/(g-1)$	双向溢出板块	净受益板块
小于	主受益板块/净溢出板块	经纪人板块

第三章　中国出口贸易的碳排放效率测度及比较

资源稀缺是普遍常识，通过资源的不断投入来促进经济和出口贸易量的稳定增长是难以为继的，只有通过提高资源利用效率，才能有效缓解稀缺、促进可持续发展。著名经济学家吴敬琏指出“解决我们现在面临的各种问题，实现从高速度增长转向高质量发展，核心就是提高效率”。提高效率，以较少的投入获得最大的收益，已经成为高质量发展的关键，是当前经济学、环境保护、资源经济等的热点，效率计算能够测度出现状水平，是高质量发展的一项基础性工作，关于效率计算在很多应用领域有一系列的理论研究成果，计算方法主要有非参数的和参数的方法两大方向①。参数方法是建立随机前沿函数，非参数的方法基本原理是应用数学规划方法②，数据包络分析方法（data envelopment analysis）简称 DEA 被广泛应用，已经发展出数千种类型的 DEA 模型。

3.1　中国出口贸易的碳排放效率测度模型

应用超效率、面板数据的 DEA 模型来测度中国出口贸易的碳排放效率。

---

① 李科：《我国省域节能减排效率及其动态特征分析》，《中国软科学》2013 年第 5 期。

② 王群伟、周鹏、周德群：《我国碳排放绩效的动态变化、区域差异及影响因素》，《中国工业经济》2010 年第 1 期。

3.1.1　DEA 模型

DEA 是一种被广泛使用的线性规划技术，由于这种方法不需要预先确定模型的形式，只要知道哪些是投入变量、哪些是产出变量，基于 Pareto optimal solution 的理论，根据设定的条件，选择合适的 DEA 模型形式，计算决策单元（decision making unit，DMU）的相对效率。考虑到生产函数的设立有很多限制，而 DEA 方法的优点在于适用范围广；科学性强；计算客观而方便；可以获取更多的评价信息；灵活性好。

表 3－1　　参数和非参数方法比较①

	参数方法	非参数方法
是否需要确定函数形式	需要，函数形式对要素替代率和技术进步的限制较严	不需要，优点：在研究中可以受到较少的约束
投入、产出约束	可以很好地处理单投入一单产出、多投入一单产出的情况，对多投入一多产出情况处理较难	可以较好地处理多投入一多产出的情况；还可以有坏的产出
对样本的要求	对样本数量要求比较严格，需要较大数量的观测值	对样本数量要求较低
结果显著性检验	可以方便地检验结果的显著性	不能检验结果的显著性，不考虑运气成分、数据问题或者其他计量问题引起的随机误差，对效率值的估计偏低，离散程度较大。

研究效率的 DEA 模型一直不断有新的成果，Choi 等分析了 metafrontier Malmquist－Luenberger index，简记为 MMLI，用来测度考虑到环境敏感性的生产率，并且分解，实证分析表明，中国经济比较稳定地快速增长，但是考虑到环境脆弱性的生产率一直维持在一个相对较低的水平上，生产率的增长主要来自技术

① 孙爱军：《工业用水效率分析》，中国社会科学出版社 2009 年版。

变化。[①] Md. Abul Kalam，et al. [②] 应用两阶段马来西亚 DEA 模型计算马来西亚银行效率，第一阶段用 meta - frontier 技术反映银行的异质性特征和所有权属性，计算了马来西亚 43 个不同的商业银行效率，在第二阶段应用双重拔靴法，结果表明 GDP、银行的属性和所有权对于银行的效率有显著的作用；Tone[③④] 研究开发的基于松弛变量的超效率模型得到广泛应用。

3.1.2 超效率模型

在计算各决策单元的效率值过程中，结果中可能会出现不止一个决策单元的效率值等于 1，出现多个决策单元都有效，导致比较不同决策单元之间优劣的时候出现困难，严重情况下还会出现一些谬误。解决这一问题的常见的方法是超效率模型，即 Super SBM。

Super SBM 模型能够较好地克服多个 DMU 的效率值等于 1 的情况，计算过程如下：

$$\min \delta = \frac{\frac{1}{m}\sum_{i=1}^{m} \bar{x}_i \Big/ x_{i0}}{\frac{1}{s}\sum_{r=1}^{s} \bar{y}_r \Big/ y_{r0}} \tag{3-1}$$

$$\text{s. t } \bar{x} \geqslant \sum_{j=1,\neq 0}^{n} \lambda_j x_j$$

$$\bar{y} \geqslant \sum_{j=1,\neq 0}^{n} \lambda_j y_j$$

$$\bar{x} \geqslant x_0 \ and \ \bar{y} \leqslant y_0$$

$$\bar{y} \geqslant 0 \quad \lambda \geqslant 0$$

其中，决策单位 j（$j = 1,\cdots,n$）使用第 i（$i = 1,\cdots,m$）项投入量为 x_{ij}，

---

① Choi，Yongrok，AU - Oh，Dong - hyun，AU - Zhang，Ning PY. *Empirical Economics*，November 2015，Volume 49，Issue 3，pp，1017 - 1043.

② Md. Abul Kalam，Susila Munisamy，et al.，2017，"Bank efficiency in Malaysia：a use of malmquist meta - frontier analysis"，*Eurasian Business Review August*，Volume 7，Issue 2，pp. 287 - 311.

③ Tone，2002，"A Slacks - Based Measure of Super - Efficiency in Data Envelopment Analysis."，*European Journal of Operation Research*，143（3），pp. 32 - 41.

④ Tone，and Tsutsui，2010，"Dynamic DEA：A slacks - Based Measure Approach." *Omega*，38（3 - 4），pp. 145 - 156.

第 r（$r=1,\cdots,s$）项产出量为 y_{rj}。

将上式 super SBM 模型转换成线性规划式方便求解：

$$\tau^{*}=\min\tau=\frac{1}{m}\sum_{i=1}^{m}{}^{x_i}\Big/x_{i0} \tag{3-2}$$

$$s.t\ 1=\frac{1}{s}\sum_{r=1}^{s}{}^{y_r}\Big/y_{r0}$$

$$x\geqslant\sum_{j=1,\leqslant\neq0}^{n}x_j\Lambda_j$$

$$y\geqslant\sum_{j=1,\leqslant\neq0}^{n}y_j\Lambda_j$$

$$x\geqslant tx_0\ and\ y\leqslant ty_0$$

$$y\geqslant0\quad\Lambda\geqslant0\quad t>0$$

上式 SBM 模型理想解为：

$$\delta^{*}=\tau^{*},\lambda^{*}=\frac{\Lambda^{*}}{t^{*}},\bar{x}^{*}=\frac{x^{*}}{t^{*}},y\frac{y^{*}}{t^{*}}。 \tag{3-3}$$

在选择的 super SBM 模型中结合变动规模报酬假设，构建的模型如下：

$$\min\delta=\frac{\frac{1}{m}\sum_{i=1}^{m}{}^{\bar{x}_i}\Big/x_{i0}}{\frac{1}{s}\sum_{r=1}^{s}{}^{\bar{y}_r}\Big/y_{r0}} \tag{3-4}$$

$$s.t\ \bar{x}\geqslant\sum_{j=1}^{n}\lambda_jx_j$$

$$\bar{y}\geqslant\sum_{j=1}^{n}\lambda_jy_j$$

$$\bar{x}\geqslant x_0\ and\ \bar{y}\leqslant y_0$$

$$\bar{y}\geqslant0\quad\lambda\geqslant0$$

3.1.3　面板数据模型的选择①

由于我们是以中国省域为研究单元，研究的是一个从 2000 年开始的长期的

① 张帆、李娜、董松柯：《技术进步扩大收入差距亦或缩小收入差距——基于 DEA 及面板数据的实证分析》，《软科学》2019 年第 2 期。

连续的过程，构成了一个面板数据，采用的是 Malmquist 全要素生产率指数方法来计算效率，在众多的面板数据模型中，有多种形式：如相邻参比（Adjacent Malmquist Index）、固定参比（Fixed Malmquist Index）、全局参比（Global Malmquist Index）、序列参比（Sequential Malmquist Index）、窗口参比（Window Malmquist Index）等，需要通过对这些模型的比较，选择合适的 DEA 模型来计算效率值及 Malmquist 指数。在接下来介绍这些模型的时候，全局参比模型留在第四章介绍，放在效率具体计算的前面，方便前后关联。

（1）相邻参比 Malmquist 指数

考虑到在面板数据的 Malmquist 指数①计算过程中可能出现得不到可行解的问题，相邻参比 Malmquist 指数采用的是相邻两个年份的省域共同建立起共同的前沿，这样计算得到的 Malmquist 指数为：

$$M_{aj}(x^{t+1},y^{t+1},x^t,y^t) = \frac{E^{tu(t+1)}(x^{t+1},y^{t+1})}{E^{tu(t+1)}(x^t,y^t)} \tag{3-5}$$

Malmquist 指数可以分解成技术效率的变化和生产技术效率的变化。

技术效率的变化为：

$$EC_{aj} = \frac{E^{t+1}(x^{t+1},y^{t+1})}{E^t(x^t,y^t)} \tag{3-6}$$

生产技术效率的变化为：

$$TC_{aj} = \frac{E^{tu(t+1)}(x^{t+1},y^{t+1})}{E^{(t+1)}(x^{t+1},y^{t+1})}\frac{E^t(x^t,y^t)}{E^{tu(t+1)}(x^t,y^t)} \tag{3-7}$$

需要说明的是，相邻参比 *Malmquist* 指数没有可传递性的特征，即：

$$M_{aj}(3,1) \neq M_{aj}(2,1)M_{aj}(3,2) \tag{3-8}$$

Malmquist 指数能够分解成技术变化和效率变化的乘积，即：

$$M_{aj}(x^{t+1},y^{t+1},x^t,y^t) = EC \times TC_{aj} \tag{3-9}$$

（2）固定参比 *Malmquist* 指数

固定参比 *Malmquist* 指数是以考察期内的某一固定时期为参考集，即各期共同的参考集为：

---

① 龙亮军：《中国主要城市生态福利绩效评价研究——基于 PCA - DEA 方法和 Malmquist 指数的实证分析》，《经济问题探索》2019 年第 2 期。

$S^f = \{x_j^f, y_j^f\}$，其中，f 为 1 - k 之间的数。

正是由于以一个固定的前沿作为参考比较的对象，所以通过比较得到的是唯一的 *Malmquist* 指数：

$$M_f(x^{t+1}, y^{t+1}, x^t, y^t) = \frac{E^f(x^{t+1}, y^{t+1})}{E^f(x^t, y^t)} \tag{3-10}$$

计算效率变化的公式是：

$$EC = \frac{E^{t+1}(x^{t+1}, y^{t+1})}{E^t(x^t, y^t)} \tag{3-11}$$

计算技术效率的公式是：

$$TC_f = \frac{E^f(x^{t+1}, y^{t+1})}{E^{(t+1)}(x^{t+1}, y^{t+1})} \frac{E^t(x^t, y^t)}{E^f(x^t, y^t)} \tag{3-12}$$

$$M_f(x^{t+1}, y^{t+1}, x^t, y^t) = EC \times TC_f \tag{3-13}$$

（3）序列参比 *Malmquist* 指数

序列参比 *Malmquist* 模型是由 Shestalova（2003）提出的一种 *Malmquist* 指数计算方法。它的特点是各期的参考集包含以前所有时期的参考集，即 t 期的参考集为 $S^{s(t)} = S^1 \cup S^2 \cup \cdots \cup S^t = \{x_j^1, y_j^1\} \cup \{x_j^2, y_j^2\} \cup \cdots \{x_j^t, y_j^t\}$。

序列前沿交叉参比：

$$M_{sc}(x^{t+1}, y^{t+1}, x^t, y^t) = \sqrt{\frac{E^{s(t)}(x^{t+1}, y^{t+1})}{E^{s(t)}(x^t, y^t)} \frac{E^{s(t+1)}(x^{t+1}, y^{t+1})}{E^{s(t+1)}(x^t, y^t)}} \tag{3-14}$$

$$EC_s = \frac{E^{s(t+1)}(x^{t+1}, y^{t+1})}{E^{s(t)}(x^t, y^t)} \tag{3-15}$$

$$TC_{sc} = \sqrt{\frac{E^{s(t)}(x^t, y^t)}{E^{s(t+1)}(x^t, y^t)} \frac{E^{s(t)}(x^{t+1}, y^t)}{E^f(x^t, y^t)}} \tag{3-16}$$

$$M_{SC} = EC_S \times TC_{SC} \tag{3-17}$$

序列联合前沿参比：

$$M_{sj}(x^{t+1}, y^{t+1}, x^t, y^t) = \frac{E^{s(t+1)}(x^{t+1}, y^{t+1})}{E^{s(t+1)}(x^t, y^t)} \tag{3-18}$$

$$EC_s = \frac{E^{s(t+1)}(x^{t+1}, y^{t+1})}{E^{s(t)}(x^t, y^t)} \tag{3-19}$$

$$TC_{sj} = \frac{E^{s(t)}(x^t, y^t)}{E^{s(t+1)}(x^t, y^t)} \tag{3-20}$$

$$M_{SC} = EC_S \times TC_{SC} \tag{3-21}$$

（4）窗口参比 *Malmquist* 指数

窗口前沿交叉参比：

$$M_{wc}(x^{t+1}, y^{t+1}, x^t, y^t) = \sqrt{\frac{E^{w(t)}(x^{t+1}, y^{t+1})}{E^{w(t)}(x^t, y^t)} \frac{E^{w(t+1)}(x^{t+1}, y^{t+1})}{E^{w(t+1)}(x^t, y^t)}} \tag{3-22}$$

$$EC_w = \frac{E^{w(t+1)}(x^{t+1}, y^{t+1})}{E^{w(t)}(x^t, y^t)} \tag{3-23}$$

$$TC_{wc} = \sqrt{\frac{E^{w(t)}(x^t, y^t)}{E^{w(t+1)}(x^t, y^t)} \frac{E^{w(t)}(x^{t+1}, y^{t+1})}{E^{w(t+1)}(x^{t+1}, y^{t+1})}} \tag{3-24}$$

$$M_{wc} = EC_w \times TC_{wc} \tag{3-25}$$

窗口联合前沿参比：

$$S^{wj} = S^{w(t)} \cup S^{w(t+1)} \tag{3-26}$$

$$M_{wj}(x^{t+1}, y^{t+1}, x^t, y^t) = \frac{E^{w(t)\ w(t+1)}(x^{t+1}, y^{t+1})}{E^{w(t)\ w(t+1)}(x^t, y^t)} \tag{3-27}$$

$$EC_w = \frac{E^{w(t+1)}(x^{t+1}, y^{t+1})}{E^{w(t)}(x^t, y^t)} \tag{3-28}$$

$$TC_{wj} = \sqrt{\frac{E^{w(t)\ w(t+1)}(x^{t+1}, y^{t+1})}{E^{w(t+1)}(x^{t+1}, y^{t+1})} \frac{E^{w(t)}(x^t, y^t)}{E^{w(t)w(t+1)}(x^t, y^t)}} \tag{3-29}$$

$$M_{wj} = EC_w \times TC_{wj} \tag{3-30}$$

窗口固定参比：

$$S^{wf(t)} = S^{w(f)} \tag{3-31}$$

$$M_{wf}(x^{t+1}, y^{t+1}, x^t, y^t) = \frac{E^{w(f)}(x^{t+1}, y^{t+1})}{E^{w(f)}(x^t, y^t)} \tag{3-32}$$

$$EC_w = \frac{E^{w(t+1)}(x^{t+1}, y^{t+1})}{E^{w(t)}(x^t, y^t)} \tag{3-33}$$

$$TC_{wf} = \sqrt{\frac{E^{w(f)}(x^{t+1}, y^{t+1})}{E^{w(t+1)}(x^{t+1}, y^{t+1})} \frac{E^{w(t)}(x^t, y^t)}{E^{w(f)}(x^t, y^t)}} \tag{3-34}$$

$$M_{wf} = EC_w \times TC_{wf} \tag{3-35}$$

以上是四种不同的面板数据的 DEA 模型。在选择具体的模型进行效率计算之前，需要对数据做模型适用的扩张性检验。

3.2　变量、数据及扩张性检验

3.2.1　变量

本文实证研究对象以中国省域为单元，选取的投入变量分别是资本、劳动力与能源，产出变量分别是出口贸易、减去出口贸易后的GDP、出口贸易导致的碳排放。具体说明如下：

资本：应用永续盘存法计算分省的存量资本，借鉴单豪杰[①]（2008）的研究成果，在估计一个基准年后运用永续盘存法按不变价格计算省域区市的资本存量（单位：亿元）。具体计算公式如下：

$$K_{it} = K_{it-1}(1 - \delta_{it}) + I_{it} \tag{3-36}$$

其中 i 指第 i 个省区市，t 指第 t 年。I 表示当年投资，δ 表示经济折旧率，K 表示基年资本存量 K 的确定。计算得到省域的1952年至2012年各年省域的资本存量。

劳动力：省域就业人员数据来自统计年鉴，考虑年初年末的关系，用了两者的平均值（单位：万人）。

能源：能源消费总量是一定时期内全国或某地区用于生产、生活所消费的各种能源数量之和，是反映全国或全地区能源消费水平、构成与增长速度的总量指标。计算方法是：全国（地区）能源消费总量等于能源期初库存量加上一次能源生产量，加上能源进口量（调入量），再减去能源出口量（调出量）和能源期末库存量。省域数据来自中国统计年鉴。

在产出变量中，把GDP分成两个部分，更加能够看出省域在出口贸易方面的差异，分列出口贸易的依据是支出法计算GDP的公式：

$$\text{GDP} = 最终消费 + 资本形成总额 + 净出口 \tag{3-37}$$

---

① 单豪杰：《中国资本存量K的再估算：1952—2006年》，《数量经济技术经济研究》2008年第10期。

$$净出口 = 出口 - 进口$$

我们可以将经济产出分成两个部分，一个是出口贸易额，另一个是不考虑出口后的 GDP，记为 GDPE。

出口贸易中隐含的碳排放：测算公式是：

$$E = S(I - A^{d})^{-1}Y^{ex} \tag{3-38}$$

其中，S 是各部门的直接碳排放系数，$(I - A^{d})^{-1}$ 是投入的里昂惕夫矩阵，Y^{ex} 是出口贸易统计数据。由于 CO_2 排放系数计算时需要投入产出表，中国只发布了 2002 年、2005 年和 2007 年 42 部门的投入产出表，可以计算相应年份省域出口贸易的隐含 CO_2 排放量。王有鑫①进一步以各产业产值占总产值的比例作为权数，计算了 2002 年、2005 年和 2007 年加权平均的出口贸易隐含碳排放系数分别为 3.9 吨/万元、3.8 吨/万元、3.1 吨/万元，其他年份的系数可以用平滑系数法得到。

3.2.2 数据

表 3-2　研究变量的描述性统计

变量	标准差	最小值	最大值
GDP	10507	263.7	80855
存量资本(亿元)	22513	710.3	130887
劳动力(万人)	1621	238.6	6752
出口(亿元)	4822	9.272	39523
能源(万吨)	7702	480	38899
CO_2(万吨)	20265	543.0	115029
GDPE(亿元)	7503	254.4	58977

① 王有鑫：《中国出口贸易中的内涵 CO_2 排放及其影响因素研究》，硕士学位论文，南京财经大学，2011 年。

考虑到数据的可比性，GDP、出口贸易和 GDPE 都以 2000 年为基准，做了相应的平减。

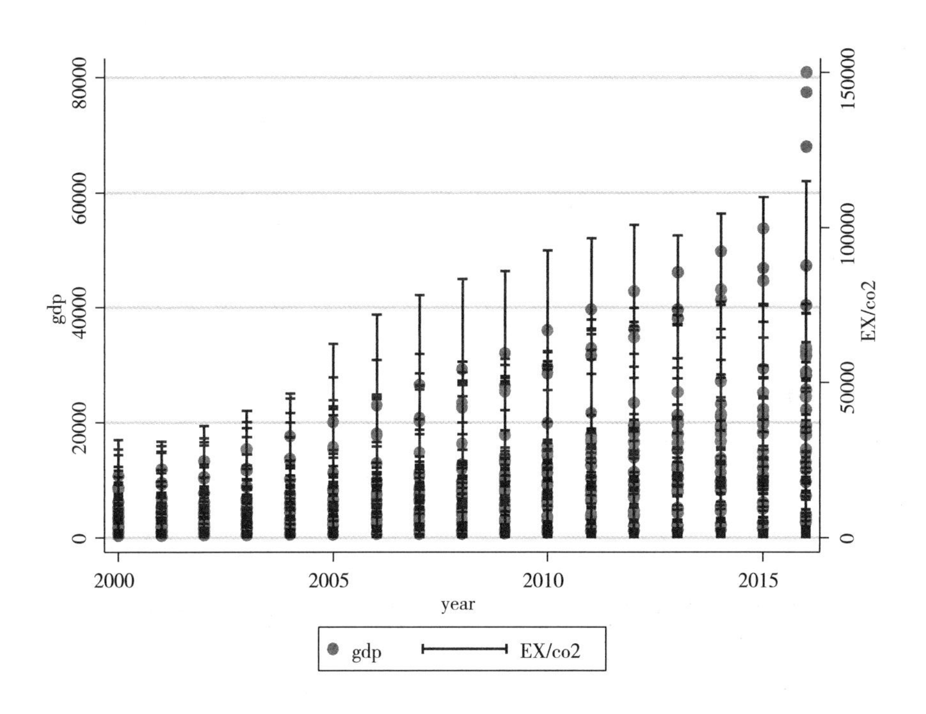

图 3－1　GDP 与出口贸易数量的增减、出口贸易隐含的碳排放的关系图

从图形总体可以看出，GDP 与出口贸易数量的增减、出口贸易隐含的碳排放也呈现相同的上升的态势。

3.2.3　数据的等张性检验

DEA 方法应用对变量的数据要求是满足等张性，即任意一个决策单元的投入增加时候，相应的产出变量也相应地增加，在分析中国省域出口贸易的碳排放效率测度时候，本文选用的资本、人力和能源等投入增加，产出变量出口贸易量、GDPX 与二氧化碳也相应地增加，检验结果表明投入产出变量之间都在 0.01 显著性水平上通过了显著性检验，满足数据包络模型要求的变量之间等张性要求。

表 3－3　　　　　　　测算效率的投入产出的 Pearson 相关系数矩阵

	k	L	ex	e	co2	gdpx
K	1					
L	0.639***	1				
Ex	0.628***	0.433***	1			
E	0.847***	0.732***	0.529***	1		
co2	0.717***	0.559***	0.322***	0.916***	1	
gdpx	0.918***	0.634***	0.429***	0.800***	0.696***	1

注：表格中的***、**、*分别表示在 1%、5%、10% 的显著性水平下拒绝原假设。

3.3　不同面板数据 DEA 模型计算结果比较

3.3.1　VRS 与 CRS 两种假设前提下的测算结果比较

在计算效率时候，对于规模报酬假设的不同，导致计算结果的不同。在前面分析比较模型选择时候，选择了超效率模型，下面在选择的 super SBM 模型中结合变动规模报酬假设，在此基础上本研究主要选择全局参比模型计算效率，原因在于：不同年份、不同省域之间的比较，不能仅仅局限于邻近对象或者是某一个固定年份，应该是在面板数据的所有时空下进行全范围的比较，所以在做全局参比与相邻参比的面板数据 Malmquist 指数计算时候，选择了规模报酬可变假设，至于有学者提出中国的省域自然资源等要素禀赋相对固定不变，应当选择规模报酬不变的假设，本研究也做了计算和比较，发现和规模报酬可变假设得到的结论相差不大。

首先，对 VRS 与 CRS 两种不同规模报酬假设下的全局 Malmquist 指数进行比较，三种检验的结果见表 3－4。

表 3 – 4　　VRS 与 CRS 两种分省年度与平均值 Malmquist 指数配对检验

MI	T – test	Kendall	Wilcoxon
2001—2000	–2. 5101**	0. 4207***	–1. 944*
2002—2001	–0. 2951	0. 5494***	–0. 483
2003—2002	1. 1806	0. 3977***	1. 82*
2004—2003	0. 6744	0. 4069***	1. 203
2005—2004	–0. 575	0. 3655***	–0. 463
2006—2005	3. 3403***	0. 4437***	3. 815***
2007—2006	0. 874	0. 223***	2. 273**
2008—2007	–0. 3469	0. 3747***	0. 031
2009—2008	–5. 5301***	0. 108	–4. 227***
2010—2009	4. 4209***	–0. 131	3. 959***
2011—2010	1. 5121	0. 3931***	1. 08
2012—2011	0. 8337	0. 0299	0. 504
2013—2012	0. 8546	0. 2828**	1. 471
2014—2013	0. 8145	0. 1448	1. 80*
2015—2014	–1. 5438	–0. 0207	–1. 573
2016—2015	1. 0488	0. 4759***	2. 232**
平均 MI	0. 0973	0. 5218***	0. 915

注：1. 表 3 – 4 中的 T – test 是对 t（T 检验）；Kendall 检验；Wilcoxon 检验是 Wilcoxon matched – pairs signed – ranks test；

2. 表格中对应的数值分别是 t 值、τ 值和 Z 值；

3. MI 是通过全局参比计算得到的效率值；

4. 表格中的***、**、*分别表示在 1%、5%、10% 的显著性水平下拒绝原假设。

配对T检验的结果表明，除了2001—2000年、2006—2005年、2010—2009年、2009—2008年等四个年度间的Malmquist指数通过了显著性检验之外，其他所有年度包括均值都没有通过显著性检验，说明两种不同规模报酬假设下得到的Malmquist指数虽然存在差异，但是差异并不很凸显。Kendall's τ检验表明，除了2010—2009年、2009—2008年、2012—2011年、2014—2013年、2015—2014年之外，其他年份都在5%显著性水平上通过了检验，说明VRS与CRS两种不同规模报酬假设下的全局Malmquist指数两种数值并不相互独立，11个年份连同平均值都有关联。Wilcoxon检验表明在考察的16个年度变化指数中，2001—2000年、2003—2002年、2006—2005年、2007—2006年、2009—2008年、2010—2009年、2014—2013年、2016—2015年等8个年度的VRS与CRS两种不同规模报酬假设下的全局Malmquist指数存在差异，其他8个年度以及平均值不存在显著差异。三个检验的结果说明VRS与CRS两种不同规模报酬假设下的全局参比Malmquist的结果虽然有差异，但是总体来说差异不大，都能够反映面板数据模型得到的全局参比Malmquist指数结果，为了全面说明结果，分析时候分两种情形进行分析，便于比较异同。

其次，对VRS与CRS两种不同规模报酬假设下的全局效率值进行比较，三种检验的结果见表3-5。

表3-5　VRS与CRS两种分省年度全局效率值与平均值的配对检验

MI	T-test	Kendall	Wilcoxon
2001—2000	-4.0822***	0.4253***	-3.137***
2002—2001	-5.0172***	0.4713***	-4.371***
2003—2002	-5.006***	0.4115***	-4.432***
2004—2003	-4.4393***	0.4299***	-4.576***
2005—2004	-4.336***	0.554***	-4.762***
2006—2005	-3.5524***	0.577***	-4.679***

续　表

MI	T - test	Kendall	Wilcoxon
2007—2006	-3.1131***	0.623***	-4.741***
2008—2007	-3.3304***	0.7195***	-4.782***
2009—2008	-4.4057***	0.7379***	-4.782***
2010—2009	-3.6829***	0.7563***	-4.782***
2011—2010	-3.4325***	0.7195***	-4.782***
2012—2011	-3.4752***	0.6736***	-4.782***
2013—2012	-1.9136*	0.7149***	-4.782***
2014—2013	-4.0584***	0.692***	-4.782***
2015—2014	-4.2721***	0.646***	-4.782***
2016—2015	-2.302**	0.646***	-3.61***
平均 MI	-4.4145***	0.5632***	-4.782***

注：1. 表3-5中的T-test是对t（T检验）；Kendall检验；Wilcoxon检验是Wilcoxon matched-pairs signed-ranks test；

2. 表格中对应的数值分别是t值、τ值和Z值；

3. MI是通过全局参比计算得到的效率值；

4. 表格中的***、**、*分别表示在1%、5%、10%的显著性水平下拒绝原假设。

配对T检验的结果表明，所有年度的效率值包括均值都通过显著性检验，说明两种不同规模报酬假设下得到的Malmquist指数存在差异，Kendall's τ检验表明，各个年份都通过了检验，说明VRS与CRS两种不同规模报酬假设下的全局Malmquist指数两种数值并不相互独立，包括平均值都有关联。Wilcoxon检验表明，在考察的16个年度变化指数中，全局Malmquist指数存在差异，三个检验的结果说明 VRS 与 CRS 两种不同规模报酬假设下的全局参比 Malmquist 的结果有差异，但是并不相互独立，分析时候分两种情形进行分析，便于比较异同。

3.3.2 不同模型假设下的测算结果比较

主要是对规模报酬可变假设前提下的全局参比 Malmquist 与其他模型的指数值进行比较，由于篇幅关系，关于规模报酬不变的计算结果及其比较就在此不一一列出。

（1）global – adjacent 两种模测算的比较

全局参比和相邻参比两种不同假设下 *Malmquist* 指数的比较，记为 global – adjacent *Malmquist* 指数比较。

表 3 – 6　　global – adjacent 两种假设下分省年度与平均值配对检验

Global	T – test	Kendall	Wilcoxon
2001—2000	–1. 922*	0. 5632***	–4. 083***
2002—2001	–0. 702	0. 531***	–1. 388
2003—2002	0. 8449	0. 5724***	2. 047**
2004—2003	0. 3405	0. 3241**	0. 956
2005—2004	–1. 322	0. 3195**	–1. 532
2006—2005	–0. 687	0. 1402	0. 607
2007—2006	–1. 956*	0. 3517***	–2. 232**
2008—2007	–2. 654**	0. 0575	–3. 137***
2009—2008	–3. 425	0. 5126***	–4. 618***
2010—2009	–0. 476	0. 0391	1. 121
2011—2010	–0. 784	0. 4023***	–0. 504

续 表

Global	T - test	Kendall	Wilcoxon
2012—2011	-0.438	0.2874**	-0.134
2013—2012	0.518	0.3977***	0.278
2014—2013	0.6316	0.1034	1.471
2015—2014	-0.657	0.2782**	-0.792
2016—2015	-0.016*	0.4483***	-0.195
平均 MI	-1.77*	0.3609***	-1.738*

注：1. 表3-6中的T-test是对t（T检验）；Kendall检验；Wilcoxon检验是Wilcoxon matched-pairs signed-ranks test；

2. 表格中对应的数值分别是t值、τ值和Z值；

3. MI是通过全局参比计算得到的效率值；

4. 表格中的***、**、*分别表示在1%、5%、10%的显著性水平下拒绝原假设。

配对T检验的结果表明，只有2001—2000年、2007—2006年、2008—2007年、2009—2008年等四个年度通过显著性检验，表明两种不同模型方法得到的Malmquist指数存在显著差异，其他12个年度的Malmquist数值没有显著差异，均值之间也不存在显著差异，说明全局参比方法得到的和相邻参比得到的指数差异不大。Kendall's τ检验表明，除了2006—2005年、2008—2007年、2010—2009年、2014—2013年等四个年份没有通过显著性检验，两个指数值是相互独立的，其他各个年份都通过了检验，全局参比和序列参比得到的MI指数两种数值分省排名存在着显著的变化，两者不是互相独立的。Wilcoxon检验表明，在考察的16个年度变化指数中，全局（global）参比与窗口（adjacentwindow）参比得到的Malmquist指数存在差异的只有5个年度，均值也存在显著性差异，其他11个年度不存在显著差异。

（2）global-fixed两种模测算的比较

全局参比和固定参比两种不同假设下*Malmquist*指数的比较，记为global-fixed *Malmquist*指数比较。

表3－7　　global－fixed 两种假设下分省年度与平均值配对检验

Global	T－test	Kendall	Wilcoxon
2001—2000	－1.00	0.5218***	－1.306
2002—2001	0.0418	0.3425***	－0.278
2003—2002	0.1388	0.2874**	2.252**
2004—2003	1.2675	0.1356	1.429
2005—2004	0.4945	0.2966**	0.936
2006—2005	3.6525***	0.3241**	4.103***
2007—2006	1.7939*	0.3609***	2.129
2008—2007	－0.165	0.3333**	－0.792
2009—2008	－2.63**	0.6276***	－4.35***
2010—2009	－1.273	0.0483	0.956
2011—2010	－0.706	0.2552**	0.854
2012—2011	－0.932	0.3793***	－0.71
2013—2012	0.9273	0.4391***	－0.792
2014—2013	－0.878	0.3103**	－0.072
2015—2014	－1.561	0.0989	－2.108**
2016—2015	0.5269	0.3655***	3.383***
平均 MI	0.6593	0.577***	1.121

注：1. 表3－7中的T－test是对t（T检验）；Kendall检验；Wilcoxon检验是Wilcoxon matched－pairs signed－ranks test；

2. 表格中对应的数值分别是t值、τ值和Z值；

3. MI是通过全局参比计算得到的效率值；

4. 表格中的***、**、*分别表示在1%、5%、10%的显著性水平下拒绝原假设。

配对T检验的结果表明，只有2006—2005年、2007—2006年、2009—2008年等三个年度通过显著性检验，两种方法得到的Malmquist指数存在显著差异，其他13个年度没有显著增大的差异，均值之间也不存在显著差异，说明全局参比方法得到的和相邻参比得到的指数总体来说差异不大。Kendall's τ检验表明，除了2004—2003年、2010—2009年、2015—2014年等三个年度的Malmquist指数没有通过显著性检验，其他13个年份大多通过了1%显著性检验，说明全局参比和序列参比得到的两种MI指数数值分省排名存在着显著的变化，并不相互独立。根据Wilcoxon检验结果，在考察的16个年度变化指数中，全局参比与固定参比Malmquist指数存在差异的只是2006—2005年、2007—2006年、2009—2008年、2015—2014年、20016—2015年等5个年度，其他11个年度不存在显著差异，而且均值也不存在显著性差异。说明全局参比得到的结果基本能够反映面板数据得到的Malmquist指数结果。

（3）global - sequential两种模型测算的比较

全局参比和序列参比两种不同假设下*Malmquist*指数的比较，记为global - sequential *Malmquist*指数比较。

表3-8　global - sequentialmi两种假设下分省年度与平均值配对检验

Global	T - test	Kendall	Wilcoxon
2001—2000	-1.57	0.5218***	-2.787***
2002—2001	-1.02	0.383***	-2.417**
2003—2002	0.1183	0.4713***	-0.627
2004—2003	-0.877	0.5494***	-0.895
2005—2004	-2.183**	0.3241**	-2.705***
2006—2005	-1.922*	0.3011**	-2.211**
2007—2006	-2.842***	0.1494	-3.589***
2008—2007	-3.529***	0.2506*	-4.288***

续 表

Global	T - test	Kendall	Wilcoxon
2009—2008	-3.622***	0.5172***	-4.618***
2010—2009	-1.45	0.2184*	0.031
2011—2010	-1.494	0.6092***	-1.985**
2012—2011	-1.214	0.3563***	-1.244
2013—2012	0.5142	0.4713***	-0.566
2014—2013	-0.785	0.2414*	-0.36
2015—2014	-1.534	0.3149**	-1.738*
2016—2015	-0.375	0.4253***	-1.018
平均 MI	-3.909***	0.2828**	-4.556***

注：1. 表 3 - 8 中的 T - test 是对 t（T 检验）；Kendall 检验；Wilcoxon 检验是 Wilcoxon matched - pairs signed - ranks test；

2. 表格中对应的数值分别是 t 值、τ 值和 Z 值；

3. MI 是通过全局参比计算得到的效率值；

4. 表格中的***、**、*分别表示在 1%、5%、10% 的显著性水平下拒绝原假设。

配对 T 检验的结果表明，有 2006—2005 年、2007—2006 年、2008—2007 年、2009—2008 年等 4 个年度以及均值通过显著性检验，两种方法得到的 Malmquist 指数存在显著差异，其他 12 个年度的 Malmquist 指数没有显著差异，说明全局参比方法得到的和相邻参比得到的指数总体来说差异不大。Kendall's τ 检验除了 2007—2006 年没有通过显著性检验，其他年份和均值都通过了显著性检验，说明全局参比和序列参比得到的 MI 指数两种数值分省排名存在着显著的变化，有一定的关联。根据 Wilcoxon 检验结果，在考察的 16 个年度变化指数中，全局参比与固定参比 Malmquist 指数存在差异的有 9 个年度，而且均值也存在显著性差异，其他 7 个年度不存在显著差异。三个检验的结果说明全局参比得到的结果基本能反映面板数据得到的 Malmquist 指数结果。

（4）global – adjacentwindow 两种模测算的比较

全局参比和邻近窗口参比两种不同假设下 *Malmquist* 指数的比较，记为 global – adjacentwindow *Malmquist* 指数比较。

表 3 –9　　global – sequentialmi 两种假设下分省年度与平均值配对检验

Global	T – test	Kendall	Wilcoxon
2001—2000	–1. 922*	0. 5632***	–4. 083***
2002—2001	–0. 702	0. 531***	–1. 388
2003—2002	0. 8449	0. 5724***	2. 047**
2004—2003	0. 3405	0. 3241**	0. 956
2005—2004	–1. 322	0. 3195**	–1. 532
2006—2005	–0. 687	0. 1402	0. 607
2007—2006	–1. 956*	0. 3517***	–2. 232**
2008—2007	–2. 654**	0. 0575	–3. 137***
2009—2008	–3. 425***	0. 5126***	–4. 618***
2010—2009	–0. 476	0. 0391	1. 121
2011—2010	–0. 784	0. 4023***	–0. 504
2012—2011	–0. 438	0. 2874**	–0. 134
2013—2012	0. 518	0. 3977***	0. 278
2014—2013	0. 6316	0. 1034	1. 471
2015—2014	–0. 657	0. 2782**	–0. 792
2016—2015	–0. 016	0. 4483***	–0. 195
平均 MI	–1. 77*	0. 3609***	–1. 738*

注：1. 表 3 –9 中的 T – test 是对 t（T 检验）；Kendall 检验；Wilcoxon 检验是 Wilcoxon matched – pairs signed – ranks test；

2. 表格中对应的数值分别是 t 值、τ 值和 Z 值；

3. MI 是通过全局参比计算得到的效率值；

4. 表格中的***、**、*分别表示在 1%、5%、10% 的显著性水平下拒绝原假设。

配对 T 检验的结果表明，只有 2001—2000 年、2007—2006 年、2008—2007 年、2009—2008 年等四个年度以及均值通过显著性检验，两种方法得到的 Malmquist 指数存在显著差异，其他 12 个年度没有通过显著性检验。Kendall's τ 检验表明，除了 2006—2005 年、2008—2007 年、2010—2009 年、2014—2013 年等 Malmquist 指数没有通过检验，其他年份包括均值都通过了 5% 的显著性检验，说明全局参比和序列参比得到的 MI 指数两种数值分省排名存在着显著的变化，有一定的关联。Wilcoxon 检验表明在考察的 16 个年度变化指数中，全局（global）参比与窗口（adjacentwindow）参比存在差异的只是 2001—2000 年、2003—2002 年、2007—2006 年、2008—2007 年、2009—2008 年等 5 个年度，其他 11 个年度不存在显著差异，均值也存在显著性差异。三个检验的结果说明全局参比得到的结果基本能够反映 adjacentwindow 面板数据模型得到的 Malmquist 指数结果。

3.4 小结

效率是一个相对的概念，基于不同的假设、选择不同的模型，能得到不同的计算结果，上述讨论中，一方面，是因为全局参比模型的结果更为适合，全局参比 Malmquist 指数和效率的结果更为合理；另一方面，在分别比较了全局参比的计算结果与其他几种不同模型假设下计算结果之后，发现虽然存在着差异，但是总体来说没有特别显著的差异。所以在本章，主要选择全局参比模型假设下的计算结果，模型组合的全称是 SuperEfficiency – Undesirable – Malmquist Productivity Index（Global，Single Index，Multiplicative and GeoMean） – Variable – Benchmark，简记为 SE – U – Global – V – SBM – MI。

第四章　中国出口贸易的碳排放效率特征分析

为了厘清出口贸易隐含碳排放效率的特征，需要分析碳排放效率的时空演变，一方面，从时空变化来分析效率变化趋势的分布特征；另一方面，通过计算碳排放效率的技术缺口比率，深入揭示省际的效率水平和潜在的效率水平差距。

4.1　基于时序的出口贸易碳排放效率趋势演变

中国经济总量保持中高速增长，对外贸易的稳定增长是重要动因之一，对外贸易额在过去30年里大约每四年翻一番，2013年中国进出口总额超过美国，达到4.16万亿美元①，首次成为全球最大的货物贸易国。2018年中国进出口总额创历史新高，高达30.51万亿元人民币。然而，伴随着出口额增长，碳排放量也急剧增加，每年为满足国外消费需求而导致的碳排放约占全国排放总量的1/3②。由于技术水平难以在短期内显著提高，高投入、高能耗、高排放和低附加值的出口拉动型的经济发展模式在短期内难以得到根本性扭转。一方面要实现“2020年单位国内生产总值碳排放量比2005年下降40%—45%”的目标，另一方面要实现“碳排放总量得到有效控制，单位GDP二氧化碳碳排放降低18%”的目标，但是经济发展还将在较长时期内依赖出口贸易的稳定发展，贸易数量稳定增

① 以2013年为例，据海关统计我国外贸出口额为20498.3亿美元，其中加工贸易额为8627.8亿美元。

② 王有鑫：《中国出口贸易中的内涵 CO_2 排放及其影响因素研究》，硕士学位论文，南京财经大学，2011年。

长，碳排放的绝对数量难以下降，面临着巨大的减排压力，中国以一个大国积极担当的态度，在减少碳排放的绝对数量和减排效率方面定出了具体的减排目标，因此，转变贸易发展方式、提高出口贸易的碳排放效率是必然的选择。研究中国出口贸易碳排放的效率，厘清其发展现状、空间分布及其趋势，是一项基础性工作，可以为低碳贸易发展的政策引导和战略制定提供依据。

4.1.1 文献综述

现有的研究中，第一类主要是对国际贸易中的隐含碳排放量测算及其分解分析，关于碳排放的效率研究不多，Wyckoff & Roop（1994）① 开始研究对外贸易中的碳排放问题，研究对象扩展到 OECD 国家，还有中美双边贸易中的碳排放（Shui②，2006；高雪，2014③）、中英贸易中的碳排放（Li④，2008）、中日贸易中的碳排放（Liu⑤，2010；Yao，2017）⑥、中国与东盟贸易中的碳排放（Guo，2018）⑦ 等。第二类是计算碳排放的效率问题研究，Xiao⑧（2011）、Bian⑨（2013）、李科⑩（2013）、王群伟⑪等（2010）等用 DEA 模型计算碳排放效率，

---

① Andrew W. Wyckoff，Roop，J. M.，1994，"The embodiment of carbon in imports of manufactured products：Implications for international agreements on greenhouse gas emissions"，*Energy Policy*，22，pp. 187 – 194.

② Shui，B. & Harriss，R. C.，2006，"The role of CO_2 embodiment in US – China trade"，*Energy Policy*，34，pp. 4063 – 68.

③ 高雪：《中美贸易的经济收益及碳排放的影响研究》，硕士学位论文，清华大学，2014 年。

④ Li，Y.，Hewitt，C. N.，2008，"The effect of trade between China and the UK on national and global carbon dioxide emissions"，*Energy Policy*，36，pp. 1907 – 1914.

⑤ Liu，X.，Ishikawa，M.，Wang，C.，YanliDong，WenlingLiu，2010，"Analyses of CO_2 emissions embodied in Japan – China trade"，*Energy Policy*，38，pp. 1510 – 1518.

⑥ 姚新月：《中国对日本出口贸易隐含碳排放及其影响因素分析》，硕士学位论文，东北师范大学，2017 年。

⑦ 郭风：《中国对东盟出口贸易碳排放及其驱动效应研究》，硕士学位论文，贵州财经大学，2018 年。

⑧ Xiao – Dan Guo，Lei Zhu，Ying Fan，Bai – Chen Xie，2011，"Evaluation of potential reductions in carbon emissions in Chinese provinces based on environmental DEAOriginal Research Article"，*Energy Policy*，Volume 39，Issue 5，pp. 2352 – 2360.

⑨ Yiwen Bian，Ping He，Hao Xu，2013，"Estimation of potential energy saving and carbon dioxide emission reduction in China based on an extended non – radial DEA approachOriginal Research Article"，*Energy Policy*，Volume 63，pp. 962 – 971.

⑩ 李科：《我国省域节能减排效率及其动态特征分析》，《中国软科学》2013 年第 5 期。

⑪ 王群伟、周鹏、周德群：《我国碳排放绩效的动态变化、区域差异及影响因素》，《中国工业经济》2010 年第 1 期。

康志勇①、刘华军②、檀勤良③等学者的研究进一步拓展。赵桂芹④通过对2007—2012年外贸隐含碳排放的计算结果进行时间序列分析，并选取目前最新的2010年投入产出数据进行研究，测算外贸进出口隐含碳排放。

第三，是研究碳排放效率受到哪些因素的影响，以及其与其他变量之间的关系，田穗⑤等（2013）分析出口贸易和碳排放两者关系等，同时涉及“贸易、碳排放、效率”的文献则相对很少，基于此，本文将“贸易、碳排放、效率”三者纳入统一分析框架，建立包含非期望产出的DEA模型，计算出口贸易隐含碳排放的效率水平（以下简称出口贸易碳排放效率），从碳排放角度比较省域之间的出口贸易碳排放效率之间的差异，探索其分布特征与演进趋势，这样就能更加精确地把握出口贸易自身导致的碳排放效率水平变化，以及碳排放效率和出口贸易的关系，对于促进我国经济发展中的稳增长、调结构，实现节能减排，具有极其重要的意义。

4.1.2　模型与数据

为了解决包含非期望产出的效率评价问题，Chung⑥等建立了结合方向性距离函数与面板数据的投入产出效率模型。设有N个决策单元（即DMUi，$i=1$，…，N），观测期为$t=1$，…，T。在时期t第i个决策单元的投入变量、期望产出变量、非期望产出变量分别为$x_{it}\in R^{m}$，$y_{it}^{g}\in R^{s_1}$，$y_{it}^{b}\in R^{s_2}$，其中m、s_1和s_2分别代表三类要素的数量，定义效率为：

$$\rho_{it}=\min\frac{1+\frac{1}{m}\sum_{k=1}^{m}\frac{s_{kit}^{-}}{x_{kit}}}{1-\frac{1}{s_1+s_2}\left(\sum_{r=1}^{s_1}\frac{s_{rit}^{g}}{y_{rit}^{g}}+\sum_{r=1}^{s_2}\frac{s_{rit}^{b}}{y_{rit}^{b}}\right)}\qquad(4-1)$$

---

① 康志勇：《出口与全要素生产率——基于中国省域面板数据的经验分析》，《世界经济研究》2009年第12期。

② 刘华军：《城市化对二氧化碳排放的影响——来自中国时间序列和省际面板数据的经验证据》，《上海经济研究》2012年第5期。

③ 檀勤良、张兴平、魏咏梅等：《考虑技术效率的碳排放驱动因素研究》，《中国软科学》2013年第7期。

④ 赵桂芹：《中国出口贸易碳排放的测度与预警研究》，《生态经济》2018年第9期。

⑤ 田穗、王文娟：《低碳时代出口贸易对碳排放效应的实证分析——基于省域面板数据》，《杭州电子科技大学学报》2013年第4期。

⑥ Chung，Y. H.，F（a）re，R.，Grosskopf，S.，1997，“Productivity and undesirable outputs：A directional distance function approach”，*Journal of Environmental Management*，3，pp. 229－240.

$$\text{s. t. } x_{it} - \sum_{j=1(j\neq i(if\tau=t))}^{N}\sum_{\tau=1}^{T}\lambda_{j\tau}x_{j\tau} + s_{it}^{-} \geqslant 0$$

$$\sum_{j=1(j\neq i(if\tau=t))}^{N}\sum_{\tau=1}^{T}\lambda_{j\tau}y_{j\tau}^{g} + s_{it}^{g} \geqslant 0$$

$$y_{it}^{b} - \sum_{j=1(j\neq i(if\tau=t))}^{N}\sum_{\tau=1}^{T}\lambda_{j\tau}y_{j\tau}^{b} + s_{it}^{b} \geqslant 0$$

$$1 - \frac{1}{s_1 + s_2}\left(\sum_{r=1}^{s_1}\frac{s_{rit}^{g}}{y_{rit}^{g}} + \sum_{r=1}^{s_2}\frac{s_{rit}^{b}}{y_{rit}^{b}}\right) \geqslant \varepsilon$$

$$\lambda_{it}, s_{it}^{-}, s_{it}^{g}, s_{it}^{b} \geq 0$$

式中，s_{it}^{-}、s_{it}^{g}、s_{it}^{b} 分别代表与投入、期望产出和非期望产出对应的松弛变量，ε 为非阿基米德无穷小。解这一线性规划时候，可以利用 Charness – Cooper 变换①，把上述方程转化为线性规划，得到的结果是静态效率。其优势是易于理解、贴近实际，较多地应用在能源、环境等方面。

由此可建立考虑非期望产出情形下、全局参比的 Malmquist – Luenberger 指数，全局参比 Malmquist 模型强调的是以各期的综合作为参考集，是由 Pastor 和 Lovell（2005）② 提出的一种 Malmquist 指数计算方法。并且可以将其分解为技术效率变动指数和技术进步变动指数两部分，如式（3）和式（4）。指数大于 1 说明从时期 t 到时期 $t+1$ 的效率变化取得了进步，否则是退步。

$$Malmquist = \left[\frac{\overrightarrow{D_c^t}(X_i^t, y_{it}^g, y_{it}^b)}{\overrightarrow{D_c^t}(x_i^{t+1}, y_{it+1}^g, y_{it+1}^b) * \overrightarrow{D_c^{t+1}}(x_i^{t+1}, y_i^{t+1}, b_i^{t+1})}\right]^{\frac{1}{2}} \tag{4-2}$$

$$effch = \left[\frac{\overrightarrow{D_c^t}(x_{it}, y_{it}^g, y_{it}^b)}{\overrightarrow{D_c^{t+1}}(x_{it+1}, y_{it+1}^g, y_{it+1}^b)}\right] \tag{4-3}$$

$$techch = \left[\frac{\overrightarrow{D_c^{t+1}}(x_{it}, y_{it}^g, y_{it}^b) * \overrightarrow{D_c^{t+1}}(x_{it+1}, y_{it+1}^g, y_{it+1}^b)}{\overrightarrow{D_c^t}(x_{it}, y_{it}^g, y_{it}^b) * \overrightarrow{D_c^t}(x_{it+1}, y_{it+1}^g, y_{it+1}^b)}\right]^{\frac{1}{2}} \tag{4-4}$$

其中 t 与 t + 1 分别为连续的两个时期，Malmquist 等于 effch [Efficiency Change（t To t + 1）] 和技术进步指数 techch [Technological Change（t TO t + 1）]

---

① Charnel A. Cooper，W.，1962，“Programming with liner fractonal fumtional”，Naval Resewrch Logistics Quarterly，9，pp. 181 – 186.

② Pastor，J. T. and C. A. K. Lovell，2005，“A global Malmquist productivity index”，*Econ. Lett* 88，pp. 266 – 271.

的乘积。在环境生产技术框架下，计算与 i 地区相对应的线性规划来计算以不同时期的技术为参照的距离函数。

变量与数据已经在第三章中予以介绍，这里就不再重复。

4.1.3　实证分析

应用上述模型，计算了 2000—2016 年中国 30 个省份出口贸易碳排放的 Malmquist 指数（除西藏之外），如表 4－1。值得注意的是，2001—2005 年，从总体上来看，出口贸易碳排放效率出现了一定程度的退化，2003 年和 2004 年效率的下降较为明显，主要原因可能有：首先，2003 年和 2004 年都是中国对外贸易的快速增长年，相对于上一年增长率分别达到 37.1% 和 35.7%，总量在世界贸易中的排名分别上升至第 4 名、第 3 名，重视数量的扩张容易导致碳排放效率的下降；其次，出口贸易结构中包含高碳排放强度的产品比例较多；最后，技术水平不高，国际先进生产技术采用不多。还有，能源中煤炭占比较高，清洁能源使用推广不够等。然而，2012—2016 年，大多数省份的出口碳排放有明显的上升趋势，长三角地区、京津冀地区显得尤为突出，主要原因可能有：其一，随着经济全球化程度的日益加深，国家间的合作逐步由产业间分工、产业内分工转向各部门之间的产品分工。其二，发达国家单方面地实施与强化环境管制，是导致以中国为首的发展中国家加剧“碳泄漏”等环境污染问题的重要因素。其三，中国作为世界加工贸易中心，目前出口贸易以高能耗产品为主，碳排放量较高，进口贸易以高技术产品和服务产品为主，碳排放量相对较低。

表 4－1　　　　省域历年出口贸易碳排放 Malmquist 指数

	2000—2001	2001—2002	2002—2003	2003—2004	2004—2005	2005—2006	2006—2007	2007—2008	2008—2009	2009—2010	2010—2011	2011—2012	2012—2013	2013—2014	2014—2015	2015—2016	累计
北京	1.03	0.98	0.97	1.01	0.98	1.01	1.02	1.02	1.06	1.01	1.03	1.00	1.01	0.99	1.03	1.120	1.051
天津	1.00	1.00	0.99	1.00	0.99	0.99	1.01	0.99	1.03	1.00	1.00	1.00	0.88	1.04	1.09	1.032	1.018
河北	1.03	1.06	1.09	1.08	0.97	1.02	0.99	1.00	0.79	1.09	0.94	0.95	0.95	1.02	0.97	0.982	1.013

续 表

	2000—2001	2001—2002	2002—2003	2003—2004	2004—2005	2005—2006	2006—2007	2007—2008	2008—2009	2009—2010	2010—2011	2011—2012	2012—2013	2013—2014	2014—2015	2015—2016	累计
山西	1.04	1.04	1.11	1.24	0.90	0.99	1.14	0.97	0.43	1.16	0.90	1.07	0.94	0.95	0.92	0.952	1.001
内蒙古	1.00	1.00	0.94	0.87	0.86	0.81	0.92	0.90	0.65	1.02	0.96	0.70	0.72	1.12	1.09	0.991	0.920
辽宁	1.00	1.00	1.00	0.98	1.00	0.99	0.99	0.99	0.99	0.99	1.02	0.98	0.93	0.85	1.17	1.025	0.998
吉林	0.99	0.93	0.94	0.92	0.90	0.86	0.88	0.81	0.65	1.00	0.92	1.04	0.95	0.79	0.84	0.893	0.919
黑龙江	1.18	1.23	1.03	1.09	1.00	1.00	1.00	1.00	1.00	0.98	1.02	1.00	1.00	0.88	1.13	0.578	0.981
上海	1.01	1.00	1.00	1.02	1.00	1.02	1.04	1.00	0.96	1.02	1.02	1.00	0.99	1.01	1.00	0.998	1.021
江苏	1.01	1.00	0.97	0.97	0.96	0.99	1.01	1.02	1.03	0.98	1.00	1.00	1.03	1.00	1.04	1.171	1.048
浙江	0.99	0.97	0.96	0.96	0.97	0.99	1.01	1.01	1.01	0.99	1.00	1.00	1.00	1.00	1.01	1.062	1.025
安徽	0.98	1.04	1.09	1.07	1.06	1.05	1.05	1.03	0.97	1.07	1.03	1.03	1.01	1.01	0.98	0.994	1.053
福建	1.01	1.00	0.99	0.97	0.98	1.00	1.01	1.00	1.00	0.98	0.97	1.00	0.99	0.97	1.00	1.042	1.015
江西	1.00	1.00	0.83	0.86	0.96	1.01	0.99	1.04	1.01	1.05	1.02	1.02	1.00	1.00	1.01	1.023	1.020
山东	1.04	1.01	0.94	1.00	0.96	1.00	1.01	1.00	0.97	1.00	0.99	0.99	1.05	1.00	0.97	0.988	1.060
河南	1.06	1.11	1.16	1.01	0.95	0.99	0.96	0.93	0.67	1.03	1.21	1.13	1.04	0.95	0.99	1.058	1.038
湖北	1.02	1.13	1.12	1.10	1.11	1.12	1.08	1.14	0.95	1.01	0.98	0.97	1.00	0.99	0.95	1.045	1.079
湖南	0.97	1.03	0.95	0.98	0.82	1.09	1.05	1.09	1.05	0.98	0.85	1.01	1.01	0.89	1.10	0.964	1.031
广东	1.01	1.00	1.00	1.00	1.00	1.00	1.00	1.00	1.00	1.00	1.00	1.00	1.01	0.99	1.01	1.048	1.027
广西	1.00	1.00	0.88	0.87	1.02	0.98	0.97	0.97	0.84	0.77	0.85	0.97	1.05	1.07	1.06	1.100	0.981
海南	1.00	1.00	0.99	1.00	1.01	1.00	1.00	1.00	1.00	1.00	0.93	0.80	0.89	0.91	0.91	0.895	0.969
重庆	0.97	0.88	1.12	1.00	0.83	1.09	1.03	1.04	0.87	1.25	1.22	1.09	1.06	0.97	1.03	1.041	1.050
四川	1.12	1.20	0.99	1.09	1.10	1.10	1.05	1.02	1.02	1.12	1.11	1.03	1.03	0.95	1.09	0.843	1.150
贵州	0.91	0.93	1.04	1.18	0.91	1.04	1.16	1.01	0.69	1.20	1.19	1.24	1.16	1.01	0.98	1.005	1.173
云南	0.94	1.05	0.93	1.03	0.94	1.01	1.13	0.98	0.89	1.08	0.95	0.92	1.12	0.95	0.92	0.927	0.990
陕西	0.76	1.04	1.02	1.07	1.00	0.96	1.03	0.93	0.76	1.10	0.90	1.00	0.98	1.09	1.02	1.094	1.013
甘肃	1.04	1.01	1.21	0.98	0.99	1.12	0.95	0.85	0.54	1.53	1.00	1.35	1.08	0.97	1.08	1.095	1.103

续　表

	2000—2001	2001—2002	2002—2003	2003—2004	2004—2005	2005—2006	2006—2007	2007—2008	2008—2009	2009—2010	2010—2011	2011—2012	2012—2013	2013—2014	2014—2015	2015—2016	累计
青海	0.90	0.66	0.97	1.01	0.80	1.14	0.85	1.16	0.54	1.11	0.97	0.84	0.66	0.85	2.25	9.764	1.070
宁夏	0.86	0.80	0.89	0.91	0.90	1.00	0.89	0.87	0.53	1.08	0.96	0.87	1.20	1.07	0.85	1.286	0.951
新疆	0.69	1.30	1.21	1.01	1.09	1.02	1.08	1.04	0.90	0.97	0.99	0.94	0.90	0.89	0.85	0.823	0.988

全国范围内历年平均的 Malmquist 及其分解值参见表4－1。图4－1则是累计的 MCPI 及其组成部分 Effch、Techch 的变动情况。其中，将2000年设为参考年份，记为1；累计的出口贸易碳排放 Malmquist 指数、技术效率指数和技术进步指数分别记为 C－Malmquist、C－Effch 和 C－Techch。

从下面的图4－1和表4－2可以看出，2000—2016年，中国出口贸易碳排放效率的平均增长率为0.2%，其中技术效率指数大于1的年份是4个，而小于1的年份却有12个，技术效率出现退化，平均下降了1.1%，累计降幅为0.75%，且呈现出递减的趋势；技术进步指数小于1的年份发生在2002—2005年、2009—2010年和2012—2014年等3个时间段，其余都表现为大于1，技术进步平均增长了1.8%，大致表现为先下降后上升的趋势，累计上升幅度为0.16%。由于技术效率的退化作用小于技术进步的增长作用，2000—2016年中国出口贸易碳排放效率 Malmquist 指数仍维持了年均0.5%的改进水平，与基期相比，总体的改进幅度为7.3%。尽管中国出口贸易碳排放效率有所增长，但这个幅度远低于能源效率的改进程度，也低于中国在此期间整体碳排放效率的改进幅度（王群伟等，2010）。这表明，在追求经济增长的驱动下，省域把出口贸易量的快速扩张放在首要位置，虽然高新技术产品出口有所增长，但是消费品以及资源产品所占份额较大，结构仍然不合理，其中能源密集型和高碳产品仍是出口的主要品种，导致了出口贸易中隐含的碳排放居高不下。鉴于环境问题的日益突出，从图4－1 Malmquist 指数及其分解中可以看出，2012—2016年，中国越来越重视出口商品结构调整等问题，出口贸易碳排放效率得到了一定程度的管控，在出口贸易碳排放率方面保持着相对平稳的变动趋势，出口贸易中隐含的碳排放居高不下，表明出口贸易对碳排放的冲击呈现稳定的特征，中国出口贸易加剧了中国碳排放增加。在环境保护的社会发展模式的驱动下，中国出口贸易正在向以资源型为主的发展模式逐渐蜕变，出口贸易对能源消耗的依赖程度将呈现逐渐减少的趋势。

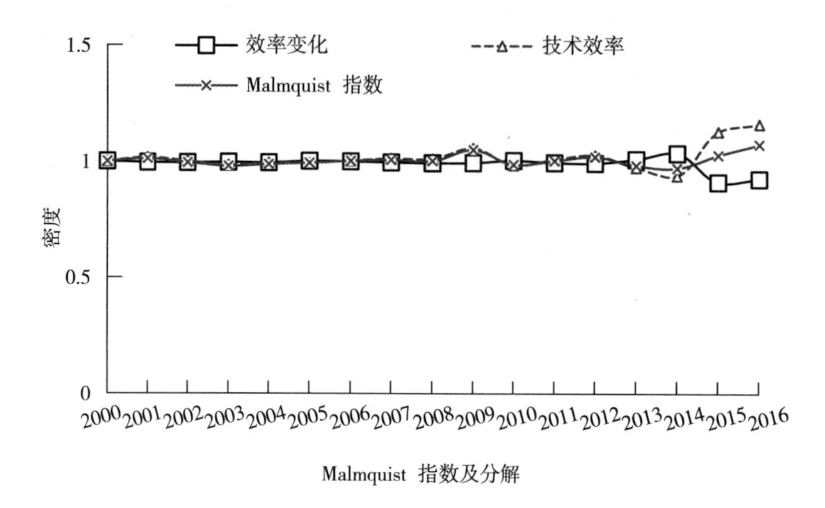

图 4－1　2000—2016 年累计出口贸易碳排放 Malmquist 指数及其分解

表 4－2　　2000—2016 年平均出口贸易碳排放 Malmquist 指数及其分解

	effch	techch	Malmquist
2000—2001	0. 995	1. 016	1. 011
2001—2002	0. 994	1. 001	0. 994
2002—2003	0. 996	0. 984	0. 979
2003—2004	0. 994	0. 993	0. 987
2004—2005	1. 001	0. 993	0. 993
2005—2006	0. 999	1. 002	1. 001
2006—2007	0. 995	1. 012	1. 006
2007—2008	0. 992	1. 010	1. 001
2008—2009	0. 993	1. 056	1. 049

续 表

	effch	techch	Malmquist
2009—2010	1.003	0.983	0.986
2010—2011	0.994	1.008	1.002
2011—2012	0.992	1.026	1.019
2012—2013	1.009	0.973	0.982
2013—2014	1.035	0.938	0.971
2014—2015	0.911	1.128	1.027
2015—2016	0.925	1.160	1.073
平均	0.989	1.018	1.005

从省级层面来看，多数省域出口贸易碳排放效率得到了一定提升，但提升幅度也是有限的，其中，北京、天津和上海表现较好，改进幅度大于10%。这可能与当地产业结构中金融、旅游等低碳产业所占比重较高有关。以北京为例，大力发展服务业，严格实行碳排放总量控制，对重点排放单位实施碳排放配额管理，试点碳排放权交易，严格执行碳排放报告和第三方核查制度，发现违法行为给予相应的处罚。此外，也得益于当地政府有力的节能减排政策、贸易低碳化政策和特殊的政治经济地位。需要指出的是，广西、河南、浙江等一些省区出口贸易的碳排放效率出现了退化，应给予充分的重视。现阶段，中国面临着资源环境约束、二氧化碳减排、持续经济增长等多重压力，通过优化进出口商品结构，提升对外贸易发展的质量，适当平衡进口贸易与出口贸易的增长速度，调节对外贸易的依存度，实现经济结构从传统的出口驱动型逐步向国内消费型转变，这不仅符合中国当前“调结构、扩内需”的中长期经济发展规划，同时可以达到减少国外消费中的隐含碳排放问题，有利于实现社会经济效益和能源环境效益的“双赢”。

4.1.4 探索性分析

（1）空间分布特征

根据测算数据，以全局 Malmquist 效率水平作为变量指标，对效率值的不同区间进行划分，通过 ArcGIS 软件绘制了中国全局 Malmquist 效率水平的地理分布图，清晰、直观，由于篇幅关系，本文以 2000 年、2012 年为例，分析碳排放效率的空间分布特征，参见图 4－2。

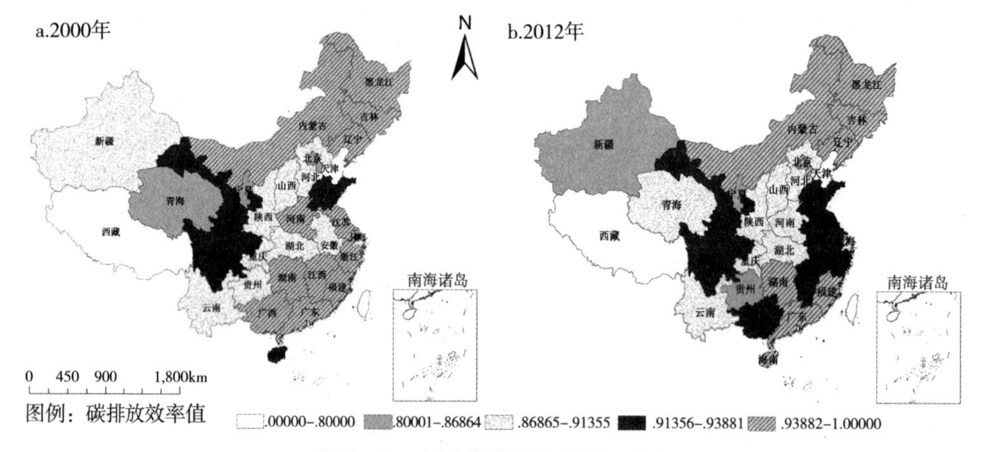

图 4－2　省域碳排放效率地区分布

Fig. 2　The provincial distribution of carbon emission efficiency

从图 4－2a 中可以看出，中国 30 个省域 2000 年出口贸易的碳排放效率具有空间非均衡特征，从西部到东部总体上呈现递增的分布①，东部的浙江、辽宁与中部的河南、湖南、江西、内蒙古的效率值同为最高，效率最低的是宁夏。图 4－2b 表明，2012 年省域出口贸易碳排放效率地区分布延续了 2000 年的基本特征，变化比较大的是北京，以所有各期的数值作为参考集，2012 年北京出口贸易碳排放效率指数是最高的，与北京处于同一层次的还有广东、黑龙江、海南、湖南、吉林、内蒙古、上海、天津等，省域的个数比 2000 年多了 3 个。不难发现，这

① 东部地区包括北京、天津、河北、辽宁、上海、江苏、浙江、福建、山东、广东、海南 11 个省（自治区、直辖市，下同）；中部地区包括山西、内蒙古、吉林、黑龙江、安徽、江西、河南、湖北、湖南共 9 个省；西部地区包括广西、云南、四川（将重庆并入）、贵州、西藏、陕西、甘肃、青海、宁夏和新疆 10 个省。

些省域为了改善环境，出台了一系列的严厉治理措施，降低能耗和各种污染，转变经济发展方式，出口贸易竞争力提高，出口商品生产的碳排放效率也不断提高。

（2）效率分布的核密度估计

Kernel 密度是研究不均衡分布的一种方法，通过 Kernel 密度函数分析省域出口贸易碳排放效率分布趋势，同时通过不同时期的比较，把握其分布的动态特征，考虑到篇幅限制，本文只选取 2000 年、2005 年、2010 年、2012 年、2014 年、2016 年六个年份进行分析。

首先，分析全国 30 个省在考察期内的演变。图 4－3 是全国省域出口贸易的碳排放效率在样本考察期内的演变。总体来看，密度函数中心稍许偏左，峰值增大且出现相对明显的双峰特征。就演变趋势而言，2005 年比 2000 年峰值左移且变化不大，变化区间变小，次峰的峰值变大，表明地区差距在 2000 年至 2005 年内变化不大，部分省份的差距开始变小。2010 年与 2005 年相比，密度函数的中心开始右移，但是走势、峰值和变化区间变化不大，这表明这个时期省域都维持着现有的发展模式，地区差距几乎没有什么改变。2012 年与 2010 年相比，2012 年主峰和次峰值明显变大，波峰更为陡峭，双峰的特征比较明显，这说明地区差距开始缩小，表明 2012 年来全国减少碳排放的氛围开始浓厚，部分省域积极改进出口贸易碳排放效率的成效开始表现出差异。

其次，分东部、中部、西部，探索省域不同年份的出口贸易碳排放效率分布的核密度估计，要说明的是，由于各组的参考集并不相同，这样计算的结果尽管保留了相似的特征，但是具体的数值与前面的结果会有所差异。图 4－3 反映东部地区省域出口贸易的碳排放效率在样本考察期内的演变，总体说来，核密度函数中心明显右移，峰值增大且出现多峰，变化区间变小。就演变趋势而言，2005 年比 2000 年峰值变小，变化区间变大，表明地区差距在 2000 年至 2005 年内变大，反映出在此期间不少省份各显神通，积极走以出口贸易拉动经济增长的发展路径，但是对提高出口贸易碳排放效率的重视与成效有明显的差异。2010 年与 2005 年相比，核密度函数的中心基本相同，走势、峰值和变化区间几乎相似，这表明这个时期地区差距几乎没有什么改变，省域都维持现状，没有大的突变。

2012 年与 2010 年相比，2012 年主峰值明显变大，波峰更为陡峭，两峰的特征更为明显，这说明在东部地区与全国的情况类似，效率差距开始明显缩小，与全国一样，碳排放减排的氛围浓厚。

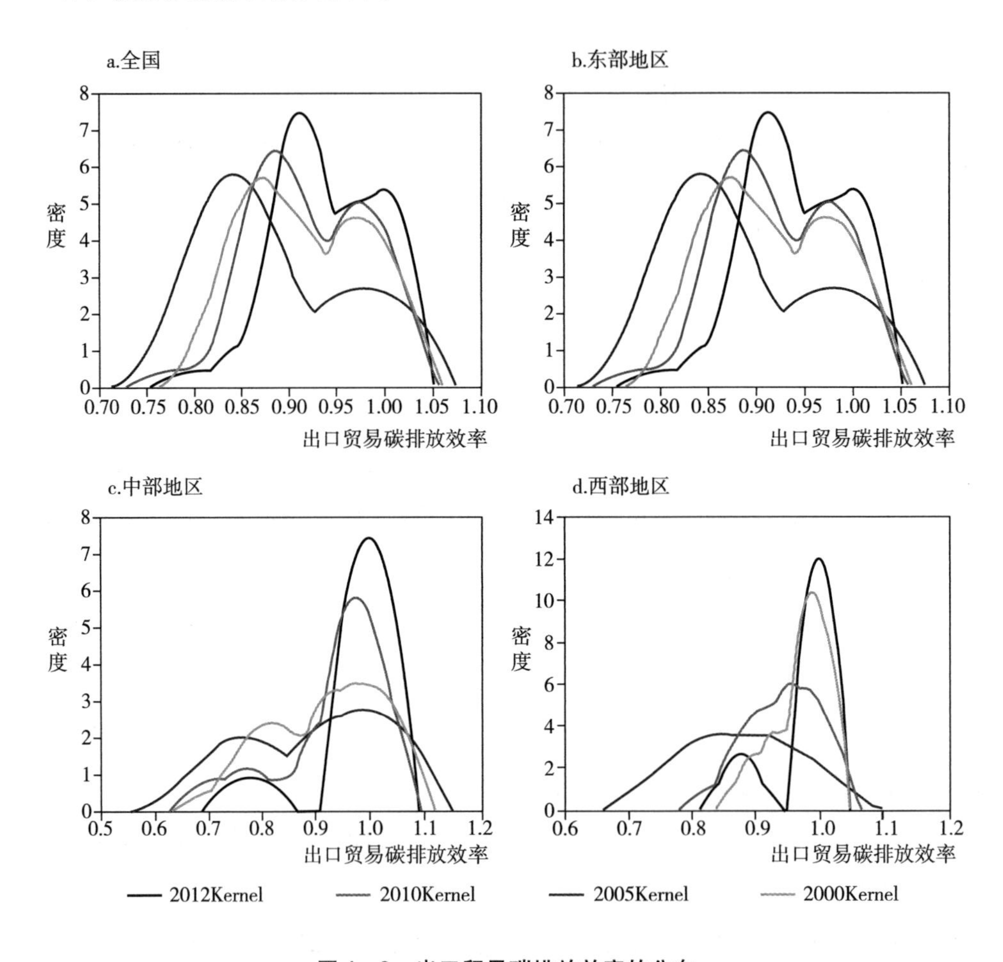

图 4－3　出口贸易碳排放效率的分布

中部地区出口贸易碳排放效率在样本考察期内的演变趋势与东部有所不同，综合来看，核密度函数中心向右移动，峰值增大，变化区间变化不大，说明样本考察期内地区差距变化不大。具体来看，波峰在 2005 年比 2000 年更为平缓，表明差距变大，说明中部地区省域出口贸易碳排放效率在这个时期开始分化。与 2005 年比，2010 年密度函数中心向右移动，峰值增大，变化区间有所收缩，主峰与次峰的峰值明显增大，说明地区差距有所缩小，同时出现两极分化现象。

2012年比起2010年来，密度函数中心明显右移，波峰更加陡峭，出现明显的两个峰，主峰更高，但是次峰稍微下降，说明地区的差距出现两极分化，主极附近的省域较多，次极附近的省域较少。

西部地区核密度函数中心明显向右移动，峰值增大。从演变趋势来看，2005年与2000年相比，峰值减小，波峰变平坦，变化区间变大，说明在此期间，省域出口贸易效率值差距变大，这与西部大开发进程中各地的出口贸易的发展情况不平衡是一致的。2010年与2005年相比，峰值增大，变化区间变小，说明地区差距开始变小，西部地区的省域开始重视碳排放问题。2012年与2010年相比，明显出现双峰，主峰峰值变大，波峰更陡峭，说明省域差距在进一步缩小，同时也出现两极分化的现象。

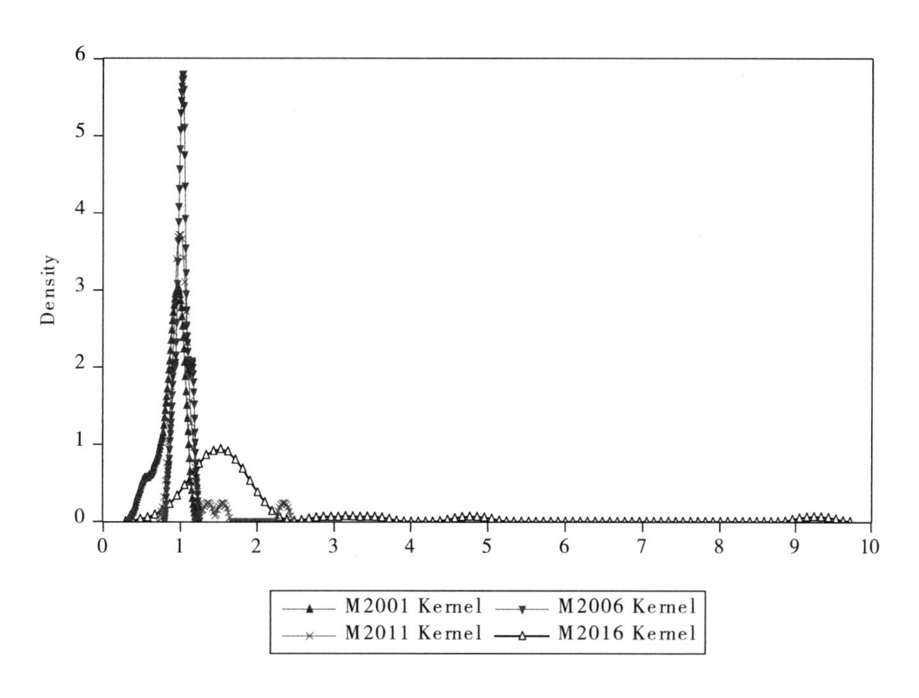

图4－4　全国省域出口贸易的碳排放效率在样本考察期内的演变

全国的演变情况。首先分析全国30个省份在考察期内的演变。图4－4是全国省域出口贸易的碳排放效率在样本考察期内的演变。总体来看，密度函数中心稍许偏左，峰值增大且出现相对明显的双峰特征。就演变趋势而言，2001年比2006年峰值左移且变化不大，变化区间变小，次峰的峰值变大，表明地区差距在 2001 年至 2006 年内变化较大，部分省份的差距开始变大。2011 年与 2006 年相比，密度函数的中心开始右移，但是走势、峰值和变化区间变化较大，这表明这个时期省域都适应社会变革的需要及时更新发展模式，地区差距变得越来越明显。2016 年与 2011 年相比，2016 年主峰和次峰值明显变小，波峰更为平缓，双峰的特征比较明显，这说明地区差距开始缩小，表明 2011 年来全国减少碳排放的氛围开始浓厚，部分省域积极改进出口贸易碳排放效率已经卓有成效，全国各地区在促进资源节约和环境保护方面取得了优异的成绩。

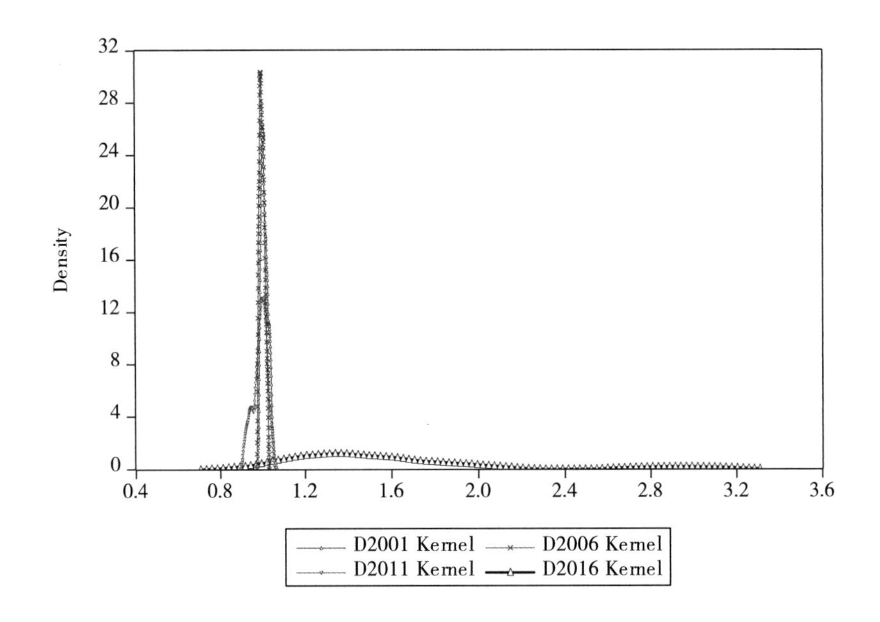

图 4－5　东部出口贸易的碳排放效率在样本考察期内的演变

最后，分东部、中部、西部，探索省域不同年份的出口贸易碳排放效率分布的核密度估计，要说明的是，由于各组的参考集并不相同，这样计算的结果尽管保留了相似的特征，但是具体的数值与前面的结果会有所差异。上图反映东部地区省域出口贸易的碳排放效率在样本考察期内的演变，总体说来，核密度函数中心明显右移，峰值增大，变化区间变大。就演变趋势而言，2006 年比 2001 年峰值变大，变化区间变小，表明地区差距在 2001 年至 2006 年内变大，反映出在此期间不少省份各显神通，积极走以出口贸易拉动经济增长的发展路径，但是对提高出口贸易碳排放效率的重视与成效有明显的差异。2006 年与 2001 年相比，核密度函数的中心基本相同，走势、峰值和变化区间几乎相似这表明这个时期地区差距几乎没有什么改变，省域都维持现状，没有大的突变。2016 年与 2011 年相比，2011 年主峰值明显变大，波峰更为陡峭，两峰的特征更为明显，这说明在东部地区与全国的情况类似，效率差距开始明显缩小，与全国一样，碳排放减排的氛围浓厚。

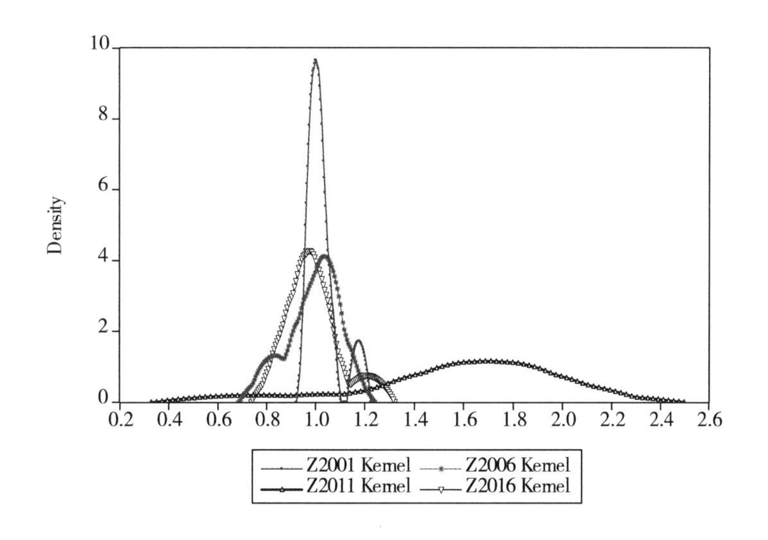

图 4－6　中部出口贸易的碳排放效率在样本考察期内的演变

中部地区出口贸易碳排放效率在样本考察期内的演变趋势与东部有所不同，综合来看，核密度函数中心向右移动，峰值逐渐下降，变化区间变化较大，说明样本考察期内地区差距变化扩大。具体来看，波峰在 2006 年比 2001 年更为平缓，表明差距变大，说明中部地区省域出口贸易碳排放效率在这个时期开始分化。与 2006 年比，2011 年密度函数中心向右移动，峰值变小，变化区间有所扩张，主峰与次峰的峰值明显增大，说明地区差距有所扩大，同时出现两极分化现象。2016 年比起 2011 年来，密度函数中心明显左移，波峰更加陡峭，出现明显的两个峰，主峰更高，但是次峰稍微下降，说明地区的差距出现两极分化，主极附近的省域较多，次极附近的省域较少。

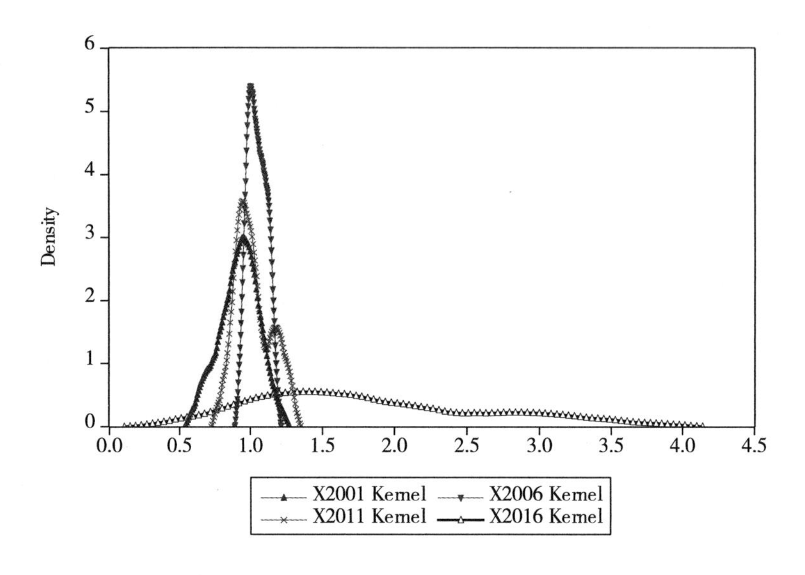

图 4-7　西部出口贸易的碳排放效率在样本考察期内的演变

西部地区核密度函数中心明显向右移动，峰值增大。从演变趋势来看，2006年与2001年相比，峰值减小，波峰变平坦，变化区间变大，说明在此期间，省域出口贸易效率值差距变大，这与西部大开发进程中各地的出口贸易的发展情况不平衡是一致的。2011年与2006年相比，峰值减小，变化区间变大，说明地区差距开始变大，西部地区的省域重视碳排放问题的力度远不足于东部地区和中部地区，对于碳排放效率的控制仍需进一步加强。2016年与2011年相比，明显趋于缓和，主峰峰值变小，波峰更平缓，说明省域差距在进一步扩大，同时也出现两极分化的现象，各省域应更为重视碳排放效率。

4.1.5　结论与启示

（1）省域出口贸易碳排放率平均增长2%，技术进步是主要推动者，平均增长了0.7%，技术效率呈现递减的趋势，平均下降0.5%。贸易发展方式转型需要从技术进步和技术效率两个方面着手提高碳排放效率，在技术一定的条件下，尤其是发挥技术效率进步的作用。

（2）中国省域出口贸易碳排放效率空间分布不均衡。东部相对比中西部的要高，这验证了贸易竞争力与碳减排的效率是正相关的，多数省份出口贸易的碳排放效率有提升。对比于东部地区的发达，中西部地区地广人稀、资源丰富但经济发展相对落后，在全面建设小康社会的进程中，无论是省域碳排放效率还是出口贸易碳排放效率都明显低于东部地区，但也呈上升趋势，说明其在能源结构的改进与能源效率的提高方面仍有待加强。

（3）核密度分析说明东、中、西部的共同特征是2010—2012年之间的变化比其他年份的变化显著，表明省域在2010—2012年对碳减排的高度重视和管控，其中效率改进表现突出的是北京、天津、上海，这得益于当地政府在发展经济和节能减排中找到合理平衡点，分解指标、强化责任、加大问责，采取硬措施实施环境规制。地区差距也开始出现两极分化的特征，东部地区的效率变化程度小于中西部地区，省域在提高出口贸易碳排放效率时，由于资源禀赋和减排力度而存在区域差异。

通过上述出口贸易碳排放效率研究，要实现未来的减排目标，首要的是大力倡导碳排放减排技术创新，倡导与激励企业应用新技术到出口商品的生产中去，充分发挥技术进步对效率改进的作用，融入消费品主流，甚至引领产品市场的主流。面对自身高耗能的问题，东部地区应更加注重调整能源结构，加大新能源使用比重，改善产业结构，发展高新技术产业，走新型工业化的道路，促进产业低碳化发展，发展低碳技术，提高能源的利用效率。同时，在节能减排方面，在突出技术力量的同时，尽可能地通过精细化管理等多种措施，使得技术效率和技术进步能够共同促进碳排放效率的提高，支撑中国出口贸易商品整体上国际上的竞争力，争取领先的地位；其次，东部地区在解决自身问题的同时，应消除地域封锁，给予中西部地区经济、人才和技术上的支持与帮助。中西部地区在产业转移时，要走环境保护与经济发展相结合的道路，以生态文明建设带动经济增长，加强循环经济与低碳经济建设。通过多层面、多形式的区域协作，建立省域之间的联动减排机制，在政策上互动支撑，实现资源和技术共享，实现优势互补，注意避免省域之间出口贸易低水平的恶性竞争（如价格战），通过制定有效的区域协调政策，促进东中西部地区建立产业技术联盟，掌握并使用清洁生产的先进技术，减少能源使用成本，东、中、西部之间实施差异化战略，加强区域之间的全面协调推进，尤其是加速碳减排新技术的扩散和应用；最后，发挥国家层面减排政策的约束、激励、引导、管控等作用，相关部门要依靠政绩考核，增强重视程度，加大对低碳技术研究的投资，重视第三产业的合理发展，同时，也要积极引入和运用市场机制，比如省域积极参与并建立、健全碳排放交易平台等，在法制的框架下，激发各地出口贸易企业节能减排的内在动力。

4.2 基于共同前沿下的出口贸易碳排放技术缺口比率分析

如前所述，中国自2001年以来以20%的对外贸易增长在拉动经济整体增长的同时，出口贸易发展迅速，提高了我国在国际市场上的出口份额，带动了我国经济的迅速发展，同时也引发了高投入、高污染、高能耗以及资源外流等问题。与2015年的巴黎气候大会的承诺一致的是，《中国发展报告2017：资源的可持续利用》提出的目标是到2030年前后实现资源投入总量和碳排放总量达到峰值后持续下降。2030年单位国内生产总值二氧化碳排放比2005年下降60%—65%。《2018中国碳价调查》的报告中明确：到2020年，中国计划将碳排放强度较2005年时水平降低40%—45%，到2030年降低60%—65%。这些目标与中国出口贸易隐含碳排放的减少紧密关联，需要计算出口贸易碳排放技术缺口比率来分析上述目标实现的可能性。

4.2.1 文献综述

随着碳排放量的增加，温室效应日趋明显。因此，如何减少碳排放已成为国内外学者研究的重点。对于碳排放的研究较多的关注碳排放效率水平的变化，单指标方法除了在一些简洁的研究报告中出现之外，现在采用的是大多是复合指标，其中运用环境数据包络分析法（简称DEA，下同）的综合评价方法广为采用。马大来等[①]应用至强有效前沿的最小距离法测算了我国省际排放效率；刘亦

① 马大来、陈仲常、王玲：《中国省际碳排放效率的空间计量》，《中国人口·资源与环境》2015年第1期。

文等①从碳排放效率的角度出发，利用超效率 DEA 模型测度我国各地区的碳排放水平和动态变化并进行相互比较；罗良文等②采用考虑非期望产出的 DEA 非参数方法，研究技术进步和技术效率变化指数；于丹③应用超效率 DEA 研究碳排放效率时空变化；沈能、王群伟④通过三阶段 DEA 模型，将污染排放指数作为非合意性产出测度出我国区域的能源效率。魏楚等⑤基于 DEA 方法构建出了一个相对前沿的效率计算指标，认为比传统的生产率指标更加有效。谭峥嵘⑥运用 DEA - Malmquist 指数模型，计算各省份的碳排放效率。吴贤荣等⑦构建同时含有期望产出与非期望产出的 DEA - Malmquist 模型，测度农业 Malmquist 碳排放效率指数。李国志、王群伟⑧应用变参数模型，从出口贸易角度，研究出口商品结构对二氧化碳排放的动态作用，结论是出口贸易各项组成部分和二氧化碳排放存在长期的动态均衡。高大伟等⑨研究的结论是国际贸易技术溢出促进生产率和技术进步的提高，并且促进碳排放效率的改进和提高。高明⑩采用方向距离函数分别在共同前沿与群组前沿下测算 29 个省份的能源效率并分析其技术缺口比率，结论是西部区域各省市技术缺口比率和全国潜在最优水平有扩大趋势。东部区域各省市应通过提高管理能力来提高能源效率，而中西部区域应从技术与管理两个方面提高

---

① 刘亦文、胡宗义：《中国碳排放效率区域差异性研究——基于三段 DEA 模型及超效率 DEA 模型分析》，《山西财经大学学报》2015 年第 2 期。

② 罗良文、李珊珊：《FDI、国际贸易的技术效应与我国省际碳排放绩效》，《国际贸易》，2013 年第 8 期。

③ 于丹：《我国各省碳排放效率测算与差异性研究》，《中南财经政法大学学报》2015 年第 3 期。

④ 沈能、王群伟：《中国能源效率的空间模式与差异化节能路径——基于 DEA 三阶段模型的分析》，《系统科学与数学》2013 年第 4 期。

⑤ 魏楚、沈满洪：《能源效率及其影响因素：基于 DEA 的实证分析》，《管理世界》2007 年第 8 期。

⑥ 谭峥嵘：《中国省级区域碳排放效率及影响因素研究 ——基于 Malmquist 指数》，《环保科技》2012 年第 2 期。

⑦ 吴贤荣、张俊飚、田云、李鹏：《中国省域农业碳排放：测算、效率变动及影响因素研究——基于 DEA - Malmquist 指数分解方法与 Tobit 模型运用》，《资源科学》2014 年第 4 期。

⑧ 李国志、王群伟：《中国出口贸易结构对二氧化碳排放的动态影响——基于变参数模型的实证分析》，《国际贸易问题》2011 年第 1 期。

⑨ 高大伟、周德群、王群伟：《国际贸易、R&D 技术溢出及其对中国全要素能源效率的影响》，《管理评论》，2010 年第 8 期。

⑩ 高明：《基于 DDF 函数和 Meta - frontier 模型的中国省际能源效率研究》，《统计与决策》2016 年第 1 期。

能源效率。黄奇等[①]在考虑不同区域存在技术差距的条件下，运用共同前沿考察了三大区域的创新效率，并定量测算出中国区域创新水平的差异性，结论是东部区域与全国最优创新水平十分接近，而中西部区域创新技术缺口比率始终低于全国平均水平，且波动幅度较大。蔡火娣[②]基于 SBM 模型计算 Luenberger 生产率指标及分解；侯丹丹[③]空间面板模型考察能源效率收敛性，得出结论是能源效率和排放效率水平的空间分布均呈现东、中、西依次递减的格局；李雪[④]、曲晨瑶[⑤]提出降低碳排放才能发展绿色经济；姜姗宏[⑥]认为外资影响着碳排放量；李松月[⑦]利用2005—2015 年的面板数据，采用 DEA 方法中的最新方法 EBM 模型，对中国西部 11 个省份的制造业碳排放绩效进行测算，分析了国际贸易和技术创新对我国西部制造业碳排放绩效的影响。研究发现：我国西部制造业碳排放绩效呈波动递减的趋势，且整体处于较低水平，贸易开放度的提高对我国西部制造业碳排放绩效的提高有着积极的影响。

在众多研究文献中，基于共同前沿模型，从技术缺口比率的角度分析出口贸易碳排放效率的文献则很少。基于此，本文在共同前沿模型的框架下计算中国各省区市出口贸易隐含碳排放的效率水平（以下简称出口贸易碳排放效率），从碳排放的角度进行比较各省区市之间的出口贸易碳排放效率之间的差异，由此就能更加准确地把握出口贸易自身导致的碳排放效率水平的变化，以及碳排放效率与出口贸易之间的关系。主要贡献在于：一是考虑到我国各省份位于不同的区域，在经济发展水平、资源要素以及科学技术等方面存在差距，为进一步完善各区域因技术水平的差距造成的碳排放效率的偏差，本文在考虑区域技术水平差异的条

---

① 黄奇、苗建军、李敬银：《基于共同前沿的中国区域创新效率研究》，《华东经济管理》2014 年第 11 期。

② 蔡火娣：《基于传统 DEA 与 SBM 模型的二氧化碳排放效率测度》，《统计与决策》2016 年第 18 期。

③ 侯丹丹：《中国省际能源效率和排放效率的收敛性研究》，《哈尔滨商业大学学报（社会科学版）》2016 年第 3 期。

④ 李雪：《空间视角下中国省域碳强度趋同性研究》，硕士学位论文，内蒙古财经大学，2017 年。

⑤ 曲晨瑶：《产业聚集对中国制造业碳排放效率影响研究》，硕士学位论文，南京信息工程大学，2017 年。

⑥ 姜姗宏：《对外贸易、FDI 对碳排放的影响力分析》，硕士学位论文，山东大学，2018 年。

⑦ 李松月：《贸易开放和技术创新对我国西部制造业碳排放绩效影响分析》，硕士学位论文，昆明理工大学，2018 年。

件下，从共同技术效率和群组技术效率两个方面研究出口贸易碳排放效率的变化。二是测算出共同前沿和群组前沿条件中各省份 Malmquist 指数下的出口贸易碳排放效率，通过技术缺口比率分析各省份与全国潜在最有出口贸易碳排放效率的差距，并从技术进步指数角度深入分析各省份出口贸易碳排放效率水平的变化趋势。三是在空间视角下，运用 DEA 模型从贸易开放和技术创新程度出发，论述分析东部、中部、西部及全国范围的碳排放的区域差异化。

4.2.2 方法与数据

由于不同国家具有不同的社会文化、经济环境、管理模式与生产结构等，所以不同国家的厂商具有不同生产技术，因此进行效率评估时，若采用假设所有 DMU 拥有相同技术水平的传统 DEA，则衡量效率时将有失公允。

Ruttan 等（1978）定义共同边界（metafrontier）为一条包含所有群体之生产前缘的包络曲线，可使不同群体能在一个共同的基准之下进行效率的衡量。而后 Battese 和 Rao（2002）及 Battese 等（2004）则透过共同边界模型提出，不同群体间的技术效率可相互比较的观点。之后 Thanassoulis 和 Portela（2008）提出凸性共同边界（convex metafrontier）的观念，指出在某一段时间内，所有群体的技术，用最先进技术进行生产的产出水平，群体间甚至在技术的交流下，可以因为技术提升将生产边界更向外扩张而提高经营绩效。直到 O' Donnell 等（2008）提出的共同边界模型，可以准确求算出群组及共同技术效率。

（1）群组边界

将所有 DMU 依不同的社会文化、经济环境、管理模式与生产结构等因素分成 g 个群组，则第 g 群组的技术集合如下：

$$T^g = \{(\underset{\sim}{y}, \underset{\sim}{x}) : \underset{\sim}{x} \text{ can used by firm in group } g \text{ to produce } \underset{\sim}{y}\} \tag{4-5}$$

特定群组技术所产生的投入集合及投入距离函数表示为：

$$P^g(\underset{\sim}{y}) = \{\underset{\sim}{x} : (\underset{\sim}{y}, \underset{\sim}{x}) \in T^g\} g = 1, \cdots, G \tag{4-6}$$

$$D^g(\underset{\sim}{y}, \underset{\sim}{x}) = \sup\{\theta > 0 : (\underset{\sim}{x}/\theta) \in P^g(\underset{\sim}{y})\} g = 1, \cdots, G \tag{4-7}$$

利用投入距离函数值的计算，第 g 群组内的第 j 个 DMU 之相对无效率值定义如下：

$$\beta_j^g = 1 - \theta_j^g \tag{4-8}$$

上式表示以第 g 个群组效率前缘计算群组之内 DMU 的投入距离函数值，即为群组边界（group frontier）无效率指标。

考量变动规模报酬下，以群组边界衡量第 g 群组内的第 j 个 DMU 相对无效率之线性规划为：

$$D(\underset{\sim}{y},\underset{\sim}{x}) = \max \beta_{\mathrm{j}}^{\mathrm{g}} + \varepsilon(\sum_{n=1}^{N} s_{nj}^{-} + \sum_{m=1}^{M} s_{mj}^{+}) \tag{4-9}$$

$$\text{s. t.} \sum_{h=1}^{Hg} \lambda_h x_{nh} + s_{nj}^{-} = x_{nj}(1-\beta_j^g)$$

$$\sum_{h=1}^{Hg} \lambda_h y_{mh} - s_{mj}^{+} = y_{mj}$$

$$\sum_{h=1}^{Hg} \lambda_h = 1 \qquad \lambda_h, s_{nj}^{-}, s_{mj}^{+} \geqslant o$$

$$m = 1, M = n = 1, h = 1$$

s_{nj}^{-} 为差额变数（slack）、s_{mj}^{+} 为超额变数（surplus）。

（2）共同边界

令 $T^m = convex\{T^1 \cup T^2 \cup \cdots \cup T^G\}$，亦即 T^m 为包含全部群组之生产前缘所包络起来的凸化共同技术集合（meta technology set），则与共同技术集合有关的投入距离函数可表示如下：

$$D^m(\underset{\sim}{y},\underset{\sim}{x}) = \sup\{\theta > 0 : (\underset{\sim}{x}/\theta) \in P^m(\underset{\sim}{y})\} \tag{4-10}$$

上式代表以共同边界计算每一个 DMU 的投入距离函数值，即为共同边界无效率指标 $\hat{\beta}^m$。考虑变动规模报酬下，以共同边界衡量第 j 个 DMU 相对无效率之线性规划为：

$$D(\underset{\sim}{y},\underset{\sim}{x}) = Max\ \beta_{\mathrm{j}}^{\mathrm{m}} + \varepsilon(\sum_{n=1}^{N} s_{nj}^{-} + \sum_{m=1}^{M} s_{mj}^{+}) \tag{4-11}$$

$$\text{s. t.} \sum_{h=1}^{H^m} \lambda_h x_{nh} + s_{nj}^{-} = x_{nj}(1-\beta_j^m)$$

$$\sum_{h=1}^{H^m} \lambda_h y_{mh} - s_{mj}^{+} = y_{mj}$$

$$\sum_{h=1}^{H^m} \lambda_h y_{mh} - s_{mj}^{+} = y_{mj}$$

$$\sum_{h=1}^{H^m} \lambda_h = 1 \qquad \lambda_h, s_{nj}^-, s_{mj}^+ \geqslant o$$

$$m = 1, M = n = 1, h = 1$$

s_{nj}^- 为差额变数（slack）、s_{mj}^+ 为超额变数（surplus）。

（3）技术效率与共同技术率

利用投入距离函数可得到两个指标：依据第 g 个群组的效率前缘计算群组内 DMU 的投入距离函数值，即 $\hat{\beta}^g$；依据共同边界计算每一个 DMU 的投入距离函数值，即 $\hat{\beta}^m$。因此，两种不同边界分别可计算出两种不同的技术效率：

共同边界下的共同边界率为 $TE^m = D^m(y,x)$；而特定 g 群组边界下的群组率为，且 $D^m(y,x) \geqslant D^g(y,x)$，意指第 g 个群组的边界会被包含在共同边界之内，所以两者间存有共同技术。故第 g 群组内的每一个 DMU 之共同技术率（Meta Technology Ratio，MTR）如下：

$$MTR^g = \frac{D^m(y,x)}{D^g(y,x)} = \frac{TE^m}{TE^g} = \frac{1-\beta^m}{1-\beta^g} \qquad (4-12)$$

在采用 DEA 模型分析我国各省份的出口贸易碳排放效率时，一般假设每个被评价的 DMU 具有近似的技术水平，由此进行研究技术无效的原因。我国幅员辽阔，不同的省份之间在资源禀赋、产业结构、经济发展水平等方面存在较大的差异，如果不考虑这些差异，把这些省区市放在同一技术水平下进行出口贸易碳排放效率比较，则无法得到各省区市真实的出口贸易碳排放效率。对于此类问题，Battese、Rao 以及 O'Donnell 等提出了解决的方法：首先需要依据某一划分标准将各 DMU 划分成为不同的群组，运用随机前沿法（SFA）进行构建共同前沿与不同的区域前沿，并计算出共同前沿与不同群组前沿的技术效率，把两者比值定义为技术缺口比率（TGR）。在此基础上，O'Donnell 构建出了基于 DEA 方法的共同前沿和区域前沿。（本文中群组前沿均指区域前沿）

对于 DEA 模型中的各个 DMU，通过投入（xjr）得到产出［$Sr(W)$］，包含了所有投入产出共同技术的集合是：yi，与它对应的生产可能集是：xjr，βr 的上界就是“共同前沿”。共同技术效率（MTE）等同于共同距离函数 D^{meta}，即

$$0 \leqslant D^{meta}(x,y) = \inf_\theta\left\{\theta > 0 \,\middle|\, \left\{\frac{y}{\theta}\right\} \in P^k(x)\right\} = MTE(x,y) \leqslant 1 \qquad (4-13)$$

其中，假设研究变量中存在 k 个子技术水平的子集合 T^k，$k=1$，2，…，k，则 $T^{meta} = \{T^1 \cup T^2 \cup \cdots \cup T^k\}$ 在群组技术集合中 $T^k = \{(x,y)\,|\,x \geqslant 0, y \geqslant 0$,群组 k 中 x 可生产$y\}$，其对应的生产可能集 $P^k(x) = \{y\,|\,(x,y) \in T^k\}$。群组技术效率（GTE）等同于群组距离函数 D^k，即

$$0 \leqslant D^k(x,y) = \inf_{\theta}\left\{\theta > 0 \,\middle|\, \left\{\frac{y}{\theta}\right\} \in P^k(x)\right\} = GTE(x,y) \leqslant 1 \qquad (4-14)$$

在共同前沿的框架下，其最重要的指标为“技术缺口比率（TGR）”，该指标反映出了共同前沿与区域前沿技术水平的差距。用共同前沿与群组前沿距离函数表示 TGR 为：

$$0 \leqslant TGR = \frac{D^{meta}(x,y)}{D^k(x,y)} = \frac{MTE(x,y)}{GTE(x,y)} \leqslant 1 \qquad (4-15)$$

TGR 可将共同前沿与区域前沿紧密联系起来，可用来衡量同一 DMU 处于不同前沿下的技术效率差距，其数值越大，说明实际生产效率越接近于潜在生产率，同时，该指标也可以反映出划分不同群组的必要性，即 TGR 值越小，表明划分群组是必要的，反之则是相反的。

4.2.3 实证分析

根据上述模型，进行计算，得到的结果整理如下：

表 4-3 三大区域 Malmquist 指数下出口贸易碳排放效率技术缺口比率描述统计分析

区域	最大值	最小值	均值	标准值
东部地区	1	0.62754	0.953561385	0.092223547
中部地区	1	0.599862	0.926624454	0.08194262
西部地区	1	0.523723	0.810942418	0.100886486

表 4-3 中列出了东部、中部和西部区域的 Malmquist 指数下的出口贸易碳排

放效率的技术缺口比率的描述性统计分析。由表4－3可知，东部区域、中部区域以及西部区域的平均技术缺口比率分别为0.953561385、0.926624454和0.810942418。从各个区域技术缺口比率的差距来看，西部区域的技术缺口比率差距最大为0.476277，东部区域的技术缺口比率差距最小为0.37246。从各个区域技术缺口比率的稳定性来看，东、中部区域的技术缺口比率标准差均小于西部地区，结果较为稳定，西部区域最大，浮动幅度较大。东部区域的各省区市达到全国潜在出口贸易碳排放效率最优水平的95.4%，表明东部地区能源利用效率较高，环境与经济协调能力较好，代表了我国出口贸易碳排放效率的最高水平，基本实现了出口贸易与资源环境的和谐发展。而中部与西部区域的各省区市实现了全国潜在最优出口贸易碳排放效率的92.66%和82.09%，分别有7.34%和17.91%的提升空间。

三大区域技术缺口比率的动态分析结果如图4－8所示，东部区域相对比较稳定，一直保持在较高水平，西部区域则始终处于较低水平。我国东部地区的碳排放效率显著高于西部地区。东部地区经济发展起步早，碳排放的主要来源是第二产业中的化工产业，西部地区煤炭消费的比重比东部地区高出大约30%。东部地区的产业结构整体上比西部地区优化程度高，这使得东部区域成为出口贸易碳

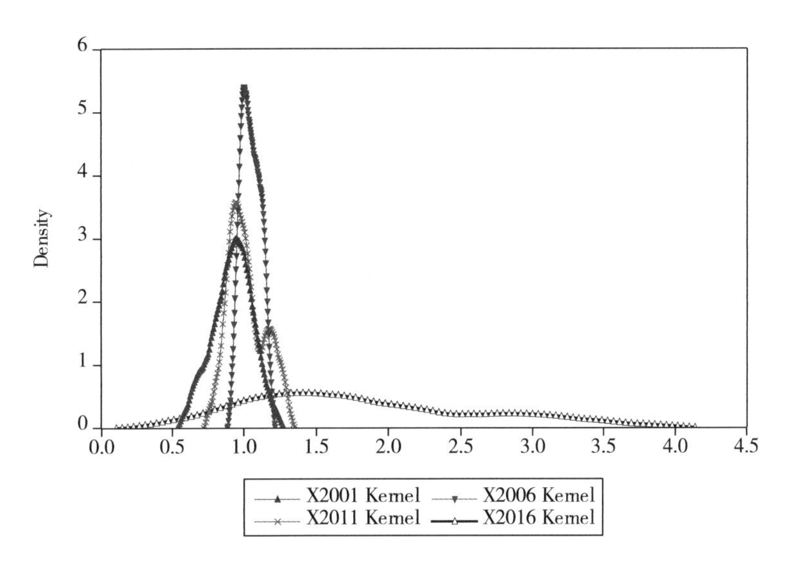

图4－8　三大区域技术缺口比率的动态分析结果

排放效率中较高的代表。与之相比，虽然我国西部区域的碳排放效率平均值处于较低水平，但是在2003—2013年呈现缓慢上升的趋势。中部区域的TGP呈现出先下降后缓慢上升而后又逐渐下降的趋势，逐步趋近于全国平均水平。该结果说明，中部与西部区域各省区市和全国出口贸易碳排放潜在最优效率之间的差距存在减弱的趋势，西部各省区市的碳排放效率差距正在缩小。根据碳排放效率的定义，碳排放效率处于0—1，效率值越大意味着碳排放效率存在很大的上升空间，因此，该结果也表明西部地区有着巨大的节能减排的能力。

由于Malmquist指数等于技术效率指数与技术进步指数的乘积，为了进一步分析研究Malmquist指数背景下共同前沿与区域前沿中技术缺口比率，我们将技术进步指数作为影响TGP的决定因素，对技术进步引起的技术缺口比率（TGP）进行分析。对各省区市技术进步所引起的技术缺口比率（TGP）的计算结果（选取2001年、2006年、2011年、2015年以及2016年）如表4-4所示。由表中可以看出，2001年全国省区市的技术缺口比率达到最大值的分别为北京、海南、江苏、辽宁、天津、河南、黑龙江、江西、内蒙古、青海10个地区，其TGP均为最大值1，其中东部区域所占的地区最多有5个，而西部地区只有一个，而技术缺口比率最小的为新疆；2006年技术缺口比率达到最大值的有6个，分别为东部：北京、海南、江苏、浙江，中部河南和黑龙江，西部没有，而全国最小值为河北；2011年技术缺口比率最大的地区有12个，最小地区是新疆；2015年与2016年全国各省区市的技术缺口比率达到最大值的分别为10个和18个，最小的都是新疆。

表4-4　2001年、2006年、2011年、2015年、2016年各省市区技术缺口比率（TGP）

	年份	2001	2006	2011	2015	2016
东部区域	北京	1.000	1.000	0.997	1.000	1.000
	福建	0.905	0.991	1.000	1.000	1.000
	广东	0.873	1.000	1.000	1.000	1.000
	河北	0.663	0.634	0.706	0.834	1.000
	海南	1.000	1.000	1.000	0.955	1.000

续　表

	年份	2001	2006	2011	2015	2016
东部区域	江苏	1.000	1.000	1.000	1.000	1.000
	辽宁	1.000	0.951	1.000	0.895	0.977
	山东	0.969	0.878	0.950	0.995	1.000
	上海	0.999	0.999	1.000	1.000	1.000
	天津	1.000	0.793	1.000	1.000	1.000
	浙江	0.922	1.000	1.000	1.000	1.000
中部区域	安徽	0.970	0.936	0.974	0.804	0.838
	河南	1.000	1.000	0.934	0.791	1.000
	黑龙江	1.000	1.000	1.000	1.000	1.000
	湖北	0.841	0.907	0.969	0.889	1.000
	湖南	1.000	0.999	1.000	0.940	1.000
	吉林	0.937	0.744	0.928	1.000	1.000
	江西	1.000	0.882	0.751	0.750	0.799
	内蒙古	1.000	0.797	1.000	0.970	1.000
	山西	0.940	0.897	0.892	0.800	0.600
西部区域	重庆	0.808	0.804	0.751	0.670	0.732
	甘肃	0.786	0.759	0.734	0.854	0.694
	广西	0.858	0.816	0.819	0.743	0.654
	贵州	0.887	0.855	0.778	0.865	0.551
	宁夏	0.929	0.895	0.897	0.874	0.950
	青海	1.000	0.847	1.000	0.873	1.000
	四川	0.736	0.653	0.967	1.000	1.000
	陕西	0.806	0.823	0.718	0.730	0.735
	新疆	0.643	0.747	0.586	0.524	0.544
	云南	0.831	0.803	0.849	0.806	0.763

从表4-4中可以看出东部区域技术缺口比率达到最大值（TGP=1）的省份是最多的，2016年除了辽宁以外都达到最大值；对于中部而言，2001年达到最大值的有5个，在2006年、2011年、2015年中达到最大值的仅有2个或3个，2016年达到了6个。西部区域2006年和2015年中各省区市均未达到技术缺口比率的最大值，所选取的5年中，有4年技术缺口比率的最小值都在西部区域中的新疆。

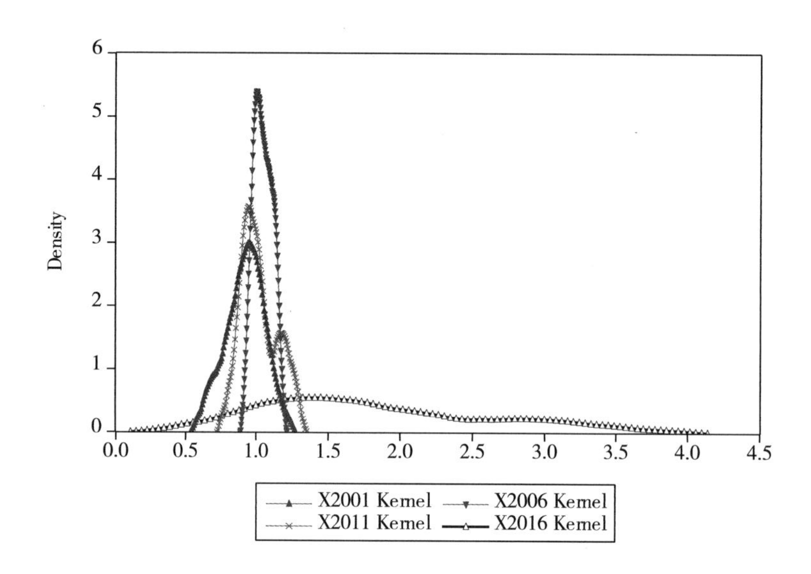

图4-9　2001年、2006年、2011年、2016年
东、中、西部区域技术缺口比率最大值与最小值的差

对于2001年、2006年、2011年、2015年、2016年东、中、西部区域技术缺口比率最大值与最小值的差来分析各省区市出口贸易碳排放效率的差距。其中西部地区的差距越来越明显，而东部区域的差距越来越小。该结果表明东部地区由于地理位置和自然条件的优势，背负大陆、面朝海洋、地势平缓、劳动者文化素质较高、技术力量雄厚。在先进技术引进方面具有优势，技术前沿面始终处于领先地位，故而碳排放效率较高。这体现了较高的技术进步水平对出口贸易碳排放效率增长的促进作用。而西部地区主要承接了东部地区在产业结构优化升级过程中所转移的落后工业行业，改善生产技术的手段主要是模仿和改造，资源配置效率和管理水平起点较低。同时地处我国内陆，对外程度不高，在引进先进技术方面没有东部地区那么有优势，故而碳排放效率较低。此外，由于自然资源分布的不均衡以及开发建设程度不同导致的经济发展不均衡，西部各地区之间的碳排放效率有很大差异。以上结果表明，技术进步对推动达到全国潜在出口贸易碳排放效率的最优水平有显著作用，但是有一定的局限性。

4.2.4　结论与启示

首先对计算得到的效率进行分析。本文利用包含非期望产出的全局参比 Malmquist - Luenberger DEA 模型，测度中国省域 2000—2016 年出口贸易的碳排放效率，并进一步做探索性分析。结果表明：省域出口贸易碳排放率在 2000 年至 2016 年平均增长为 2%，技术进步是主要推动者，但是技术效率呈递减趋势，年均下降 0.5%；but the efficency change shows degressive trend　全国省域出口贸易的碳排放效率在空间上呈现不均衡分布的特征，东部出口贸易碳排放效率高于中西部；省域间效率改进存在差异，因为 2010—2012 年国家对碳减排的高度重视和管控，效率进步比其他年份显著，其中，东部地区的效率变化差异小于中西部地区；2012 年的省域碳排放效率变化有明显的双峰特征，比 2010 年显著，表明地区间效率差距缩小。

其次，在共同前沿与区域前沿的条件下，测算出了 2000—2014 年在 Malmquist 指数下我国各省区市的出口贸易碳排放效率，在此基础上分析了东、中、西部区域的各省区市的技术缺口比率，并将影响 Malmquist 指数下的技术缺口比率的因素分解为技术进步效率指数与技术进步指数，确定技术进步指数为主要的影响因素，进一步研究由技术进步指数引起的技术缺口比率。得出以下具体结论：

（1）东部区域的各省在 Malmquist 指数下的共同前沿与区域前沿的条件几乎没有差距，中西部区域的各省区市在两种前沿下都存在显著的差异，即 Malmquist 指数下的区域前沿条件中的出口贸易碳排放效率显著高于 Malmquist 指数下的共同前沿条件中出口贸易碳排放效率。主要的原因是东部区域各省区市出口贸易碳排放效率的水平较高，本身就已经可以代表我国出口贸易碳排放效率潜在的最优水平，而中西部各省区市出口贸易碳排放效率的水平相对较低。

（2）在对 Malmquist 指数下技术缺口比率的分析中，东部区域各省区市的技术缺口比率（TGR^M）基本都接近于其最大值 1，中部区域各省区的技术缺口比率（TGR^M）逐步趋近于全国的平均水平，而西部区域的各省区市技术缺口比率（TGR^M）低于全国平均水平，但也出现缓慢上升的趋势，表明与全国出口贸易碳排放潜在最优效率之间的差距存在减弱的趋势。

（3）东部区域的各省区市在 2000 年、2004 年、2010 年与 2014 年中，技术进步指数引起的技术缺口比率 TGR 均属于较高的水平，说明优秀的技术进步水平对出口贸易碳排放效率的增长具有促进作用，中西部区域的各省区市在此四年中的技术效率缺口比率 TGR 都在增长，其中西部区域的 TGR 增长最为明显，表明技术进步对推动达到全国潜在出口贸易碳排放效率的最优水平有着较为显著的作用。

（4）从各个区域技术缺口比率的稳定性来看，东、中部区域的技术缺口比率标准差均小于西部地区，结果较为稳定，西部区域最大，浮动幅度较大。东部地区能源利用效率较高，环境与经济协调能力较好，产业结构整体上比西部地区优化程度高，这使得东部区域成为出口贸易碳排放效率中较高的代表。与之相比，我国西部区域的碳排放效率平均值处于较低水平，但近年来呈现缓慢上升的趋势。该结果说明，西部各省区市的碳排放效率差距正在缩小，西部地区有着巨大的节能减排的潜力。

基于以上研究，就东、中、西三大区域而言，西部区域的大部分省区市经济出口贸易的发展对能源的依赖性较强，而出口贸易的碳排放效率低于东部区域，特别是西部区域为了进一步消除贫困，促进地区经济增长，各省区市的节能减排工作面临更大的困难。因此，国家在制定节能减排的相关政策的同时，需要充分考虑各地区的差异；其次，要大力倡导碳排放减排领域的技术创新，促进出口贸易产业结构升级，不断淘汰高能耗高污染的出口贸易企业，积极倡导与激励企业在出口产品中运用新技术，进一步发挥技术进步对碳排放效率的改进作用。在节能减排方面突出技术力量的同时，也要通过精细化的管理等多种措施，使得技术进步与技术效率共同促进出口贸易碳排放的提高，争取中国出口贸易在国际市场上的领先地位。另外，必须通过进一步改革激发市场的强大活力，同时，创造一个能让市场导向型的绿色低碳经济积极发展的环境。为了创造绿色低碳发展的市场，政府应该采取规制污染物排放和界定资源产权等措施；采用价格、税收以及金融保险等政策和手段促进市场发展；最后为了使企业得到充分竞争与交易的机会，政府在构建碳排放交易平台时要维护公平竞争，达到推动各企业主动调整能源浪费和污染物治理行为、借助市场力量发展绿色低碳经济以及建立节能减排长效机制的最终目的。

第五章　碳排放效率、出口贸易及其比较优势

经济学家罗伯特森（D. H. Robertson）在1937年提出对外贸易是“经济增长的发动机”（Engine for Growth），这一命题在中国经济增长奇迹中得以充分体现。然而，出口贸易增长拉动中国经济整体增长的同时，也引发了高能耗、高排放、高污染等问题，其中因为出口导致隐含的碳排放约占全国总碳排放的30%。提高碳排放效率，实现间接减排可以解决碳排放增加与经济增长的矛盾，从而引起了我国学者的广泛研究。中国虽然对外贸易价值量呈现顺差扩大趋势，但是中国对外贸易使得进口国的碳排放量减少，中国出口贸易中的碳排放显著增加，出现了碳排放量“逆差”。根据世界贸易组织（WTO）宣布的全球贸易数量统计结果，中国在2013年的进出口贸易总额突破4万亿美元，超过美国成为世界第一大贸易国，同时是全球第一大二氧化碳排放国。据国际能源组织（IEA）的统计数据，2008年中国碳排放量已经占到21.9%，居世界第一位，这一时间正是中国经济增长创造奇迹的高速发展阶段，预测在2020年达到89亿吨。中美两个碳排放大国在2014年11月12日就减少碳排放发表联合声明，被视作“给全球带来了一次为实现气候安全而奋斗的机会”，同时也将减排的迫切性摆放在各国面前。作为碳排放大国，一方面，中国要实现在2009年哥本哈根会议做出的承诺“在2020年国内碳排放量比2005年降低40%—50%”，“三去一降一补”，稳增长、调结构、减少碳排放。另一方面，考虑到中国经济发展还将在较长时期内依赖出口贸易的稳定发展，出口商品中隐含碳排放的绝对量和相对值居高难下，中国碳排放量经过2014年、2015年、2016年的下滑之后，2017年增长了2%，

2018 年上半年增加了 3%[①]，要达到政府承诺的 2030 年减排目标任重道远，解决问题的关键在于转变中国对外贸易发展方式，主要是提高出口贸易的碳排放效率。因此，研究对碳排放效率的影响因素和作用机制十分重要。

5.1　省际出口贸易、空间溢出与碳排放效率

5.1.1　文献综述

随着温室效应的日益显著，低碳经济走入大众视线。低碳经济是指利用更少的能源消耗和更低的污染，获得更多的经济利益和经济产出。低碳经济本质上是经济发展、能源消费和生活方式的深刻变革，创造更好的生活机会和更高的生活质量。在经济发展与生态环境保护的理论研究中，学界研究主要集中在碳排放量的计算、碳排放效率和影响碳排放的因素等方面，前者相对成熟，本文关注后两者。

对于碳排放效率的研究，国内外学者提出了不同的指标体系与计算方法，常用的计算方法是 DEA 或者 SFA。Tone[②③]、Fare、Grosskopf[④]、Fukuyama 和 Weber[⑤]等建立 DEA 模型进行效率计算；李涛等[⑥]、朱德进[⑦]、沈能等[⑧]和魏楚[⑨]进一步做

---

① http：//www. china – nengyuan. com/news/125116. html.

② Kaoru Tone，2001，“A slacks – based measure of efficiency in data envelopment analysis”，European Journal of Operational Research，130（3），pp. 498 –509.

③ Kaoru Tone，Biresh K. Sahoo，2003，“Scale，indivisibilities and production function in data envelopment analysis”，International Journal of Production Economics，84（2），pp. 165 –192.

④ Rolf Färe，Shawna Grosskopf，2010，“Directional distance functions and slacks – based measures of efficiency”，European Journal of Operational Research，200（1），pp. 320 –322.

⑤ Hirofumi Fukuyama，William L. Weber，December 2009，“A directional slacks – based measure of technical inefficiency”，Socio – Economic Planning Sciences，Volume 43，Issue 4，pp. 274 –287.

⑥ 李涛、傅强：《中国省际碳排放效率研究》，《统计研究》2011 年第 7 期。

⑦ 朱德进：《基于技术差距的中国地区二氧化碳排放效率研究》，博士学位论文，山东大学，2013 年。

⑧ 沈能、王群伟：《中国能源效率的空间模式与差异化节能路径——基于 DEA 三阶段模型的分析》，《系统科学与数学》2013 年第 4 期。

⑨ 魏楚、沈满洪：《能源效率及其影响因素：基于 DEA 的实证分析》，《管理世界》2007 年第 8 期。

了改进，罗良文[①]等构建了包含非期望产出的 DEA 模型；黄伟[②]和吴贤荣[③]等构建同时含有期望产出与非期望产出的 DEA – Malmquist 模型。已有的研究成果集中在三个方面：一是模型和方法的改进；二是投入和产出变量的选择和变化；三是研究对象的变化等。

在碳排放效率计算的基础上，有许多文献研究贸易等变量对碳排放效率的影响和作用。袁鹏[④]应用 DEA 研究 1997 年至 2012 年中国工业部门的碳排放效率，提出通过改进技术可以提高碳排放效率；戴育琴等[⑤]建立基于方向性距离函数的 Malmquist – Luenberger DEA 计算中国省域农产品出口贸易隐含碳排放效率指数；郭炳楠[⑥]等建立考虑到非期望产出的 SBM 模型，度量省域碳排放效率；谢波等[⑦]等用 EBM 模型分析西部 11 个省份的制造业二氧化碳排放效率；李锴等[⑧]等构建倾向得分匹配模型（PSM）以贸易相对封闭地区样本来分析平均处理效应，结论是贸易开放有利于碳排放效率改进。上述关于碳排放效率的计算和影响因素研究成果表明，由于理论、模型设计、计算方法等方面的不同，导致结论不同，其中重点研究出口贸易对碳排放效率影响的较少，本文将在现有基础上，研究出口贸易以及其他控制变量对效率的空间作用，引入空间计量分析中的空间杜宾模型，分析出口贸易对碳排放效率的空间作用；探讨出口贸易之外的经济、开放度、能源结构、资源禀赋等重要因素对碳排放效率影响的空间效应。还有黄先海等[⑨]、

① 罗良文、李珊珊：《FDI、国际贸易的技术效应与我国省际碳排放效率》，《国际贸易问题》2013 年第 8 期。

② 黄伟：《中国省域二氧化碳排放效率研究》，硕士学位论文，湖南大学，2013 年。

③ 吴贤荣、张俊飚、田云、李鹏：《中国省域农业碳排放：测算、效率变动及影响因素研究——基于 DEA – Malmquist 指数分解方法与 Tobit 模型运用》，《资源科学》2014 年第 1 期。

④ 袁鹏：《基于物质平衡原则的工业碳排放效率评估》，《管理学报》2015 年第 4 期。

⑤ 戴育琴、冯中朝：《中国农产品出口贸易隐含碳排放绩效评价——基于中国省级面板数据的实证分析》，《江汉论坛》2017 年第 3 期。

⑥ 郭炳南、卜亚：《人力资本、产业结构与中国碳排放效率——基于 SBM 与 Tobit 模型的实证研究》，《当代经济管理》2018 年第 6 期。

⑦ 谢波、李松月：《贸易开放、技术创新对我国西部制造业碳排放绩效影响研究》，《科技管理研究》2018 年第 9 期。

⑧ 李锴、齐绍洲：《贸易开放、自选择与中国区域碳排放绩效差距——基于倾向得分匹配模型的“反事实”分析》，《财贸研究》2018 年第 1 期。

⑨ 黄先海、石东楠：《对外贸易对我国全要素生产率影响的测度与分析》，《世界经济研究》2005 年第 1 期。

康志勇①、王喜平等②、崔玮等③、叶明确等④认为在一定的条件下，出口对效率产生影响，王群伟等⑤、高大伟等⑥认为技术是影响效率的主要因素。

5.1.2　碳排放效率计算及其空间性检验

应用第三章中 SE – U – Global – V – SBM – MI 模型计算得到的全局参比效率，规模报酬不变假设下的计算也列在附表中，参见附表 21 “Global 参比的 SE – U – SBM 和 CRS 假设下的效率”。

表 5 – 1　　中国省域 Malmquist 指数

省份	MPI 1	MPI 2	MPI 3	MPI 4	MPI 5	MPI 6	MPI 7	MPI 8	MPI 9	MPI 10	MPI 11	MPI 12	MPI 13	MPI 14	MPI 15	MPI 16
北京	0. 47	0. 44	0. 44	0. 44	0. 46	0. 47	0. 48	0. 49	0. 47	0. 47	0. 47	0. 47	0. 53	0. 47	0. 53	1. 00
天津	0. 59	0. 61	0. 60	0. 63	0. 63	0. 65	0. 68	0. 60	0. 56	0. 55	0. 60	1. 00	0. 47	0. 47	0. 48	0. 64
河北	0. 14	0. 15	0. 15	0. 19	0. 18	0. 18	0. 19	0. 19	0. 13	0. 15	0. 14	0. 14	0. 13	0. 14	0. 14	0. 19
山西	0. 16	0. 15	0. 16	0. 20	0. 15	0. 14	0. 16	0. 16	0. 05	0. 07	0. 06	0. 06	0. 07	0. 07	0. 06	0. 12
内蒙古	0. 47	0. 27	0. 18	0. 13	0. 11	0. 09	0. 09	0. 07	0. 04	0. 04	0. 05	0. 03	0. 03	0. 04	0. 04	0. 06
辽宁	0. 38	0. 38	0. 38	0. 37	0. 36	0. 35	0. 34	0. 33	0. 30	0. 31	0. 30	0. 29	0. 30	0. 26	0. 27	0. 30

---

① 康志勇：《出口与全要素生产率——基于中国省际面板数据的经验分析世界经济研究》，《世界经济研究》2009 年第 12 期。

② 王喜平、姜晔：《碳排放约束下我国工业行业全要素能源效率及其影响因素研究》，《软科学》2012 年第 2 期。

③ 崔玮、苗建军、杨晶：《基于碳排放约束的城市非农用地生态效率及影响因素分析》，《中国人口资源与环境》2013 年第 7 期。

④ 叶明确、方莹：《出口与我国全要素生产率增长的关系——基于空间杜宾模型》，《国际贸易问题》2013 年第 5 期。

⑤ 王群伟、周鹏、周德群：《我国二氧化碳排放效率的动态变化、区域差异及影响因素》，《中国工业经济》2010 年第 1 期。

⑥ 高大伟、周德群、王群伟：《国际贸易、R&D 技术溢出及其对中国全要素能源效率的影响》，《管理评论》2010 年第 8 期。

续 表

省份	MPI 1	MPI 2	MPI 3	MPI 4	MPI 5	MPI 6	MPI 7	MPI 8	MPI 9	MPI 10	MPI 11	MPI 12	MPI 13	MPI 14	MPI 15	MPI 16
吉林	0.27	0.24	0.23	0.16	0.17	0.16	0.15	0.12	0.07	0.08	0.07	0.07	0.08	0.06	0.06	0.09
黑龙江	0.14	0.16	0.19	0.21	0.27	0.30	0.32	0.33	0.24	0.28	0.25	0.20	0.20	0.19	0.10	0.08
上海	0.53	0.54	0.58	0.68	0.70	0.81	1.00	1.00	0.76	0.92	1.00	1.00	0.73	0.77	0.76	1.00
江苏	0.36	0.39	0.41	0.43	0.43	0.44	0.46	0.45	0.41	0.43	0.42	0.43	0.45	0.43	0.50	1.00
浙江	0.40	0.39	0.39	0.39	0.40	0.42	0.42	0.43	0.39	0.41	0.41	0.42	0.44	0.44	0.46	0.77
安徽	0.16	0.15	0.17	0.17	0.19	0.20	0.21	0.20	0.15	0.16	0.17	0.21	0.20	0.21	0.21	0.31
福建	0.49	0.50	0.47	0.48	0.47	0.47	0.46	0.44	0.42	0.43	0.42	0.42	0.43	0.41	0.42	0.59
江西	0.25	0.18	0.17	0.15	0.15	0.17	0.18	0.19	0.17	0.22	0.26	0.26	0.26	0.27	0.27	0.46
山东	0.30	0.30	0.28	0.28	0.27	0.27	0.28	0.28	0.27	0.28	0.29	0.29	0.30	0.31	0.31	1.00
河南	0.08	0.09	0.10	0.11	0.10	0.10	0.10	0.09	0.06	0.06	0.09	0.12	0.13	0.13	0.14	0.23
湖北	0.08	0.09	0.10	0.11	0.12	0.14	0.15	0.16	0.13	0.14	0.15	0.13	0.13	0.14	0.15	0.28
湖南	0.17	0.15	0.14	0.14	0.13	0.14	0.14	0.14	0.08	0.09	0.09	0.10	0.10	0.12	0.11	0.23
广东	0.66	0.72	0.79	0.87	0.88	1.00	1.00	0.85	0.68	0.72	0.69	0.68	0.66	0.64	0.67	1.00
广西	0.23	0.22	0.21	0.18	0.17	0.16	0.17	0.17	0.16	0.13	0.13	0.14	0.15	0.17	0.19	0.28
海南	0.91	0.78	0.60	0.60	0.54	0.51	0.40	0.35	0.26	0.32	0.26	0.24	0.24	0.23	0.20	0.24

续　表

省份	MPI 1	MPI 2	MPI 3	MPI 4	MPI 5	MPI 6	MPI 7	MPI 8	MPI 9	MPI 10	MPI 11	MPI 12	MPI 13	MPI 14	MPI 15	MPI 16
重庆	0. 17	0. 14	0. 16	0. 16	0. 13	0. 15	0. 15	0. 14	0. 10	0. 14	0. 23	0. 30	0. 35	0. 35	0. 36	0. 56
四川	0. 08	0. 12	0. 12	0. 12	0. 12	0. 14	0. 14	0. 16	0. 15	0. 17	0. 19	0. 22	0. 22	0. 22	0. 18	1. 00
贵州	0. 06	0. 05	0. 05	0. 06	0. 06	0. 06	0. 06	0. 06	0. 04	0. 05	0. 05	0. 07	0. 09	0. 09	0. 09	1. 00
云南	0. 14	0. 14	0. 13	0. 14	0. 13	0. 13	0. 15	0. 13	0. 11	0. 13	0. 12	0. 11	0. 14	0. 15	0. 13	0. 14
陕西	0. 12	0. 13	0. 13	0. 14	0. 13	0. 13	0. 13	0. 11	0. 07	0. 09	0. 08	0. 08	0. 08	0. 09	0. 10	0. 19
甘肃	0. 12	0. 12	0. 14	0. 12	0. 11	0. 12	0. 11	0. 08	0. 04	0. 06	0. 06	0. 09	0. 10	0. 10	0. 11	0. 40
青海	0. 76	0. 29	0. 30	0. 32	0. 19	0. 24	0. 15	0. 19	0. 08	0. 13	0. 33	1. 00	0. 28	0. 08	1. 00	1. 00
宁夏	0. 69	0. 42	0. 32	0. 28	0. 24	0. 24	0. 21	0. 19	0. 09	0. 12	0. 13	0. 14	0. 18	0. 14	0. 19	0. 29
新疆	0. 11	0. 16	0. 23	0. 23	0. 28	0. 30	0. 34	0. 40	0. 29	0. 29	0. 29	0. 27	0. 25	0. 22	0. 17	0. 21
几何平均	0. 32	0. 28	0. 28	0. 28	0. 28	0. 29	0. 29	0. 28	0. 23	0. 25	0. 26	0. 30	0. 26	0. 25	0. 28	0. 49

表 5 -1 是规模报酬可变假设下得到的计算结果，可以看出，总体上 2000—2016 年上海、北京、广东、天津等地区的碳排放效率平均值明显高于其他省份，河南、内蒙古、山西等地的碳排放效率相对较低。Malmquist Index（2000 TO 2016）的效率值整体上在增加，说明碳排放效率是呈现上升趋势。加入 WTO 后，与各国之间贸易来往变得密切，引进了先进的技术，同时我国也响应 WTO 的号召，保护环境，提高碳排放效率，减少碳排放，以满足人民日益增长的优美生态环境需要。从整体来看，相对于中西部地区，东部发达省份的碳排放效率是相对较高的。东部地区由于技术进步，经济发达，碳排放效率最高，东部地区地理位置占据优势，对外开放程度较高，在引进技术等方面处于优势地位。中西部地区

由于包含的地区包括能源消耗大省，如山西、陕西、河南等煤炭经济大省，追求经济发展以环境污染为代价，所以其碳排放效率较低，中西部地区主要承接了东部地区在产业结构优化升级过程中所转移的落后污染工业，同时这两个地区地处我国内陆，对外交流较少，引进先进技术主要靠华东地区。习近平总书记曾言我们要建设的现代化是人与自然和谐共生的现代化，既要创造更多物质财富和精神财富以满足人民日益增长的美好生活需要，也要提供更多优质生态产品以满足人民日益增长的优美生态环境需要。

通过对我国各地碳排放效率及其差异分析，进一步呈现了我国不同地区对碳排放效率水平的巨大差距，但总体而言，存在较大的节能减排空间。工业经济的能源消费是碳排放的主要来源，西部地区重工业比重较大，且工业技术较为落后，因此二氧化碳排放效率较低。碳排放反映的是经济增长的生态代价问题，中西部的经济发展还是靠资源拉动，因此碳排放效率较低。碳排放效率的地区均衡发展，合理针对各地区碳排放效率问题选择提高碳排放效率技术创新是提高国内整体碳排放效率的关键，也是满足人民优美生态环境需要的关键，我们应该鼓励东部地区带动中西部地区，交流和扩散先进的技术缩小区域间差异，促进西部地区经济转型发展，由过去的资源耗费型、环境污染型经济发展方式转型为资源节约型和环境友好型经济发展，提倡可持续发展，提高西部地区的碳排放效率。限于篇幅，规模报酬不变假设下的计算结果没有列出，如果有需要可向笔者索取。

下面进一步对碳排放效率做空间相关性检验，对于空间权重矩阵的设置，研究中选择邻接、地理距离和经济三种空间权重矩阵。其中，邻接空间权重矩阵中的元素 w，在空间单元 i 和 j 相邻时，取值为 1；若不相邻，则取值为 0。在建立地理距离权重矩阵时，距离选用各省省会之间球面距离平方的倒数来构造。在构建经济空间权重矩阵时，选择地区间人均实际生产总值的差额作为测度地区间“经济距离”的指标，其中，经济因素用样本考察期间的省际人均实际生产总值与各省人均地区生产总值的均值之差，取其绝对值的倒数来衡量。研究采用 Moran's I 指数对中国分省碳排放效率的空间相关性进行检验，计算结果参见表 5－2 和图5－3，用碳排放效率（Crs）和碳排放效率（Vrs）表示在规模报酬不变、可变两种不同假设下得到的效率计算结果。

表 5 – 2　　　　碳排放效率（vrs）的 Moran's I 指数

年份	邻接权重		地理权重			经济权重		
	I	p – value*	I	z	p – value*	I	z	p – value*
2001	0.138	0.075	0.051	0.927	0.177	–0.023	0.095	0.462
2002	0.362	0	0.173	2.258	0.012	0.085	0.987	0.162
2003	0.379	0	0.19	2.448	0.007	0.149	1.522	0.064
2004	0.363	0	0.168	2.236	0.013	0.144	1.498	0.067
2005	0.371	0	0.205	2.649	0.004	0.174	1.753	0.04
2006	0.326	0.001	0.171	2.322	0.01	0.164	1.709	0.044
2007	0.291	0.002	0.172	2.361	0.009	0.176	1.829	0.034
2008	0.31	0.001	0.188	2.537	0.006	0.197	2.005	0.022
2009	0.38	0	0.262	3.254	0.001	0.228	2.189	0.014
2010	0.368	0	0.229	2.97	0.001	0.223	2.209	0.014
	I	p – value*	I	z	p – value*	I	z	p – value*
2011	0.332	0.001	0.181	2.472	0.007	0.199	2.036	0.021
2012	0.192	0.025	0.052	0.964	0.168	0.03	0.548	0.292
2013	0.371	0	0.205	2.607	0.005	0.29	2.688	0.004
2014	0.401	0	0.259	3.242	0.001	0.318	2.96	0.002
2015	0.191	0.026	0.048	0.92	0.179	0.11	1.224	0.11
2016	0.243	0.012	0.097	1.388	0.083	0.115	1.197	0.116

从表 5 –2 的 Moran's I 指数检验结果可以看出，除中国的碳排放效率存在显著的空间依赖性，分别以 2012 年和 2016 年为例画出不同权重下的图。

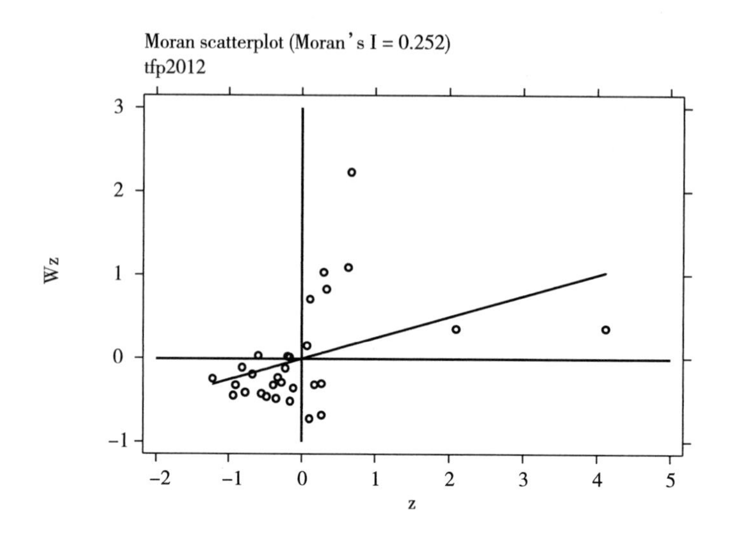

图 5 –1　邻接权重下的 2012 年效率值 Moran 散点图

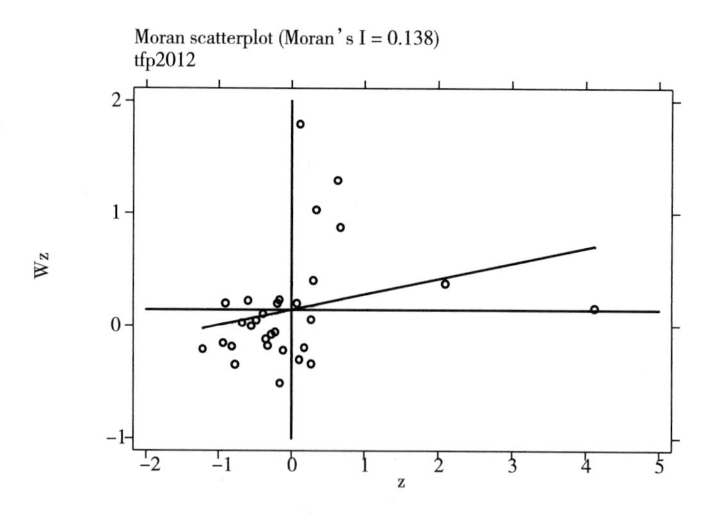

图 5 –2　地理权重下的 2012 年效率值 Moran 散点图

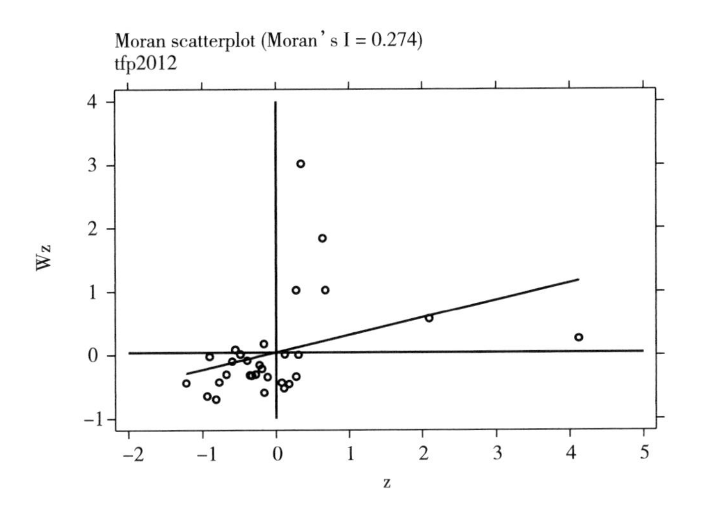

图 5－3　经济权重下的 2012 年效率值

Moran 散点图

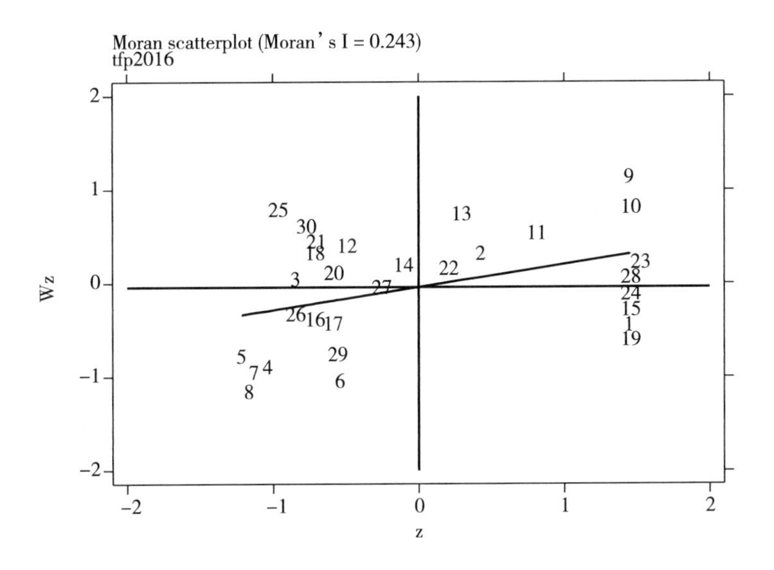

图 5－4　邻接权重下的 2016 年效率值

Moran 散点图

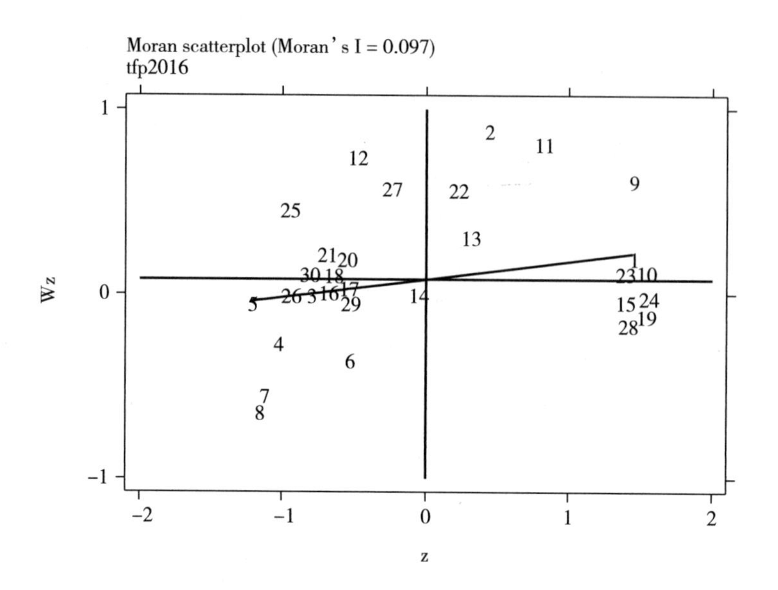

图 5-5 地理权重下的 2016 年效率值

Moran 散点图

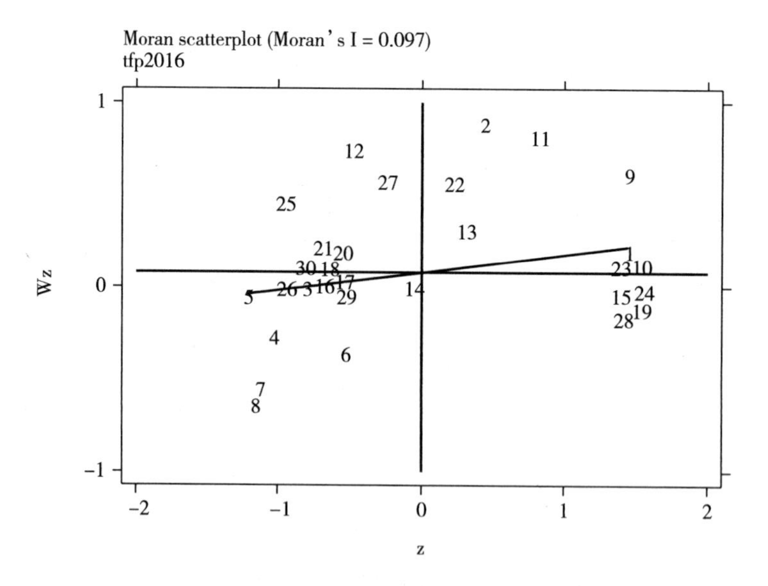

图 5-6 经济权重下的 2016 年效率值

Moran 散点图

Moran 散点图进一步揭示的空间集聚特征，绘制了三种空间权重下不同年份的碳排放效率散点图，以 2012 年为例，可变规模下效率值 Moran 散点图分别参见图 5－1、图 5－2、图 5－3，多数省份集聚在第一、第三象限。经统计，在邻接空间权重下有 23 个省份；在地理距离权重下有 25 个省份；在经济空间权重下有 28 个省份。这进一步表明中国区域碳排放效率存在高度的空间集聚特征，碳排放效率的空间分布是非均质的。其他年份的空间相关性检验结果也表明，在三种空间权重模式下，多数省份的效率水平集聚在第一、第三象限。由于篇幅关系其他年份的 Moran 散点图没有在本文中给出，如有需要，可向笔者索取。

需要说明的是，在做效率的空间相关性检验时，对效率的处理有两种不同方法，一是用累积效率，二是用加 1 后取对数。邻接权重下除 2002 年的 p 值大于 0.1 没有通过检验之外，其他年份的 p 值都小于 0.1，表明具有空间相关性；地理权重和经济权重下，都是 2001 年、2002 年没有通过检验，其他年份都通过了检验。另对第二种方法计算的效率值做 Moran's I 指数，结果发现绝大多数年份具有空间相关性，由于篇幅的关系没有在此列出结果。

5.1.3　碳排放效率影响因素的实证分析

5.1.3.1　碳排放效率影响因素的计量模型设定

基于前文的碳排放效率空间相关性检验结果，研究将建立空间回归模型来分析。参考 LeSage 和 Pace[①] 的空间杜宾模型（Spatial Durbin Model，SDM），研究设定的空间面板杜宾模型如下：

$$Y = \alpha l_n + \rho WY + \beta X + \theta WX + \varepsilon \qquad (5-1)$$

其中，式（5－1）中，被解释变量 Y 为分省碳排放效率，X 为出口贸易占 GDP 比值，同时还有其他控制变量，如对外开放度、能源结构、产业结构、产权结构、技术创新、要素禀赋等。αl_n 为常数项，n 为 $n \times 1$ 阶单位矩阵，n 为省份个数，ε 为误差项，W 为空间权重矩阵，WY 和 WX 分别考虑了被解释变量和解释变量的空间依赖。需要强调的是，在空间计量模型的估计结果中，若 $\rho \neq 0$，则

---

① LeSage, J. & R. K. Pace, 2009, Introduction to Spatial Econometrics, Chapman & Hall: CRC, 374.

对 WY 和 WX 的回归系数ρ和θ以及 X 的回归系数β的解释就与传统 OLS 回归系数的解释存在很大不同，换言之，以上回归系数并不能直接衡量解释变量的空间溢出效应。

为了对空间计量模型的回归系数进行合理解释，LeSage 和 Pace 提出了空间回归模型偏微分方法。借鉴他们的方法，首先将模型（5－1）改写为：

$$(I_n - \rho W)y = \alpha t_n + \beta X + \theta WX + \varepsilon \tag{5-2}$$

$$y = \sum_{r=1}^{k} S_r(W)x_r + V(W)t_n\alpha + V(W)\varepsilon \tag{5-3}$$

$$S_r(W) = V(W)(I_n\beta_r + W\theta_r) \tag{5-4}$$

$$V(W) = (I_n - \rho W)^{-1} = I_n + \rho W + \rho^2 W^2 + \rho^3 W^3 + \cdots \tag{5-5}$$

其中，I_n 是 n 阶单位矩阵；k 为解释变量个数，X_r 为第 r 个解释变量，$r=1$，2，…，k，βr 为解释变量向量 X 中第 r 个解释变量的回归系数，θ_r 表示 WX 的第 r 个变量的估计系数。为了解释 $S_r(W)$ 的作用，将式（5－2）写为式（5－4），某个地区 i（$i=1$，2，…，n）的 y_i 可以表示为式（5.7）。

$$\begin{pmatrix} y_1 \\ y_2 \\ \vdots \\ y_3 \end{pmatrix} = \sum_{r=1}^{k} \begin{pmatrix} S_r(W)11S_r(W)12\cdots S_r(W)1_n \\ S_r(W)21S_r(W)22 \\ \vdots \\ S_r(W)1nS_r(W)2n\cdots S_r(W)nn \end{pmatrix} \begin{pmatrix} x_{1r} \\ x_{2r} \\ \vdots \\ x_{3r} \end{pmatrix} + V(W)t_n\alpha + V(W)\varepsilon \tag{5-6}$$

$$yi = \sum_{r=1}^{k} [Sr(W)i_{1x1r} + S_r(W)i_2x_{2r} + \cdots + S_r(W)i_{nxnr}] + V(W)t_n\alpha + V(W)_i\varepsilon \tag{5-7}$$

根据（5－6），将 y_i 对其他区域 j 的第 r 个解释变量 x_{jr} 求偏导，再将 y_i 对本区域内的第 r 个解释变量 x_{ir} 求偏导，得到（5－8）。

$$\frac{\partial y_i}{\partial x_{jr}} = Sr(W)_{ij} \qquad \frac{\partial y_i}{\partial x_{ir}} = Sr(W)_{ii} \tag{5-8}$$

其中，$Sr(W)_{ij}$ 衡量的是区域 j 的第 r 个解释变量对区域 i 被解释变量的影响；$Sr(W)_{ii}$ 衡量的是区域 i 的第 r 个解释变量对本区域被解释变量的影响。根据（5－8）可以发现，与 OLS 的估计系数相比，在空间回归模型中，若 $j \neq r$，y_i 对 x_{jr} 的偏导数通常也并不等于 0，而是取决矩阵 $Sr(W)$ 中的第 i、j 个元素。同时，y_i 对

x_{jr} 的偏导数也通常并不等于 βr，因此某个地区解释变量的变化将不仅影响本地区的被解释变量，而且影响其他区域的被解释变量，根据 LeSage 和 Pace（2009），前者可以称为直接效应，后者称为间接效应，两者相加则为总效应。

5.1.3.2 空间计量分析的变量和数据来源

在我们建立的空间杜宾模型中，因变量为碳排放效率，变量的取值是将表 5-1中的效率值加1后取对数，自变量为出口贸易，控制变量是指为了准确评估出口贸易对碳排放效率的效应，除了出口贸易之外的其他影响效率变化因素，包括经济发展、对外开放度、能源结构、产权结构、技术创新等。对各个变量的内涵和数据来源说明如下：

出口贸易有两种方法来度量，一个是用出口贸易量，另一个是用出口贸易额占 GDP 的比重表示（单位为百分比），本文做计量分析采用的是后一种。经济发展主要用经济水平和经济结构两个变量来衡量，经济水平常用人均 GDP 表示，经济结构用工业化水平、产业结构和产权结构等刻画，工业化水平用工业增加值占国内生产总值的比重表示，2000—2007 年工业增加值数据来源于历年中国统计年鉴和中国经济与社会发展统计数据库；产业结构用第二产业占各省生产总值的比重表示，第二产业产值数据和各省生产总值数据来源于中国统计年鉴；产权结构用国有单位职工人数占当地年末从业人员所占的比重表示，国有单位职工人数 2000—2012 年数据和当地年末从业人员数据来源于各地区的统计年鉴。对外开放度用外资水平和贸易开放度表示①，外资水平用外商直接投资额占 GDP 的比重表示，数据来源于地方统计年鉴；贸易开放度用各地区进出口总额占 GDP 的比重表示。各地区进出口总额数据来源于《中国统计年鉴》。能源方面的因素主要用能源结构、能耗结构和能源强度来表示②，能源结构用各省电力消费量占能源消费总量的比重表示。各省电力消费量数据来源于历年《中国统计年鉴》，能源消费总量来源于历年《中国能源统计年鉴》；能耗结构用煤炭消费总量占能源消费总量的比重表示，煤炭消费总量和能源消费总量的数据来源于《中国能源统

① 周茂荣、张子杰：《对外开放度测度研究述评》，《国际贸易问题》2009 年第 8 期。

② 王锋、冯根福：《优化能源结构对实现中国碳强度目标的贡献潜力评估》，《中国工业经济》2011 年第 4 期。

计年鉴》，缺失的宁夏2001年数据采用插值法计算得出（下同）；能源强度用能源消费总量占GDP比重表示，单位为万吨标准煤/亿元。技术创新用发明和研发投入来刻画[①]，发明专利占比用发明授权总数占专利授权总数的比重表示，发明授权总数和专利授权总数数据来源于中国各年统计年鉴。研发投入用各地研究与发展经费内部支出占各地GDP的比重表示，各省、自治区、直辖市R&D经费支出（亿元）数据来源于国家统计局。

对上述变量的描述性统计见表5-3。

表5-3　　变量的描述性统计

变量	平均值	标准差	最小值	最大值
出口贸易占GDP比值(exgdp)	0.626	3.450	0.00350	73.41
研发投入(rd)	0.0128	0.0103	0.00140	0.0608
对外开放度(fdig)	0.419	0.518	0.0478	5.740
产权结构(cq)	0.108	0.0635	0.0424	1.013
工业化(gyh)	0.397	0.143	0.113	0.850
发明专利(fmzl)	0.140	0.0735	0.0155	0.404
能源结构(nyjg)	0.133	0.0356	0.0667	0.235
产业结构(cyjg)	0.462	0.0810	0.192	0.664
能源强度(nyqd)	1.270	0.778	0.271	5.229
人均GDP(gdpp)	30.05	24.86	0.691	194.3
能耗结构(es)	0.955	0.358	0.122	2.029

① 王华：《更严厉的知识产权保护制度有利于技术创新吗?》，《经济研究》2011年第2期。

续　表

变量	平均值	标准差	最小值	最大值
固定资本(k)	480	23,062	22,785	825.3
劳动力(k)	480	2,471	1,631	240.3
出口贸易	480	2,428	4,939	11.90
可变规模下的效率值(veff)	0.286	0.235	0.0330	1.688
不变规模下的效率值(ceff)	0.479	0.228	0.210	3.268

5.1.3.3　对碳排放效率影响因素的空间分析

需要说明的是，在应用空间计量模型做回归分析时，为克服多重共线性，解释变量将采用逐步回归法引入模型，最后根据计量和统计检验选择最合适的变量。参数估计方法采用最大似然估计方法，分别对三种空间权重下的 SLM、SEM 和 SDM 进行估计。在面板数据模型中对是固定效应还是随机效应采用了 Hausman 检验，在固定效应（FE）和随机效应（RE）中进行选择，发现随机效应（RE）比固定效应（FE）更吻合，这种情况在面板数据中出现的是比较少的。然后利用赤池信息准则（AIC）以及自然对数似然函数值在不同模型中进行选择。

表 5－4 是采用邻接空间权重矩阵下的参数估计结果。Hausman 检验结果表明所有模型均采用随机效应。由于表 5－4 中模型（3）（6）（7）里面的 wfdig 与 wlnkl 与 wlgdpp 均不显著，所以（1）、（2）、（3）、（5）－（7）拟合较差，而模型（5）的 R_2 明显小于其他模型说明 RE 拟合度较差。由于模型（2）（4）（8）的 R_2 明显大于其他模型，说明拟合度较好，同时观察 Logl 的数据，发现模型（4）和（8）中的最大，因此我们认为表 5－7 中的模型（8）与（4）SDM 拟合度最好，另外模型（1）也对各个指标显著。最终选择 SDM 即模型（8）和（4）作为邻接权重下的估计结果，以此进行空间溢出效应的测算与分解。

表 5－4　　邻接空间权重下的估计结果

VARIABLES	SLM－RE	SEM－RE	SDM－RE	SDM	RE	SDM	RE	SDM
	(1)	(2)	(3)	(4)	(5)	(6)	(7)	(8)
rd	1.724	1.554	1.775	4.801	1.756	1.692	1.744	1.707
fdig	-0.005	-0.003	0.000	0.003	-0.006	0.004	-0.004	0.012
cq	0.007	0.031	0.013	-0.091	0.013	-0.045	0.011	-0.067
gyh	0.224*	0.204*	0.077	0.119	0.221*	0.227*	0.219*	0.012
fmzl	-0.335*	-0.297	-0.375*	0.007	-0.337*	-0.317*	-0.346*	-0.343*
nyjg	0.179	0.196	0.143	-0.494	0.172	0.267	0.163	0.291
cyjg	-0.340*	-0.286	-0.213	-0.062	-0.336	-0.340*	-0.329	-0.172
nyqd	0.0703***	0.0632***	0.0752***	0.0925**	0.0711***	0.0642***	0.0709***	0.0676***
lnex	0.091	0.075	0.084	0.114	0.091	0.097	0.088	0.095
kl	0.002	0.002	0.002	0.001	0.002	0.003	0.002	0.004
qlnex	-0.007	-0.006	-0.007	-0.012	-0.007	-0.00733*	-0.007	-0.007
ρ/λ	-0.187***	-0.179**	-0.190***	-0.194***	-0.187***	-0.189***	-0.187***	-0.194***
wgyh			0.183	0.349				0.282
wnyqd					-0.003			
wlnex						-0.013		-0.019
wkl							0.001	-0.002
sigma2_e	0.0518***	0.0520***	0.0517***	0.0489***	0.0518***	0.0517***	0.0518***	0.0514***
	-0.003	-0.003	-0.003	-0.003	-0.003	-0.003	-0.003	-0.003
Constant	0.024	0.008	-0.028		0.028	0.077	0.028	0.010
	(0.253)	(0.244)	(0.257)		(0.259)	(0.258)	(0.254)	(0.262)
R－squared	0.041	0.038	0.044	0.018	0.041	0.044	0.042	0.048
Logl	27.42	26.84	28.1	42.38	27.42	28.01	27.44	29.23

注：***、**、*分别表示在1%、5%和10%的水平下显著。

表 5－5 是地理距离权重矩阵下的估计结果，同样，Hausman 检验的结果表明模型分析应该选用随机效应。由于表 5－3 中的模型（4）（6）（7）里面的 wgyh 与 wlnnyqd 与 wkl 均不显著，所以（1）、（2）、（3）、（5）－（7）拟合度较差，模型（5）的 R^2 明显小于其他模型说明 RE 拟合度较差。模型（1）（3）（8）中的 R^2 明显大于其他模型，说明拟合度较好，log l 的数据也是模型（4）（8）中的最大，因此我们认为模型（4）（8）拟合度较好，选择模型（8）及模型（4）作为地理距离权重下的估计结果，以此进行空间溢出效应的测算与分解。

表 5－5 地理距离权重下的估计结果

VARIABLES	SLM－RE	SEM－RE	SDM－RE	SDM	RE	SDM	RE	SDM
	(1)	(2)	(3)	(4)	(5)	(6)	(7)	(8)
rd	1.7160	1.5910	1.6510	6.8710	1.8860	1.7160	1.7630	1.7480
fdig	－0.0041	－0.0017	0.0023	0.0101	－0.0043	－0.0041	－0.0072	－0.0019
cq	0.0022	0.0028	0.0004	－0.0980	0.0253	0.0027	－0.0036	－0.0275
gyh	0.212 *	0.201 *	0.0467	0.0451	0.1900	0.212 *	0.219 *	0.0144
fmzl	－0.357 *	－0.330 *	－0.403 **	－0.0526	－0.371 *	－0.358 *	－0.343 *	－0.377 *
nyjg	0.1840	0.1830	0.1060	－0.8850	0.1650	0.1840	0.2260	0.1940
cyjg	－0.356 *	－0.320 *	－0.2000	－0.0510	－0.3240	－0.356 *	－0.379 *	－0.2180
nyqd	0.0713 ***	0.0677 ***	0.0763 ***	0.0954 **	0.0767 ***	0.0714 ***	0.0702 ***	0.0731 ***
ecs	0.0076	0.0076	0.0033	0.1270	0.0037	0.0074	0.0107	0.0148
lnex	0.1010	0.0952	0.0921	0.1270	0.0972	0.1000	0.107 *	0.109 *
kl	0.0024	0.0022	0.0028	0.0024	0.0020	0.0024	0.0029	0.00434 *
qlnex	－0.00766 *	－0.0073	－0.0070	－0.0129	－0.0075	－0.00765 *	－0.00807 *	－0.00812 *

续 表

VARIABLES	SLM－RE	SEM－RE	SDM－RE	SDM	RE	SDM	RE	SDM
	(1)	(2)	(3)	(4)	(5)	(6)	(7)	(8)
rho	－0.160*	－0.151*	－0.165**	－0.182**	－0.156*	－0.160*	－0.160*	－0.168**
Wgyh			0.223	0.419*				0.294
Wnyqd					－0.0199			
Wlex						0.00023		－0.00625
Wkl							－0.0012	－0.00308
sigma2_e	0.0524***	0.0525***	0.0522***	0.0491***	0.0524***	0.0524***	0.0524***	0.0521***
Constant	－0.0137	－0.0513	－0.0721		0.0185	－0.0145	－0.0269	－0.103
Logl	25.64	25.37	26.49	41.03	25.75	25.64	25.72	26.93

注：***、**、*分别表示在1%、5%和10%的水平下显著。

表5－6是经济空间权重矩阵下的估计结果，根据Hausman检验，所有模型均采用随机效应。由于模型（3）（4）中wnyqd与wlexs均不显著，所以（1）、（2）、（3）、（5）－（7）拟合度较差。由于所有模型的R^2都相似，说明拟合度都较好，模型（4）中logl的数据最大，（8）的次之，两个都为SDM模型，因此我们认为模型（4）与（8）拟合度好，选择模型（4）及（8）作为经济空间权重下的估计结果，即以SDM进行空间溢出效应的测算与分解。

表5－6　经济空间权重下的估计结果

VARIABLES	SLM－RE	SEM－RE	SDM－RE	SDM	RE	SDM	RE	SDM
	(1)	(2)	(3)	(4)	(5)	(6)	(7)	(8)
rd	1.6230	1.6250	1.6050	7.3650	1.6420	1.6540	1.6400	1.6620
fdig	－0.0043	－0.0018	－0.0018	0.0030	－0.0044	－0.0024	－0.0056	0.0001

续　表

VARIABLES	SLM－RE	SEM－RE	SDM－RE	SDM	RE	SDM	RE	SDM
	(1)	(2)	(3)	(4)	(5)	(6)	(7)	(8)
cq	0.0042	0.0048	0.0074	－0.1310	0.0106	－0.0270	0.0000	－0.0400
gyh	0.1910	0.1800	0.1060	0.2400	0.1880	0.2020	0.1960	0.0689
fmzl	－0.354*	－0.348*	－0.378*	－0.0152	－0.355*	－0.344*	－0.343*	－0.361*
nyjg	0.1700	0.1890	0.1350	－0.8540	0.1660	0.1370	0.1790	0.0813
cyjg	－0.347*	－0.3220	－0.2840	－0.2560	－0.3420	－0.360*	－0.357*	－0.2740
nyqd	0.0693***	0.0670***	0.0711***	0.0738*	0.0705***	0.0646***	0.0684***	0.0644***
ecs	0.0108	0.0125	0.0115	0.1220	0.0097	0.0151	0.0124	0.0204
lnex	0.0978	0.0955	0.0927	0.1250	0.0979	0.0917	0.0987	0.0822
kl	0.0025	0.0024	0.0023	0.0009	0.0024	0.0028	0.0027	0.0031
qlnex	－0.0075	－0.0073	－0.0070	－0.0121	－0.0075	－0.0068	－0.0075	－0.0060
rho	－0.108*	－0.106*	－0.110*	－0.136**	－0.108*	－0.111*	－0.108*	－0.114*
Wgyh			0.110	0.0983				0.186
Wnyqd					－0.00370			
Wlex						－0.0116		－0.0158
Wkl							－0.0005	－0.00100
sigma2_e	0.05***	0.0526***	0.05***	0.049***	0.05***	0.053***	0.053***	0.0524***
Constant	－0.0143	－0.0460	－0.0351		－0.0110	0.0778	－0.0137	0.0767
Logl	25.26	25.16	25.44	39.62	25.26	25.53	25.28	25.98

注：***、**、*分别表示在1%、5%和10%的水平下显著。

表5－4、表5－5、表5－6分别报告了邻接空间权重、地理距离权重、经济空间权重三种空间权重下的具体估计结果。观察发现三张表中的空间变量滞后项（误差项）系数 ρ/λ 均显著为正，由此进一步表明了中国省际出口贸易的碳排放效率存在显著的空间依赖性。此外，反映出口贸易变量的二次项前面的系数为负，表明随着出口贸易占 GDP 的比重上升，碳排放效率呈现先上升、到一定程度时下降的趋势，即倒 U 型曲线趋势特征。出口贸易对碳排放效率改进的影响来自：国际贸易竞争的压力，国内生产的压力，减排任务的压力，国内人民大众对环境期望的压力等。

5.1.3.4 空间溢出效应分解

出口贸易碳排放效率的空间溢出效应。首先是出口贸易碳排放效率区域内溢出效应。根据表5－5，三种权重下出口贸易对碳排放效率的直接效应均显著为正，地理权重下的直接效应在模型（1）和（8）中分别为0.463和0.449，比邻接空间权重和经济空间权重下的直接效应都大，表明出口贸易的作用更加取决于地理位置，这和贸易的内在规律是一致的。其次，出口贸易的区域间溢出效应，三种权重下都为正，同样也是地理权重下的效应值为最大。最后，出口贸易的总溢出效应，地理权重下溢出效应值大于0.75，较小的是经济权重下的效应值，居中的是邻接权重下的估计结果，进一步验证了出口贸易的空间作用与地理位置呈正相关。

其次，经济发展、工业化等控制变量空间溢出效应。在控制变量中，经济发展对碳排放效率的影响和空间作用主要看经济发展水平 GDP 前的系数，均为正，而且明显显著，说明经济增长促进碳排放效率的提高，但是工业化变量在邻接空间权重、地理距离权重和经济空间权重下，工业化前的系数均为负说明工业化的进程对碳排放效率产生了负向空间影响和作用。其他的变量的作用由于篇幅关系不一一说明，具体的间接效应、直接效应以及总效应参见表5－7。

表 5-7　空间溢出效应的分解

效应	解释变量及模型	邻接空间权重(w1)		地理距离权重(w2)		经济空间权重(w3)	
		SLM-RE 表 5-7(4)	SDM-RE 表 5-7(8)	SLM-RE 表 5-8(4)	SDM-RE 表 5-8(8)	SLM-RE 表 5-9(4)	SDM-RE 表 5-9(8)
Direct effect	fdig	0.00525	0.014	0.00416	0.024*	0	0.0021**
	gyh	0.102	0.001	0.0424	0.008	0.104	0.0653*
	nyjg	-0.324	0.393	0.203	0.294	0.231	0.1800
	cyjg	-0.0545	-0.161	-0.187	-0.208	-0.269	-0.2620
	lnex	0.105	0.0997*	0.0989	0.117*	0.0995	0.0898
	kl	0.00123	0.004	0.00270	0.004	0.00228	0.0032
Indirect effect	fdig	(0.00326)	-0.002	-0.00071	-0.008*	-0.00014	-0.0066**
	gyh	-0.0119	0.244	0.175	0.000	0.0753	-0.0003*
	nyjg	(0.00788)	-0.067	-0.0261	0.225	-0.0200	0.1290
	cyjg	-0.00049	0.028	0.0232	-0.046	0.0227	-0.0204
	lnex	0.276	-0.0341**	-0.0128	0.030	-0.00877	0.0267
	kl	0.0551	-0.002	-0.00034	-0.020	-0.00020	-0.0212
Total effect	fdig	0.00966	0.011	0.00345	-0.004	-0.00012	-0.0015**
	gyh	-0.0172	0.245*	0.217*	0.001	0.179	0.0007*
	nyjg	-0.00018	0.326	0.176	0.000	0.211	0.0018
	cyjg	(0.00057)	-0.134	-0.164	0.233**	-0.247	0.1940
	lnex	0.00198	0.066	0.0862	0.249	0.0907	0.1590
	kl	(0.00150)	0.002	0.00236	-0.178	0.00208	-0.2350

注：***、**、*分别表示在1%、5%和10%的水平下显著。

5.1.3.5 稳健性检验

为了使得研究更具客观性，结果更为科学、准确，做稳健性检验。

1. 在应用 DEA 模型测度效率时候，有规模报酬不变、可变两种不同的假设前提，计算的效率水平用 Moran's 指数分析都具有空间相关性，不同点是应用规模报酬不变假设前提下计算的效率值作为被解释变量时，空间分析模型中很多的变量都不显著，本文最后选择规模报酬可变假设下的碳排放效率值。

2. 贸易变量的度量有两种方法，一个是出口贸易的绝对值，另一个是出口贸易占 GDP 的比重，两种结果都作为被解释变量做空间计量分析，结果发现模型都成立，不同的是用绝对值时出口贸易对碳排放效率没有倒“U”形曲线特征，本文选用出口贸易的绝对值，在实际分析时，取对数值。

5.1.4 结论及政策启示

1. 中国省际碳排放效率存在显著的空间依赖性和空间异质性。在邻接、地理和经济权重等三种不同的空间关联模式下，在规模报酬可变或不变两种假设下，出口贸易都稳健地对碳排放效率的增长存在正向的区域内溢出效应、区域间溢出效应和空间溢出效应，相对来说，在地理距离权重下的估计结果比之相对邻接空间权重和经济空间权重来说更为显著，说明地理距离对于出口贸易以及碳排放效率的影响更为明显。

2. 随着出口贸易的增加，碳排放效率呈现一定的倒“U”形曲线特征，适度的贸易规模促进出口的溢出效应，对碳排放效率有显著的推动作用。当吸收国外技术的能力弱或者出口贸易方式是粗放型时，出口贸易带来的各种效应对碳排放效率没有显著的影响，所以碳排放效率的改进更多地取决于出口贸易过程中提升技术水平和转变贸易发展方式，不可能靠无限地增加出口来提高。

3. 除了出口贸易外，经济发展、开放度、能源、技术等因素对出口贸易碳排放效率的影响各不相同，存在着的空间溢出效应有差异。对碳排放效率有正向作用的是经济变量，人均 GDP 对出口贸易碳排放效率影响显著，但是工业化对出口贸易的碳排放效率存在负的显著性，说明传统工业化在数量上的扩张，加剧了出口贸易商品中碳排放的量；对碳排放效率负向作用的因素有：外商直接投资加剧出口贸易中碳排放效率下降，原因在于外商投资关注经济效益甚于减少碳排放，未必就是技术先进、采用清洁能源等；能源强度和资源禀赋都存在负的显著性，与中国高能耗碳、能源中的碳比重高、资本劳动力之比不高等现状是对应的。对碳排放效率没有显著作用的是技术创新，研发投入、发明专利等对碳排放效率的改进没有明显的正向或负向作用，说明通过创新发展减少碳排放方面不显著。这启示我国要做到“两手抓”，不仅要发展硬技术，引导推动科技创新，推广新技术新设备的使用、加大淘汰落后产能力度，采用清洁能源，还要促进软技术的发展，提高管理水平，加强员工培训，提倡企业建立新型管理制度，增强员工的环保意识。

政策启示是：发展经济稳增长无疑是提高碳排放效率首要的选择，首先，中央政府及相关部门应该进一步转变贸易发展方式，制定相关政策措施，克服不加甄别地引进外资现象，以减排指标为引进外资的重要参照标准，积极应用先进技术、新能源、新的管理方法等。其次，积极推进新型工业化，鼓励高科技含量、经济效益好、低能耗、少污染等方面具有世界领先优势的出口贸易。三是各省区市应在经济发展新常态中改善能耗结构、能源利用效率和资源禀赋结构。降低碳能源在能源中的比例，引进清洁能源，提升人力资源水平，大力培养技术人才，提升资源禀赋。四是通过省与省之间的良性竞争和合作，发挥技术创新的作用，促进本地区技术革新和产业升级，限制传统的能耗密集型商品的出口贸易，形成良性的竞争激励和省际合作机制。

5.2　碳排放规制影响省际贸易优势

当前中国经济发展面临着国内、国际的挑战与困难，经济难以脱“虚”向“实”转换、金融空转，高能耗与高污染并存，“三期叠加”成为中国经济新常态，有学者将这些经济发展面对的压力丛生环境与中等收入陷阱联系起来，认为这些是中国难以跨越中等收入陷阱的表现。结合眼下中美之间的贸易争端，一些悲观论者认为以贸易立国的中国将会受到重挫，中国经济增长必然会遭遇断崖式的下滑，进出口贸易数量急剧下降，贸易效率下降，贸易竞争力下降，当前贸易保护主义不断显现，国际贸易规则中夹杂着政治问题、民族问题，产业竞争等日益复杂，国家之间的博弈不断加剧，面临这样的局势，不仅要通过效率来节能减排，提升自己的国际贸易竞争力，而且要在环境规制不断强化过程中，同时增强自身的贸易比较优势。

一方面，自改革开放以来，中国贸易持续快速增长，特别是自 2002 年来，中国的出口以年均 20% 的速度增长，2009 年已成为第一出口大国。贸易的发展也为中国经济的高速增长做出了重要贡献，以至于许多人将中国的经济增长模式称为“出口导向型模式”。近年来，虽然中国一直致力于通过扩大内需改变经济发展方式，但贸易对中国经济发展的支撑作用仍然不可忽视。因而，2017 年中美贸易争端仍然举世瞩目。不过，中国通过政策扶持、出口补贴等各种方式大量出口的都是能源密集型或碳排放密集型产品。这种粗放型贸易增长方式在带来贸易优势地位的同时，也对中国的碳排放产生了巨大影响。另一方面，中国的碳减排目标也面临巨大挑战。伴随着经济高速增长，中国的碳排放也随之不断增加：2013 年中国的碳排放总量已居全球首位（占 29%），人均排放 7.2 吨，首次超过欧洲。《2017 全球碳预算报告》① 指出“中国的碳排放已连续两年下降，但在今年由于工业生产的强劲增长和降雨减少导致水电减产预计会增长 3.5%”。在没有颠覆性的减排技术诞生之前，中国承诺的减排高要求指标和贸易发展方式转型升级必须同时完成，为此，中国采取了强有力的节能减排措施，实现碳排放减排总量和强度的双控机制，努力实现 2020 年中国的万元 GDP 碳排放量将比 2005 年减少 40%—45% 的承诺，力争 2030 年前后碳排放达到峰值，在碳减排上做出贡献②，因此减少二氧化碳排放的压力巨大。

因而，人们难免疑虑碳减排与保持贸易竞争力会不会冲突。特别是当前一些地区日趋严厉的环保措施确实已经导致大批出口贸易企业举步维艰，失去了在国际市场上的贸易竞争优势。那么碳减排会不会最终导致中国失去贸易优势，进而

---

① 这是“全球碳项目”连续第 12 年发布《全球碳预算报告》，由来自 15 个国家 57 家研究机构的 76 位科学家撰写。该报告称，中国的碳排放占全球总量的 28%。

② 这里主要是狭义上的对二氧化碳排放的控制和约束。

影响到经济发展？进一步，中国是继续加大碳减排力度还是继续提高贸易比较优势呢？面对上述两难处境，搞清楚碳排放规制与省际贸易比较优势两者之间关系显得十分重要和迫切，需要量化分析出口贸易对碳排放效率的影响，分析碳排放方面的环境规制是否降低了贸易比较优势。

5.2.1　文献综述

目前国内外文献关于环境规制与贸易比较优势关系主要有两种观点。第一，严格的环境规制将不利于贸易比较优势。Robison[①]（1988）的研究表明，对美国的环境规制强度进行分析，发现美国对于环境规制有更加严格的控制，并且对于污染成本较高的产业偏向于进口，对于污染成本较低的产业偏向于出口。*Ederington*[②] 等（2005）通过对环境规制的内生性进行考虑，发现贸易比较优势与环境规制成负增长关系，环境规制抑制了贸易比较优势。李胜兰、初善冰[③]等发现环境规制对区域生态效率具有“制约”作用。Cole 等[④]将中国工业贸易比较优势作为因变量，通过对环境规制强度、人力资本等几个因素对中国的工业贸易的影响进行分析，认为环境规制不利于工业贸易比较优势。Jaffe 等[⑤]认为环境规制对经济发展产生负面影响，由于政府环境规制相关政策的制定带来的市场价格优势的削弱，会导致竞争力的下降。Porter 和 Linde[⑥] 首次使用理论和案例研究结合的方式，阐述环境保护和企业竞争力是相互促进的关系，论证了双赢的可能性。在“波特假设”的基础上，对通过科技创新，达到环境保护促进竞争力发展的

---

① Robison, H. D., 1988, “Industrial Pollution Abatement: The Impact on Balance of Trade”, *Canadian Journal of Economics/revue Canadienne D' economique*, 21 (21), pp. 187 – 199.

② Ederington, J., Levinson, A., Minier, J., Footloose and Pollution – Free, 2005, *Review of Economics & Statistics*, 87 (1), pp. 92 – 99.

③ 李胜兰、初善冰、申晨：《地方政府竞争、环境规制与区域生态效率》，《世界经济》2014 年第 4 期。

④ Cole, M. A., Elliott, R. J. R., 2003, “Do Environmental Regulations Influence Trade Patterns? Testing Old and New Trade Theories [J]”, “World Economy”, 26 (8), pp. 1163—1186.

⑤ Jaffe, A. B., Peterson, S. R., Portney, P. R., 1995, “Environmental Regulation and Competitiveness of U. S. Manufacturing”, *Journal of Economic Literature*, 33 (33), pp. 132 – 163.

⑥ Porter, M. E., Linde, C. V. D., 1995, “Toward a New Concept of the Environment – Competitive Relationship”, *Journal of Economic Perspectives*, 9 (4), pp. 97 – 118.

过程进行了进一步阐述。国内学者也有类似的研究成果，赵霄伟[1]指出环境规制强度会对地区经济增长起到负面效果，这是在推进工业化建设进程里不可避免的必经之路。

第二，适当的环境规制会对科技创新能力提出更高的要求，进而提高生产效率，从而对贸易比较优势起到促进作用。Cole 等[2]研究环境规制是否影响到贸易的模式，进一步探讨了环境规制在贸易理论中的地位和作用。黄德春、刘志彪[3]发现环境规制在带来成本提升的同时，由于科技创新带来的效益将会部分或全部抵消这些成本。许冬兰和董博[4]发现环境规制能够带来生产效率的提高，但东部地区需要付出更高的成本，进而解释了东部向中西部进行污染行业转移的原因。李小平等[5]采用三种衡量贸易比较优势的指标，就环境规制强度等因素对中国 30 个工业行业 1998—2008 年贸易比较优势的影响进行了经验分析。单豪杰[6]提出的永续盘存法进行计算物质资本强度。张华等[7]用单位 *GDP* 工业产值对各省单位工业产值污染治理成本进行修正的方式表示环境规制强度。杨振兵等[8]运用系统广义矩估计方法以有效控制内生性问题，首次综合实证考察了除禀赋因素以外的、环境规制和市场竞争等多个不同因素对中国工业行业贸易比较优势的差异影响。李卫兵等[9]构建双比较优势模型分析贸易对环境质量的影响，得出其影响取决于贸易双方成本比较优势和碳排放比较优势是否一致。

---

① 赵霄伟：《环境规制、环境规制竞争与地区工业经济增长——基于空间 Durbin 面板模型的实证研究》，《国际贸易问题》2014 年第 7 期。

② Cole，M. A.，Elliott，R. J. R.，2003，"Do Environmental Regulations Influence Trade Patterns? Testing Old and New Trade Theories"，*World Economy*，26（8），pp. 1163—1186.

③ 黄德春、刘志彪：《环境规制与企业自主创新——基于波特假设的企业竞争优势构建》，《中国工业经济》2006 年第 3 期。

④ 许冬兰、董博：《环境规制对技术效率和生产力损失的影响分析》，《中国人口·资源与环境》2009 年第 6 期。

⑤ 李小平、卢现祥、陶小琴：《环境规制强度是否影响了中国工业行业的贸易比较优势》，《世界经济》2012 年第 4 期。

⑥ 单豪杰：《中国资本存量 K 的再估算：1952～2006》，《数量经济技术经济研究》2008 年第 10 期。

⑦ 张华、魏晓平：《色悖论抑或倒逼减排——环境规制对碳排放影响的双重效应》，《中国人口·资源与环境》2014 年第 9 期。

⑧ 杨振兵、马霞、蒲红霞：《环境规制、市场竞争与贸易比较优势——基于中国工业行业面板数据的经验研究》，《国际贸易问题》2015 年第 3 期。

⑨ 李卫兵、屈琪、陈牧：《贸易与环境质量：基于双比较优势模型的动态分析》，《华中科技大学学报（社会科学版）》2016 年第 2 期。

在已有的文献中，研究环境规制对于经济发展、贸易优势的比较多，也有关于碳排放数量对于贸易的影响，但是还没有碳排放规制对于贸易比较优势的影响。本文结合现有研究中贸易比较优势的传统影响因素禀赋，突出研究二氧化碳规制强度以及其他传统的要素对省际贸易比较优势的影响，应用中国各省份2000—2016年的面板数据，对碳排放规制强度以及其他要素对贸易比较优势的影响进行实证分析，并且做稳定性检验，在量化分析的基础上，探索实现碳减排和提高贸易比较优势的关键点，为发展中国家的发展争取合理的全球碳排放分配方案，进一步得到政策启示和建议。

5.2.2　模型与变量

5.2.2.1　模型

对环境规制和贸易发展研究成果比较多，一般来说，政府制定并实行环境规制的主要目的是保护环境，推广清洁能源、低污染的产品，提升国际形象。理论研究表明环境规制对环境保护的直接效应是正向的，具体来说政府提高环保标准，限制碳排放数量，征收碳排放税，从严管理等举措都会增加生产厂家的生产成本，结果是有利于促进碳排放的减少，但是在现有的技术水准下，必然使得贸易竞争比较优势下降。除了直接的碳规制措施之外，企业生产中的人力资本影响到企业生产的成本和产品的质量，固定资本投资和生产中的技术创新都直接或者间接地影响到碳排放，同时也以各种方式影响到企业的贸易竞争力，在一个省区域内累积起来，逐步形成省域对外贸易的竞争比较优势。

对于环境规制与贸易优势的研究模型中，常见的有两种：一是以HOV模型为框架根，据研究对象推导出不同模型做计量分析；二是借鉴引力模型分析环境规制与贸易优势的关系。后者主要适用于国家层面的研究。本文研究是在一国之内的区域层面上分析省与省之间的环境规制与贸易竞争比较优势，考虑到省际竞争在中国经济增长发挥重要作用的特点，参考、借鉴Matthew A. Cole（2005）HOV模型，构建模型如式（5－9），以贸易比较优势作为因变量，碳排放规制为核心变量，人力资本和物质资本强度以及科技创新能力等作为控制变量，分析这些变量对我国省际贸易比较优势的影响作用。考虑到碳排放强度对贸易比较优势的作用有可能是非线性的，引入平方项来分析潜在的曲线关系，模型表达式如下：

$$TCA_{it} = \alpha_i + \beta_t + \gamma_1 CGZ_{it} + \gamma_2 RL_{it} + \gamma_3 ZB_{it} + \gamma_4 TECH_{it} + \gamma_5 CGZ_{it}^2 + \gamma_6 ZB_{it}^2 + \eta_{it} \quad (5-9)$$

模型（5－9）中的 i 表示省份，t 表示时间；TCA 表示省际的贸易比较优势，CGZ 表示二氧化碳规制强度，RL 表示人力资本变量，ZB 表示物质资本强度，$TECH$ 表示科技创新水平，α_i、β_t、η_{it} 分别表示各个省的省际差异、随时间而变化的时间效应以及随机干扰项。模型中的平方项是检验该变量是否有倒 U 型曲线特征。

5.2.2.2　变量及数据

1. 贸易比较优势（Trade Comparative Advantage）。比较优势指某一生产者拥有比另一生产者更低的机会成本来生产某产品，则其拥有比较优势。Balassa（1986）较早地提出以国家为单位的贸易比较度量方法，李小平（2012）提出以产业为研究对象的计算方法。本文以省为研究对象，基于不同的角度提出省际的出口指数（CAN）、Michaely 指数（CAM）和显性比较优势（RCA）等三种省际贸易比较优势衡量方法，后面可以用来做稳健性检验。

（1）Michaely 指数（本文用 CAM 表示）。其计算公式为：

$$CAM_{it} = (EX_{it}/\sum_i EX_{it}) - (IM_{it}/\sum_i IM_{it}) \quad (5-10)$$

公式（5－10）中，EX_{it} 和 IM_{it} 分别代表第 i 省、t 年的出口额和进口额，$\sum_i EX_{it}$ 和 $\sum_t IM_{it}$ 分别表示第 i 年全国的出口额和进口额。Michaely 指数立足全国比较，兼顾进、出口。

（2）净出口指数（Net Export Index，本文用 CAN 表示），计算公式为：

$$CAN_{it} = (EX_{it} - IM_{it})/(EX_{it} + IM_{it}) \quad (5-11)$$

公式（5－11）中 EX_{it}、IM_{it} 分别代表 i 省第 t 年的出口额和进口额。CAN 的取值范围为（－1，1），在净出口指数大于 0 小于 1 的情况下，表示该省拥有贸易比较优势，在净出口指数大于－1 小于零的情况下，该省不具有贸易比较优势，相对于其他具有正值的省份来说呈现贸易比较劣势。CAN 注重兼顾进、出口的比较。

（3）显性比较优势（用 RCA 表示），参照 Balassa（1965）贸易竞争力指标，计算省际的贸易比较优势计算公式如下：

$$RCA_{it} = \frac{X_{it}/X_{im}}{X_{tg}/X_{mg}} \tag{5-12}$$

公式（5 - 12）中，X_{it} 表示 i 地区 t 年的出口额，X_{im} 表示 i 地区的总出口额，X_{tg} 表示全国 t 年的出口额，X_{mg} 表示全国总出口额。RCA 只是局限于出口角度，如果值比 1 大，表示该地区拥有贸易比较优势；如果 RCA 的值比 1 小，表示该地区不具有贸易比较优势。

2. 碳排放规制强度（用 CGZ 表示）。环境规制强度研究中较多的采用单位产出的“污染治理和控制支出”来表示，欧美大部分国家基本都采用这种方法；张华（2014）用单位 GDP 工业产值对各省单位工业产值污染治理成本进行修正的方式表示环境规制强度。本文从碳排放角度入手对碳排放规制强度进行分析，考虑到不同省份可能因为一些特殊原因导致个别年份可能在 GDP 或者二氧化碳的排放量出现异常值，为了体现不同年份、不同省之间的比较，所以不是直接用当年的碳排放与 GDP 的比值来度量碳排放规制强度，而是在分别计算该省当年的单位 GDP 的碳排放量、在考察时段内不同年份的碳排放总量与 GDP 总量的比值基础之上，用两者之比作为该省的碳规制强度，其计算公式为：

$$CGZ_{it} = C_{it}/ZC_{it} \tag{5-13}$$

公式（5 - 13）中，C_{it} 表示单位 GDP 的二氧化碳排放量，即 i 省 t 年二氧化碳排放量与 GDP 的比值，ZC_{it} 表示 i 省在考察时段 2000 年至 2016 年的二氧化碳排放总量与 GDP 总量的比值。

3. 人力资本（用 RL 表示）。人力资本理论由美国经济学家 Schultz（1960）首次提出，其定义不断丰富，是指凝聚在劳动力身上的知识、技能和其所表现出来的能力，对于教育的投资、未来工资收入的投资以及保健等的投资都可以称之为人力资本投资。Solow 和 Swan（1956）提出 Solow—Swan 模型，用人均储蓄与弥补折旧后的新工人资本之差表示人均物质资本存货量的增加值；李小平（2012）、卢现祥等（2012）用科技活动人员与职工总数的比值作为代理变量来表示人力资本；本文采用人均受教育程度来表示人力资本存量。

4. 物质资本存量（用ZB表示）。物质资本是指能够长期存在的如厂房、机器、交通工具等生产物资的形式，其不仅是宏观经济分析的重要变量，同时也是地区经济分析不可或缺的重要经济变量。对于物质资本存量估计，国际上较为流行的方法包括Goldsmith（1951）提出的永续盘存法，Jorgenson（1966）提出的资本价格租赁度量法。一般用人均物质资本存量表示某地区的物质资本禀赋。本文采用单豪杰（2008）提出的永续盘存法进行计算：

$$ZB_{it} = ZB_{it} - 1(1 - \delta_{it}) + I_{it} \tag{5-14}$$

公式（5－14）中，i为第i个地区，t为第t年，I指投资，δ指经济折旧率，ZB为基年的资本存量。

5. 科技创新水平（用Tech表示）。科技创新最早由美籍奥地利经济学家约瑟夫提出，将其作为一个经济变量纳入到经济增长的考察中去。J. Lenos（1962）提出科技创新是由发明选择、资本投入保证、开辟市场等行为综合的结果。本文采用发明专利数占专利授权数之比表示科技创新水平。“波特假说”认为环境规制促进创新，科技创新提高企业生产能力和效率，有可能消化因为环境保护而增加的成本，获得国际竞争优势，对贸易比较优势存在正面促进作用。

5.2.2.3　数据

各地区的进口额、出口额、专利授权数、发明授权数、国内生产总值等数据来源于各年《中国统计年鉴》。受教育程度（按照大学、高中、初中、小学进行划分）数据来源于各年《中国统计年鉴》，由于历年来统计指标不一致，本文将数据统计口径统一为百万人次。2000—2010年就业人数数据来源于《中国统计年鉴》，2010年后《中国统计年鉴》不再统计各地区就业人数，其他2011—2016年数据来源于各省统计年鉴，其中，内蒙古、海南、甘肃数据来源于国民经济和社会发展统计公报。煤炭消费量、原油消费量、天然气消费量等数据来源于《中国能源统计年鉴》各年数据。

表5－8列出了各个变量的基本统计属性，表中从净出口贸易指数（CAN）来看，有正有负，均值为0.126，多数为正，最大值高达0.809，标准差为0.29，说明大多数省际具有贸易比较优势，也有部分省份的是负值，说明不具有贸易比

较优势，Michaely 指数（CAM）的均值很小，方差为 0.0288，与净出口贸易指数（CAN）的特征基本一致，数据的离散趋势比 CAN 的要小一些。

表 5－8　　各变量的基本特征

变量	N	平均值	标准差	最小值	最大值	单位
Can	510	0. 126	0. 29	－0. 708	0. 809	比值
Cam	510	0. 0001	0. 0288	－0. 163	0. 0844	比值
Cgz	510	1. 276	0. 873	0. 222	4. 622	比值
Rl	510	0. 647	0. 274	0. 334	4. 315	人均受教育程度(年)
Tech	510	0. 137	0. 0731	0. 0155	0. 404	发明专利占比(%)
Rca	510	0. 982	2. 748	0. 004	32. 456	比值
Zb	510	0. 542	0. 45	0. 0547	2. 811	亿元

表 5－9 是数据的描述性统计，比较各地区 2000—2016 年的贸易比较优势均值变化的情况以及与碳排放规制强度、人力资本、科技创新、物质资本强度等。从净出口指数（CAN）的均值来看，有 23 个地区的净出口指数为正，这些区域在省际贸易之间存在比较优势，是我国对外出口贸易的主要来源，这些省份从大到小排列为：北京、吉林、海南、上海、内蒙古、甘肃、天津。考虑到国家近年来实行“西部大开发”“中部崛起”战略，向中西部地区进行了大量的基础设施、公用设备的投入，使得内蒙古、甘肃的净出口指数（CAN）和 Michaely 指数（CAM）有所提升。其他 7 个省份的净出口指数均值为负，这些省份从小到大排列为：北京、吉林、内蒙古、海南、上海、甘肃、天津。从进出口贸易数值上看，这些地区从 2000 年至 2016 年出口额小于进口额，不具有明显的出口贸易比较优势。从 Michaely 指数（CAM）的均值来看，各省总体来说小于 CAN 指数，而且跨年的变化率很小，说明处于贸易比较劣势的地区除

了黑龙江外基本一致，原因是 Michaely 指数采用份额占比的方法，把每个省纳入全国框架内来计算。从碳排放规制强度均值上来看，碳排放规制较强的地区包括北京、广东、上海、浙江、广西、海南、江苏等地区，贸易比较优势在这些地区呈现出随着碳排放规制的加强并没立即下滑，碳排放规制强度较弱的地区是山西、宁夏、贵州、新疆等中西部地区，这些地区，并没有明显的贸易比较优势。

表 5－9　　省际比较优势及经济变量的均值与变化

	CAN 均值	增长率	CAM 均值	增长率	碳规制	增长率
北京	－0.59	－0.013	－0.126	－0.003	2.798	0.073
天津	－0.055	－0.015	－0.008	－0.001	1.284	0.042
河北	0.264	－0.015	0.004	0	0.709	0
山西	0.164	－0.034	0.001	0	0.271	0.002
内蒙古	－0.252	0.007	－0.002	0	0.415	－0.022
辽宁	0.104	－0.006	0.002	－0.001	0.655	－0.001
吉林	－0.356	－0.031	－0.005	0	0.79	0.018
黑龙江	0.045	－0.02	0	0	0.712	－0.009
上海	－0.06	－0.001	－0.033	－0.001	1.783	0.027
江苏	0.149	0.01	0.02	0.002	1.487	0
浙江	0.469	0.004	0.061	0.002	1.638	0.001
安徽	0.183	0.007	0.002	0	0.919	0.01
福建	0.281	0.006	0.016	0	1.95	－0.02
江西	0.321	0.017	0.004	0.001	1.39	0.008

续　表

	CAN 均值	增长率	CAM 均值	增长率	碳规制	增长率
山东	0.16	-0.011	0.009	-0.002	0.971	-0.032
河南	0.234	-0.009	0.002	0	0.927	0.008
湖北	0.137	0.016	0.001	0	1.157	0.034
湖南	0.231	-0.001	0.002	0	1.395	0.003
广东	0.149	0.011	0.04	0.003	2.263	-0.002
广西	0.153	-0.017	0.001	0	1.566	-0.009
海南	-0.32	-0.039	-0.002	0	1.555	-0.085
重庆	0.25	0.016	0.004	0.001	1.333	0.038
四川	0.191	0.01	0.003	0	1.374	0.022
贵州	0.349	0.029	0.001	0	0.441	0.029
云南	0.178	-0.003	0.001	0	0.999	0.002
陕西	0.154	-0.018	0	0	0.718	-0.03
甘肃	-0.056	-0.014	-0.001	0	0.541	0.006
青海	0.413	-0.004	0	0	0.716	-0.008
宁夏	0.43	0.007	0.001	0	0.305	-0.042
新疆	0.469	0.042	0.007	0	0.475	-0.043

5.2.3 实证分析

5.2.3.1 回归结果分析

首先，分析核心解释变量的计量结果。碳排放是研究中的核心变量，表5-10是以净出口指数（CAM）作为因变量的回归结果，当不考虑贸易比较优势内生性的时候，得到的模型回归结果是（1）-（5），发现碳排放规制变量一次项的回归系数都为正值，二氧化碳规制平方项的系数为负值，这表明贸易比较优势呈现出倒U型曲线的特征，模型（1）和（2）分别是只考虑碳排放规制这一基本解释变量的固定效应和随机效应模型，模型（3）（4）和（5）分别是引入物质资本存量、人力资本和科技创新水平等变量的估计结果，中国政府在2009年的哥本哈根气候变化大会上做出承诺之前①，碳排放规制并不严厉，再加上当时国际经济发展势头正好，国际需求兴旺，各省在国家出口退税等补贴政策的激励下竞相出口，贸易竞争力在一定时期内呈现上升态势。但是随着碳排放规制加强，到达一定目标值后，贸易比较优势将会下降，这一个数值就是拐点。2015年我国向《联合国气候变化框架公约》秘书处正式递交的应对气候变化国家自主贡献文件中提出并确定了行动目标②，积极采取各种措施来实现自己向全世界做出的碳减排承诺，当下一个阶段遭受到中美贸易战，贸易中存在的问题与不足暴露并且被放大，贸易战背后的碳排放权争夺更加明显，中国实行更加严厉的环保措施，各省的贸易比较优势受到冲击，呈现出下降的趋势。对于环境规制与某一个经济变量呈现倒U型曲线关系，很多学者有类似这样的研究结论，如孙英杰、林春③（2018）以省际面板数据研究分析得到结论是环境规制与经济增长质

---

① 2009年11月，国务院决定将“2020年单位国内生产总值二氧化碳比2005年下降40%—45%”作为约束性指标纳入国民经济和社会发展中长期规划。

② 自2015年巴黎气候大会后，国家推出了若干政策，具体指导推进国内温室气体减排工作，2016年11月，国务院发布《“十三五”控制温室气体排放工作方案的通知》，明确提出到2020年，单位国内生产总值二氧化碳排放比2015年下降18%，力争部分重化工业2020年左右实现率先达峰；加强能源碳排放指标控制，实施能源消费总量和强度双控；国有企业、上市公司、纳入碳排放权交易市场的企业要率先公布温室气体排放信息和控排行动措施。

③ 孙英杰、林春：《试论环境规制与中国经济增长质量提升——基于环境库兹涅茨倒U型曲线》，《上海经济研究》2018年第3期。

量呈现倒 U 型关系；祝志勇、幸汉龙[①]（2017）应用 2005—2014 年的省际面板数据做计量分析，得到的结果是环境规制与粮食产量呈倒 U 型的影响关系。

表 5 - 10　　以净出口指数（CAN）为因变量的回归结果

	(1)	(2)	(3)	(4)	(5)	(6)	(7)	(8)	(9)
因变量	cam	cam	cam	cam	cam	cam	cam	cam	cam
L. cam						0.727***	0.918***	0.748***	0.748***
						(0.091)	(0.002)	(0.031)	(0.031)
cgz	0.010**	0.010**	0.010**	0.010**	0.009**	-0.021**	-0.021***	-0.009***	-0.010***
	(0.004)	(0.004)	(0.004)	(0.004)	(0.004)	(0.009)	(0.000)	(0.002)	(0.002)
squcgz	-0.003***	-0.004***	-0.003***	-0.003***	-0.003***	0.004**	0.004***	0.002***	0.002***
	(0.001)	(0.001)	(0.001)	(0.001)	(0.001)	(0.002)	(0.000)	(0.000)	(0.001)
zb			0.005**	0.005***	0.008***	0.004	0.003**	0.008	
			(0.002)	(0.002)	(0.002)	(0.003)	(0.001)	(0.008)	
squzb			-0.004***	-0.004***	-0.004***	-0.002	-0.001*		
			(0.001)	(0.001)	(0.001)	(0.002)	(0.001)		
rl				0.002	0.004	0.004**	0.000	-0.001	-0.000
				(0.003)	(0.003)	(0.002)	(0.000)	(0.001)	(0.001)
squrl				-0.001	-0.001	-0.001**			

① 祝志勇、幸汉龙：《环境规制与中国粮食产量关系的研究——基于环境库兹涅茨倒 U 型曲线》，《云南财经大学学报》2017 年第 4 期。

续 表

	(1)	(2)	(3)	(4)	(5)	(6)	(7)	(8)	(9)
因变量	**cam**	**cam**	**cam**	**cam**	**cam**	**cam**	**cam**	**cam**	**cam**
				(0.001)	(0.001)	(0.001)			
tech					-0.020***	-0.016**	-0.026***	-0.017***	-0.019***
					(0.008)	(0.008)	(0.002)	(0.005)	(0.005)
L2. cam								0.230***	0.239***
								(0.033)	(0.034)
L. zbb								-0.009	
								(0.009)	
Constant	-0.005	-0.005	-0.007**	-0.008**	-0.006	0.016**	0.019***	0.009***	0.010***
	(0.003)	(0.005)	(0.003)	(0.004)	(0.004)	(0.007)	(0.001)	(0.002)	(0.002)
Observations	510	510	510	510	510	450	480	450	450
R - squared	0.072		0.096	0.096	0.110				
Number of id	30	30	30	30	30	30	30	30	30

注：***、**、*分别表示在1%、5%和10%的水平下显著。

以上是不考虑内生性的结果，然而内生性是绕不开的，因为贸易竞争比较优势一旦形成，就会处于贸易的有利地位，容易进一步对后续的贸易经济行为继续产生影响，形成路径依赖，就是一般会有历史的贸易惯性，在模型中就会导致解释变量和被解释变量之间互相影响、互相作用，所以在回归分析时候应该考虑贸易比较优势的内生性。在实证分析中做内生性检验的结果也表明，CAM 具有内生性。应用动态面板的差分 GMM 和系统 GMM，得到的结果见表 5 - 13 中的

(6) - (8)，与（1）-（5）的结果不同，核心变量碳规制的一次项系数为负值，二次项系数为正值，表明碳规制对贸易比较优势不存在倒 U 型曲线特征。表 5 - 13 中的统计检验表明贸易比较优势的内生性显著，一阶滞后项的系数较大，为 0.73 - 0.92，二阶滞后项的系数衰减约 3 倍到 0.23，三阶滞后项已经不显著，结果没有在表中列出。正如前文分析贸易比较优势的惯性，省际出于经济增长的需要，基于经济理性的选择必然会努力保持并扩大"路径依赖"的贸易既得优势，贸易比较优势的滞后效应反过来影响着当期，必然会导致解释变量与随机干扰项相关，如果在参数估计中不考虑内生性问题，就会导致估计结果有偏误。模型（6）和（7）分别是应用差分距估计、系统距估计等方法对内生性处理的估计结果，模型（8）是考虑了贸易比较优势滞后两期以及把技术和物质存量资本作为前置变量、人力资本作为内生变量的回归结果，其他滞后更多期数的情形不显著，为了节省空间就不再列出回归结果。从表 5 - 13 中（6）-（8）的结果来看，碳规制变量的二次项系数介于 0.002—0.004，一次项系数介于 - 0.02— - 0.009，碳排放规制导致贸易比较优势下降，但是数值都比较小，说明碳排放规制会增加出口企业的生产成本，影响到出口竞争力，对于贸易比较优势的影响不大，从长远来看，有利于贸易发展方式的转变，当碳排放规制到一定强度后，留下来的必然是有竞争力的贸易产品，比如创新的、高科技的、清洁能源或者是产业升级后的贸易商品，贸易比较优势会稳定上升。

对物质资本、人力资本和技术创新等控制变量的分析。物质资本对贸易比较优势的影响，从模型（3）—(7) 可以看出，存在典型的倒 U 型曲线特征，投资以及物质资本存量能够直接引发相关行业的进出口贸易，资本流动促进贸易竞争优势的提升，验证了经济发展与投资和贸易息息相关，这与王正明（2013）投资、贸易对碳排放影响的方向和强度分析，李成钢（2013）认为国际投资通过对贸易条件指数和"显性"比较优势的分析是相近的；各省的人力资本对贸易比较优势的作用不显著，说明通过低廉的劳动力成本、劳动密集型产业为主获得的地区贸易优势并没有反映出高水平人力资本优势，这和中国制造主要是依靠劳动力价格低廉的实际是吻合的，出口的贸易产品数量大、价格低，陈维涛（2017）认为贸易开放降低中国劳动人力资本投资，其中进口比出口更不利于中国劳动者人力资本投资；与一般认识不同的是，技术创新在模型(5)—(9)中显示的系数都是负值（介于 -0.026—0.016），系数为负说明中国的技术创新在国际贸易中相对处于弱势地位，科技创新水平没有在贸易竞争中发挥出积极的作用，黄德春、刘志彪（2012）认为技术创新的作用不显著，林毅夫、张鹏飞（2006）认为要素禀赋在不同的国家表现为异质性，当发展中国家的技术结构与发达国家的技术结构相一致时，劳动力禀赋占优势的发展中国家并不会因为物质资本的不断提高而不断发展；当物质资本到达一定限度时，不仅不会为发展中国家带来适宜的技术，还会对贸易比较优势带来负面影响。中兴通讯被制裁事件暴露出我国出口在贸易中核心技术的不足。比较不同省份，发现创新能力的提高对贸易比较优势的提升在随机效应下具有显著的作用，中国综合来说创新能力较弱，创新科技能力的提高反而降低贸易竞争比较优势，说明各省主要依靠自然资源、出口初级产品以及承担出口贸易商品在国内的碳排放转移为代价参与国际竞争，部分行业甚至要依靠国家的补贴才能够在贸易中占据优势地位，黎文靖（2018）认为进口竞争激励企业进行了高质量的发明创新。所以，一旦有类似美国给予中兴通讯的制裁，就是对相关产品乃至整个企业的灭顶之灾，涉及的产业链也受到牵连。建议应以开放的心态迎接贸易自由化和进口竞争，形成国际竞争新优势。

其次，分析时空效应。模型中 α_i 表示每个个体都有自己的截距项，反映各个不同省份因为资源禀赋、地域差异和历史文化等方面导致相对固定的贸易竞争优势异质性，这种地域的异质性不因为时间变化而变化。在表 5 - 11 中我们将进出口指数（CAM）作为因变量，计算截距项 α_i（难以测量的省际差异）的影响作用，对 30 个地区的贸易比较优势进行分析，相比较而言，贸易竞争优势最高的是浙江、广东、江苏、福建、山东等地，这与这些省份一直重视出口贸易的增长、出口远大于进口、对外开放度高等经济发展特征是一致的。最低的是北京、上海等地，北京并不是制造业中心，上海和北京一样虽然进出口总量不小、对外依存度高，但是出口远远低于进口，导致贸易竞争比较优势不如其他省份。

表 5-11　省际空间上的差异

地区	系数	Robust Std. Err.	Z 值	P 值	置信上限	置信下限
北京	-0. 107	0. 013	-8. 41	0	-0. 132	-0. 082
天津	0. 107	0. 007	15. 25	0	0. 094	0. 121
河北	0. 116	0. 009	12. 28	0	0. 097	0. 134
山西	0. 111	0. 011	10. 06	0	0. 089	0. 133
内蒙古	0. 108	0. 011	10. 09	0	0. 087	0. 129
辽宁	0. 114	0. 009	12	0	0. 095	0. 133
吉林	0. 108	0. 009	12. 26	0	0. 091	0. 126
黑龙江	0. 112	0. 009	12. 07	0	0. 094	0. 130
上海	0. 085	0. 005	17. 4	0	0. 076	0. 095
江苏	0. 136	0. 006	21. 04	0	0. 123	0. 148
浙江	0. 177	0. 006	29. 3	0	0. 165	0. 189
安徽	0. 115	0. 009	13. 4	0	0. 098	0. 131
福建	0. 134	0. 005	27. 17	0	0. 124	0. 144
江西	0. 119	0. 007	17. 52	0	0. 105	0. 132
山东	0. 122	0. 008	14. 53	0	0. 106	0. 139
河南	0. 115	0. 009	13. 42	0	0. 098	0. 132
湖北	0. 116	0. 007	15. 63	0	0. 101	0. 130

续 表

地区	系数	Robust Std. Err.	Z 值	P 值	置信上限	置信下限
湖南	0.118	0.006	18.14	0	0.105	0.130
广东	0.160	0.004	42.16	0	0.153	0.167
广西	0.117	0.006	20.12	0	0.106	0.129
海南	0.115	0.006	20.21	0	0.104	0.126
重庆	0.118	0.007	16.85	0	0.105	0.132
四川	0.118	0.007	17.44	0	0.105	0.131
贵州	0.111	0.010	10.67	0	0.091	0.132
云南	0.115	0.008	14.4	0	0.099	0.131
陕西	0.113	0.009	12.39	0	0.095	0.131
甘肃	0.111	0.010	11.2	0	0.092	0.130
青海	0.113	0.009	12.34	0	0.095	0.131
宁夏	0.110	0.011	10.01	0	0.089	0.132
新疆	0.116	0.010	11.16	0	0.096	0.137

对时间效应分析，量化分析各省总体上在不同年份的贸易比较优势的差异，省际时间差异 β_t 的差别参见图 5－7，纵坐标表示模型中的时间效应。各个年份的贸易比较优势除了受到不同时期国际政治形势的影响之外，国际经济的走势、不同年份的经济周期性特点以及各省的外部环境都反映在时间效应上，尤其是汇率的波动。就不同年份相比较而言，2003 年处于最低点，2008 年虽然受到国际金融危机的影响，但是在现有的贸易政策发展经济强刺激的政策下，贸易比较优

势仍然处于上升通道中，2006年至2016年呈现上升态势，随着我国“一带一路”的稳步推进，各省积极落实国家宏观战略，结合自身比较优势，发展对外交往，以联合建立产业园、投资建厂等多种形式“走出去”，扩大进、出口贸易，实现合作共赢，我国的贸易比较优势将会得以不断提升。

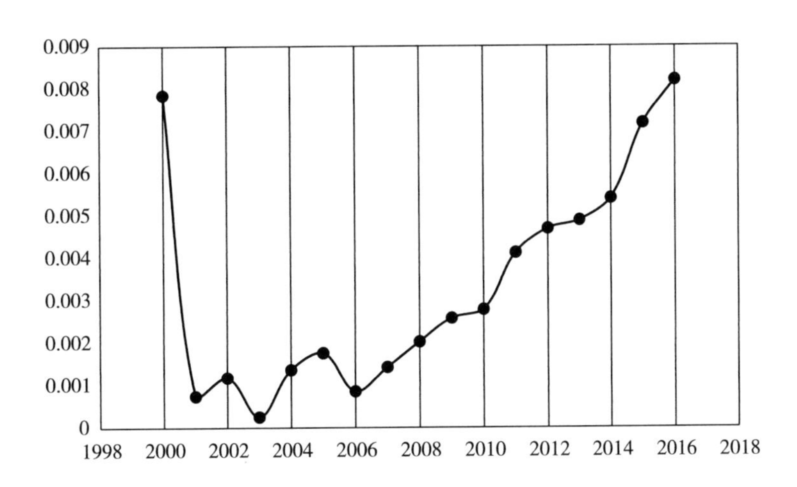

图5－7　省际贸易比较优势在2000—2016年的差异

5.2.3.2　稳健性检验

为了进一步验证回归结果的稳健性，分别将另外贸易的净出口指数 *CAN* 和显性比较优势指数 *RCA* 作为因变量进行回归，选择的模型和参数估计方法和前面的保持一致。

表5－12　　以净出口指数CAN为因变量的回归结果

VARIABLES	(1)	(2)	(3)	(4)	(5)	(6)	(7)	(8)
	can	can	can	can	can	can	can	can
L. can						0.644***	0.767***	0.679***
						(0.099)	(0.049)	(0.034)
cgz	0.178**	0.102	0.181**	0.181**	0.160*	0.187	－0.046	0.062

续 表

VARIABLES	(1)	(2)	(3)	(4)	(5)	(6)	(7)	(8)
	can	can	can	can	can	can	can	can
	(0.086)	(0.076)	(0.086)	(0.087)	(0.087)	(0.133)	(0.034)	(0.046)
squcgz	-0.026	-0.015	-0.025	-0.025	-0.021	-0.032	0.010	-0.021
	(0.019)	(0.017)	(0.019)	(0.019)	(0.019)	(0.030)	(0.008)	(0.014)
zb			-0.014	-0.012	0.034	0.088	0.070*	-0.572***
			(0.046)	(0.046)	(0.051)	(0.073)	(0.037)	(0.200)
squzb			-0.010	-0.008	-0.021	-0.028	-0.024	
			(0.024)	(0.024)	(0.025)	(0.033)	(0.015)	
rl				0.050	0.072	0.084**	0.006	0.039**
				(0.072)	(0.072)	(0.042)	(0.007)	(0.019)
squrl				-0.013	-0.018	-0.023**		
				(0.020)	(0.020)	(0.011)		
tech					-0.334*	-0.387	-0.534***	-0.261**
					(0.171)	(0.245)	(0.029)	(0.109)
L2. can								0.080**
								(0.035)
L. zbb								0.659***
								(0.222)

续　表

VARIABLES	(1)	(2)	(3)	(4)	(5)	(6)	(7)	(8)
	can	can	can	can	can	can	can	can
Constant	-0.030	0.037	-0.022	-0.050	-0.019	-0.139	0.099***	0.001
	(0.067)	(0.071)	(0.069)	(0.080)	(0.082)	(0.127)	(0.026)	(0.041)
Observations	510	510	510	510	510	450	480	450
R-squared	0.017		0.022	0.023	0.031			
Number of id	30	30	30	30	30	30	30	30

注：＊＊＊、＊＊、＊分别表示在1%、5%、10%的水平显著。

以*CAN*为被解释变量时，为了便于比较，用同一模型，估计结果表明碳规制的一次项系数基本都为正值，二次项没有通过显著性检验，结果都没有U或者倒U型曲线特征，与*CAM*作为因变量做回归结果一致的是，技术创新水平的作用都是负向影响，人力资本的作用不显著，只是在把人力资本作为内生变量时候才有微弱的表现，物质资本的作用大多时候不显著。用显性比较优势指数RCA估计的结果发现计量检验结果不显著，因为研究中所建立的模型是综合考察进出口贸易的比较优势，而RCA是仅仅考虑到出口贸易的衡量指数，由于模型不匹配导致估计的结果不成立或者有较大的偏差，本文就不一一列举。

5.2.4　结论与启示

本文构建分析贸易比较优势的计量模型，运用我国30个省与省2000年至2016年的数据，对碳排放规制等因素影响省际贸易比较优势做实证分析。结果发现：（1）由于贸易比较优势的内生性导致碳规制对省际贸易比较优势的影响呈U型曲线特征。随着国家层面对碳排放总量和效率“双控”措施不断增强，贸易比较优势下降，但是也不是无限制地下降；随着碳排放规制赢得广泛的认同，未来清洁能源和环保优势将促进贸易比较优势的提升。这一发现与以往很多关于环境管制导致的倒U型曲线研究成果是不同的。（2）物质资本强度对贸易比较优势的作用呈现倒U型曲线特征，人力资本存量对省际贸易比较优势的影响并不显著，科技创新能力对贸易比较优势是副作用，违背创新促进贸易增长的理论，主要是因为中国目前的技术创新还没有达到推动产业结构升级、改进贸易产品结构和提高贸易效率和效益的程度，还处于国际产业链的中下游。（3）碳规制对贸易比较优势的影响存在着时空的差异，对于浙江、广东、江苏的影响数值相对较大。

美国采取包括贸易保护主义、退出巴黎气候协定等一系列的举措，中国作为发展中大国，倡导在多边共赢的合作框架基础上自由贸易，保持在气候治理问题上的定力，倡导自由贸易，以倒逼的方式，大力推进碳减排，积极转变贸易发展方式，提升贸易比较优势。首先，在国家层面上需要研究世界各国贸易和碳排放的发展，在服从国家战略发展需要的基础上，经济和环保的事情主要还是在相关领域里解决，保持贸易和碳减排政策相对于政治的独立性，在国际贸易中发展经济的同时也要积极参与碳排放市场的分配，提供中国方案，尤其是在国际上的五年一次碳排放全球盘点机制和具体设计中争取话语权，做出相应贡献。其次，将全国的碳减排和贸易优势提升总目标分解落实到不同省际、不同时段，采取有差别的碳排放政策，在国家层面上做顶层设计，进行宏观调控，既要扩大出口贸易的优势，又要减少高能耗、高排放的产品出口，注重加强进口，利用即将在上海举办中国国际进口博览会等活动形式，促进全球贸易、世界经济发展，探索建立全国碳排放市场交易与进出口贸易的联动机制，实现碳排放内外均衡。最后，基于供给侧改革视角推进碳减排，推进产业升级，转变贸易发展方式，不断提升技术创新和人力资本在贸易竞争比较优势中的作用，基于波特假说，通过碳排放规制去产能，东部沿海地区尤其是浙江、广东、江苏等贸易大省率先通过技术创新，掌握核心技术，保持并利用现有的贸易优势；中西部地区应选择相对宽松的碳排放规制，以吸引劳动密集型产业向内部转移，提升贸易比较优势。

在研究碳排放规制对省际贸易比较优势的影响过程中，不仅需要立足于全球分工的贸易与碳排放之争，还需要细化到贸易涉及的产业结构，需要具体细化到工业行业的贸易优势，尤其是中国特有的加工贸易特征，此外，国际贸易中涉及的国际重大政治事件、汇率变化等因素的作用也不可忽视，这些有待今后进一步深入研究。

第六章　出口贸易、碳排放效率、经济水平之间的耦合协调度研究

6.1　引言

可持续发展在当前就是要协调发展，经济、社会与环境系统的“协调”是发展的核心，也是发展的手段和目标，是否协调也作为系统发展的评价指标和尺度，关于出口贸易的碳排放，也要强调出口贸易、效率和经济水平的协调，计算中国省（自治区、直辖市）2001—2016年出口、碳排放效率与经济水平三者之间的耦合协调度并以此作为评价各省在出口贸易和碳排放、经济发展方面的协调。

6.2　文献综述

关于对外贸易、效率与经济，现有的研究中，潘雄锋和杨越[①]、乌画和王涛生[②]、陈光春等[③]、许广月等[④]、朱德进等[⑤]等认为碳排放效率有很大的改进空

---

① 潘雄锋、杨越：《基于联立方程模型的对外贸易与碳排放互动关系研究》，《运筹与管理》2013年第1期。

② 乌画、王涛生：《中国各地区出口贸易对经济增长影响的实证分析》，《学术界》2013年第10期。

③ 陈光春、蒋玉莲、马小龙等：《广西出口贸易与碳排放关系实证研究》，《广西社会科学》2014年第1期。

④ 许广月、宋德勇：《我国出口贸易、经济增长与碳排放关系的实证研究》，《国际贸易问题》2010年第1期。

⑤ 朱德进、杜克锐：《对外贸易、经济增长与中国二氧化碳排放效率》，《山西财经大学学报》2013年第5期。

间，王斌[①]、刁鹏等[②]、董直庆等[③]、李丽[④]分析出口贸易与经济增长关系，孙爱军[⑤]、孙爱军等[⑥]分析碳排放效率的时空演变，朱德进等[⑦]、钱志权等[⑧]研究经济增长、开放与碳排放效率的协调，秦齐[⑨]、丁仕伟[⑩]、张二震等[⑪]在研究中引入贸易摩擦的影响和作用。

在我们的研究中，计算省域出口贸易、碳排放效率、经济水平等三者之间的耦合协调度，以此为基础进行分析。

6.3　机制分析

耦合一般是指两个或两个以上的事物之间的相互作用、相互影响的关系，主要应用在物理和电力研究中。从协同学的角度看，耦合作用及其协调水平决定了体系在达到临界区域时走向的走向趋势，即决定了系统由无序走向有序的趋势[⑫]。一个包含着多个因素的复杂系统由无序走向有序取决于各个因素之间的耦合关系，用耦合度度量不同因素之间的相互作用。在出口贸易、隐含的碳排放和经济

---

① 王斌：《我国出口贸易、经济增长与碳排放的协整与因果关系——基于 1978—2012 年数据的实证分析》，《经济研究参考》2014 年第 4 期。

② 刁鹏、许燕、康耀华等：《辽宁省出口贸易与碳排放量关系的实证分析》，《对外贸易》2013 年第 5 期。

③ 董直庆、陈锐：《技术进步偏向性变动对全要素生产率增长的影响》，《管理学报》2014 年第 8 期。

④ 李丽：《湖北服务贸易利用外商投资策略研究》，《江汉论坛》2007 年第 5 期。

⑤ 孙爱军：《省际出口贸易与碳排放效率基于空间面板回归偏微分效应分解方法的实证》，《山西财经大学学报》2015 年第 4 期。

⑥ 孙爱军、房静涛、王群伟：《2000—2012 年中国出口贸易的碳排放效率时空演变》，《资源科学》2015 年第 6 期。

⑦ 朱德进、杜克锐：《对外贸易、经济增长与中国二氧化碳排放效率的关系》，《山西财经大学学报》2013 年第 5 期。

⑧ 钱志权、杨来科：《东亚地区的经济增长、开放与碳排放效率的面板数据研究》，《世界经济与政治论坛》2015 年第 3 期。

⑨ 秦齐：《国际经济贸易发展对我国经济影响探析》，《纳税》2018 年第 19 期。

⑩ 丁仕伟：《中国“一带一路”区域碳排放效率研究》，《时代金融》2018 年第 9 期。

⑪ 张二震、戴翔：《关于中美贸易摩擦的理论思考》，《华南师范大学学报》2019 年第 2 期。

⑫ 董会忠、薛惠锋等：《基于耦合理论的经济 - 环境系统影响因子协调性分析》，《统计与决策》2008 年第 2 期。

构成的系统中，出口贸易的变化与碳排放、经济发展密切相关，彼此之间相互作用、紧密关联，评价这个系统的一个方法就是计算这三者之间的耦合协调度。

6.4 耦合协调度模型和评价标准

系统耦合度可以评价系统及要素之间演变特征和发展状态①，不同的数值反映出相互作用的程度②。应用耦合度模型和耦合协调度评价出口贸易、碳排放效率和经济水平三者之间的协调程度。

6.4.1 数据来源及说明

构建2001—2016年中国省（自治区、直辖市）的面板数据。用代表性的经济指标人均GDP、政府财政收入、固定资产投资及职工平均工资等反映经济水平，数据来自国家统计局《中国统计年鉴》③，经济数据以2000年可比价格为基数进行削减应用出口贸易总额来计算出口贸易的中心度，出口贸易隐含碳排放效率用前文计算的全局参比DEA模型计算的结果。

6.4.2 协调度

首先来计算协调度④。在研究各省（自治区、直辖市）出口贸易、碳排放效率、经济水平的问题上我们采用上述方法。通过计算、综合各研究指标，判断各省（自治区、直辖市）出口贸易、碳排放效率与经济之间是否达到协调的状态。设PE、ED和TF分别代表各省（自治区、直辖市）经济综合指标、出口贸易的中心度和碳排放效率，度量发展水平的函数分别用$f(y)$、$g(z)$和$h(x)$表示，

---

① 吴玉鸣、张燕：《广西城市化与环境系统的耦合协调测度与互动分析》，《地理科学》2011年第12期。

② 吴跃明、张翼、王勤耕：《论环境－经济系统协调度》，《环境污染与防治》2001年第1期。

③ 国家统计局：http：//data. stats. gov. cn/workspace/index？m = fsnd《中国统计年鉴》：http：//www. stats. gov. cn/tjsj/ndsj/2014/indexch. htm。

④ 孙爱军、董增川、张小燕：《中国城市经济与用水技术效率耦合协调度研究》，《资源科学》2008年第3期。

PE、ED 和 TF 的协调意味着 $f(y)$ 、$g(z)$ 和 $h(x)$ 的相对离差系数小，离差系数就是变差系数，其计算公式如下：

$$变差系数 = 标准差/平均值 \tag{6-1}$$

用此结果来判断三个不同变量数据的离散程度。各省（自治区、直辖市）$f(y)$ 、$g(z)$ 和 $h(x)$ 的相对离差系数越小意味着碳排放效率、出口贸易与经济的协调程度越高。

目前，许多学者计算协调度多采用物理学中的耦合概念和耦合系数模型，建立多个系统之间互相作用的耦合模型①，设计变量（表示一个系统）v_i（$i = (1, 2, \cdots, n; j = 1, 2, \cdots, n)$，即：

$$CI_n = \left\{(v_1 \cdot v_2 \cdot \cdots \cdot v_n) / \prod (v_i + v_j)\right\}^{1/n} \tag{6-2}$$

根据上式可以推理得出碳排放效率、出口贸易的中心度、经济发展水平三个系统的耦合度函数：

$$CI_3 = \left\{\frac{v_1 \cdot v_2 \cdot v_3}{(v_1 + v_2 + v_3)^3}\right\}^{1/3} \tag{6-3}$$

其中 $v_1 = h(x), v_2 = f(y), v_3 = g(z)$，$h_x, f_y, g_z$ 分别为碳排放效率、经济水平和出口贸易依存度的评价函数，其中碳排放效率利用化石能源消费量及相应的二氧化碳排放系数计算得出各省不同时期的碳排放效率；出口贸易用出口依存度来衡量，即地区出口贸易额/地区生产总值；经济水平用人均 GDP、政府财政收入、固定资产投资及职工平均工资衡量。根据上面的公式计算出碳排放效率、经济水平和出口依存度之间的耦合度。

表 6-1　　各地区 2001—2016 年耦合度

id	CI32001	CI32003	CI32005	CI32009	CI32012	CI32013	CI32014	CI32015	CI32016
北京	0. 343078	0. 347697	0. 345409	0. 355578	0. 341997	0. 336415	0. 337913	0. 337305	0. 280291
天津	0. 324755	0. 324518	0. 322421	0. 332810	0. 327663	0. 340200	0. 339944	0. 337611	0. 311801

① Valerie Ming Worth，1998，*The Penguin Dictionary of Physics*，Beijing：Foreign Language Press.

续 表

id	CI32001	CI32003	CI32005	CI32009	CI32012	CI32013	CI32014	CI32015	CI32016
河北	0. 320398	0. 318982	0. 318456	0. 335001	0. 334091	0. 337535	0. 336647	0. 329191	0. 334052
山西	0. 317879	0. 319009	0. 321189	0. 334618	0. 329551	0. 333851	0. 333909	0. 331081	0. 335780
内蒙古	0. 292048	0. 318648	0. 323848	0. 329357	0. 302517	0. 238252	0. 320803	0. 316391	0. 324600
辽宁	0. 321488	0. 328988	0. 332884	0. 352354	0. 354513	0. 354990	0. 353721	0. 347988	0. 334822
吉林	0. 380141	0. 389727	0. 407424	0. 453177	0. 452479	0. 453207	0. 455741	0. 456808	0. 448775
黑龙江	0. 425565	0. 405575	0. 381474	0. 392792	0. 405931	0. 407104	0. 402973	0. 439676	0. 448960
上海	0. 347238	0. 342166	0. 328715	0. 327022	0. 300100	0. 325730	0. 320375	0. 321132	0. 293997
江苏	0. 334443	0. 341770	0. 341703	0. 353530	0. 339433	0. 340331	0. 338832	0. 335881	0. 288173
浙江	0. 348549	0. 353031	0. 349773	0. 344984	0. 340003	0. 345499	0. 343825	0. 337114	0. 309461
安徽	0. 303697	0. 303416	0. 303860	0. 321922	0. 314358	0. 318364	0. 317917	0. 317750	0. 309866
福建	0. 298790	0. 298261	0. 296564	0. 309826	0. 312075	0. 314324	0. 314879	0. 314811	0. 299598
江西	0. 318165	0. 326733	0. 318425	0. 330866	0. 322948	0. 327279	0. 328254	0. 326634	0. 307196
山东	0. 305228	0. 309554	0. 311858	0. 321306	0. 315235	0. 323831	0. 324018	0. 314052	0. 274242
河南	0. 272306	0. 275494	0. 276846	0. 266961	0. 279550	0. 280081	0. 281030	0. 281948	0. 282268
湖北	0. 278215	0. 279253	0. 280527	0. 301279	0. 298055	0. 302789	0. 304931	0. 305999	0. 306612
湖南	0. 288331	0. 287110	0. 286974	0. 296147	0. 299538	0. 304507	0. 306881	0. 307192	0. 306347
广东	0. 309081	0. 303167	0. 294386	0. 305090	0. 303741	0. 302384	0. 301151	0. 307945	0. 274962
广西	0. 313819	0. 314735	0. 317206	0. 323840	0. 331804	0. 335598	0. 333602	0. 333514	0. 324844

续　表

id	CI32001	CI32003	CI32005	CI32009	CI32012	CI32013	CI32014	CI32015	CI32016
海南	0. 262371	0. 283306	0. 287636	0. 329873	0. 342545	0. 347217	0. 346119	0. 353796	0. 357039
重庆	0. 310215	0. 304117	0. 304602	0. 318874	0. 330426	0. 326557	0. 319931	0. 327469	0. 306277
四川	0. 291501	0. 301590	0. 301127	0. 325083	0. 322478	0. 326386	0. 326620	0. 322816	0. 265488
贵州	0. 306454	0. 314532	0. 304424	0. 319899	0. 336083	0. 344153	0. 345803	0. 346335	0. 261452
云南	0. 321674	0. 320075	0. 319452	0. 322945	0. 331191	0. 335847	0. 334514	0. 345592	0. 346484
陕西	0. 278357	0. 278341	0. 278397	0. 288177	0. 290316	0. 295068	0. 298731	0. 299033	0. 311243
甘肃	0. 317104	0. 315692	0. 314517	0. 306697	0. 336046	0. 341809	0. 341619	0. 332039	0. 310504
青海	0. 296460	0. 347697	0. 367406	0. 419488	0. 389347	0. 395926	0. 400458	0. 369104	0. 366950
宁夏	0. 273655	0. 308359	0. 316560	0. 350551	0. 349733	0. 353012	0. 349201	0. 342793	0. 335322
新疆	0. 284127	0. 294845	0. 290314	0. 293806	0. 302556	0. 308501	0. 311101	0. 314024	0. 310568

6.4.3　耦合协调度 D 的计算

因为耦合度只可反映相互作用的水平，无法解释协调发展程度的高低，是以我们引入耦合协调度模型，以便更好地判断出口贸易依存度、碳排放效率与经济水平交互耦合的协调程度，根据前文对协调发展的定义，本文将测量出口贸易依存度与碳排放效率和经济水平之间耦合程度的定量指标，通过 D 表示[①]：

$$D = (CI \cdot T)^{\partial} \tag{6-4}$$

① 廖重斌：《环境与经济协调发展的定量评判及其分类体系——以珠江三角洲城市群为例》，《热带地理》1999 年第 2 期。

∂ 为待定系数，介于0—1，T 为各省（自治区、直辖市）出口依存度、碳排放效率及经济水平的综合评价指数，用来反映三者之间的整体效益或水平，其计算公式为：

$$T = a \cdot h(x) + b \cdot f(y) + c \cdot g(z) \tag{6-5}$$

其中 a、b、c 为待定系数，都介于0—1，计算各省（自治区、直辖市）出口依存度、碳排放效率和经济水平的综合评价指数 T 时，结合参考文献，在考虑经济发展和碳排放效率在经济社会中基本同等重要的基础上，对 a、b 分别取0.4，c 取0.2，并通过统计计算出其离差系数最小，另外 ∂ 取三种情况即1/2，1/3，1/6，因为当 $\partial=1/6$ 时，经过验证得出 D 的方差最小，即误差性相对较小，所以取 $\partial=1/6$ 然后将取值代入上式得出 D。

在出口依存度、碳排放效率和经济水平3个子系统中相互作用的强度不是相互对应的，出口贸易发展和碳排放效率的提高能够促进经济的发展，出口依存度的降低可以促进碳排放效率的提高，但是碳排放效率是在多种因素的影响下得出的结果，出口依存度的改善只是其中的一种因素。

6.4.4 评价标准

为了直观地显示出口贸易依存度、碳排放效率和经济水平的协调程度，对耦合协调度进行等级划分[①]见表6-2：

表6-2 耦合协调度评价标准

协调度D	0.90—1.00	0.80—0.89	0.70—0.79	0.60—0.69	0.50—0.59
协调等级	优质协调	良好协调	中级协调	初级协调	勉强协调
协调度D	0.40—0.49	0.30—0.39	0.20—0.29	0.10—0.19	0—0.09
协调等级	濒临失调	轻度失调	中度失调	严重失调	极度失调

① 孙爱军、董增川、张小燕：《中国城市经济与用水技术效率耦合协调度研究》，《资源科学》2008年第3期。

6.5　实证研究与分析

6.5.1　三大研究指标的计算

（1）用 PE(Province Economy）表示省域经济发展的综合性指标，反映某一个省（自治区、直辖市）在经济管理、提高人民生活水平、发展经济等方面的能力。借鉴其他学者的研究，最终确定评价指标：人均 GDP(人均国内生产总值）是指某一个国家（地区）在核算期内的生产总值与该国家（地区）的常住人口相比得到的比值，通常反映一个国家（地区）经济发展水平；固定资产投资主要是用来反映一个国家（地区）经济发展和持续增长的能力；职工平均工资不仅与个人利益密切相关，而且直接关系到居民消费水平的高低，众所周知，消费作为拉动经济增长的“三驾马车”之一，对经济发展有积极的推动作用；财政收入是国内生产总值中的一部分，GDP 的规模越大，那么促使财政收入增长的来源也就越丰富。通过熵值法，我们可以将此 4 个指标进行综合从而得到经济发展的综合指数。

（2）ED 代表出口依存度，是用来反映我国省域出口贸易的一个指标，通过各地区的出口贸易总额与各地区生产总值相比所得的比值，可以反映我国各省（自治区、直辖市）在一定时期内出口贸易的发展情况，根据所得数据可以看出自 2008 年经济危机后，我国各地区的出口依存度普遍降低，使得经济的发展不再过度依赖出口的增加，另一方面也表明政府及社会各界在危机发生后采取的相应贸易应对措施取得了不错的成效。

（3）TF 表示碳排放效率，下面表格中的 eff 是指 TF。用来衡量各地区碳排放效率的情况，我们可以利用化石能源消费量及相应的二氧化碳排放系数来估算各省的二氧化碳排放量，即 CO_2 = ［（煤炭 ×20908 ×95333/100000）+（原油 ×41816 ×73300/100000）+（天然气 ×38931 ×56100/100000）］/10000，然后再用二氧化碳与 GDP 相比，得出各区域碳排放效率的量：

表 6 –3　　各地区 2001—2016 年碳排放效率

id	eff2001	eff2003	eff2005	eff2009	eff2012	eff2013	eff2014	eff2015	eff2016
北京	0. 471201	0. 437318	0. 460132	0. 463243	0. 46765	0. 526054	0. 528883	0. 526565	1. 254214
天津	0. 585519	0. 597998	0. 629257	0. 554583	0. 577473	0. 47563	0. 470903	0. 483409	0. 715638
河北	0. 139497	0. 154447	0. 183254	0. 12794	0. 135241	0. 132706	0. 144853	0. 139213	0. 189378
山西	0. 160598	0. 158513	0. 150709	0. 053113	0. 064605	0. 06485	0. 067884	0. 063022	0. 119778
内蒙古	0. 466115	0. 181081	0. 109206	0. 039155	0. 033002	1. 688179	0. 046197	0. 04333	0. 05699
辽宁	0. 377449	0. 374862	0. 356632	0. 295447	0. 288431	0. 295941	0. 275736	0. 263803	0. 2995
吉林	0. 265401	0. 23041	0. 174592	0. 069495	0. 071996	0. 077816	0. 065523	0. 056153	0. 088151
黑龙江	0. 137044	0. 191295	0. 26581	0. 234732	0. 196479	0. 195139	0. 193961	0. 101595	0. 075746
上海	0. 519692	0. 571379	0. 700724	0. 729117	1. 007946	0. 722123	0. 761452	0. 748395	1. 098533
江苏	0. 363211	0. 406512	0. 423355	0. 401783	0. 432577	0. 446062	0. 47074	0. 498564	1. 106064
浙江	0. 400464	0. 386929	0. 4015	0. 389942	0. 413721	0. 43153	0. 448204	0. 459949	0. 771354
安徽	0. 155441	0. 165845	0. 186269	0. 151218	0. 212245	0. 202519	0. 20587	0. 205338	0. 311874
福建	0. 488714	0. 469066	0. 471815	0. 414457	0. 419916	0. 428749	0. 418712	0. 420987	0. 59246
江西	0. 250367	0. 165524	0. 145225	0. 165032	0. 262526	0. 254807	0. 251836	0. 272501	0. 458898
山东	0. 295916	0. 275137	0. 268279	0. 270294	0. 292913	0. 289005	0. 298386	0. 308034	1. 015103
河南	0. 082299	0. 09997	0. 099489	0. 056828	0. 115465	0. 129946	0. 131392	0. 139547	0. 23249
湖北	0. 083712	0. 100459	0. 119948	0. 125307	0. 126691	0. 128744	0. 13449	0. 146848	0. 277295

续　表

id	eff2001	eff2003	eff2005	eff2009	eff2012	eff2013	eff2014	eff2015	eff2016
湖南	0. 16896	0. 135221	0. 133326	0. 08151	0. 09551	0. 099225	0. 117643	0. 110336	0. 232907
广东	0. 656793	0. 785583	0. 880868	0. 680854	0. 675543	0. 662139	0. 64917	0. 66559	1. 220869
广西	0. 231547	0. 209763	0. 171484	0. 155678	0. 13526	0. 151429	0. 176405	0. 192062	0. 277078
海南	0. 912446	0. 596225	0. 536075	0. 262852	0. 240427	0. 235298	0. 242364	0. 201465	0. 240769
重庆	0. 173981	0. 157912	0. 127016	0. 10221	0. 298265	0. 353235	0. 368565	0. 357963	0. 558991
四川	0. 084955	0. 117516	0. 119961	0. 152574	0. 215209	0. 220717	0. 218999	0. 175452	1. 002125
贵州	0. 057227	0. 054244	0. 056344	0. 039102	0. 070953	0. 085329	0. 094632	0. 087997	1. 124354
云南	0. 136068	0. 132628	0. 129054	0. 105721	0. 10871	0. 142413	0. 151182	0. 134316	0. 142829
陕西	0. 12485	0. 128672	0. 13471	0. 07441	0. 077755	0. 078777	0. 095807	0. 102717	0. 183186
甘肃	0. 121018	0. 13801	0. 113156	0. 036536	0. 090357	0. 095055	0. 100919	0. 107907	0. 396109
青海	0. 655006	0. 297901	0. 191423	0. 077334	0. 186549	0. 114451	0. 162658	0. 231111	0. 281264
宁夏	0. 686531	0. 321735	0. 237971	0. 086387	0. 117979	0. 125161	0. 171766	0. 136202	0. 213023
新疆	0. 106634	0. 234603	0. 27944	0. 284322	0. 268818	0. 244992	0. 222415	0. 170284	0. 20849

6. 5. 2　对 2001 年的分析与结论

通过对数据的整理与计算得出 2001—2016 年各省、自治区、直辖市的 PE、ED、TF、CI、D 的数值，为了减少对大量数据进行分析的工作，我们将选取

2001 年、2005 年、2009 年、2012 年、2016 年作为对比数据进行分析，计算 PE、ED、TF、CI、D 的数值，得出下面的图 6 –1 至图 6 –4。

（1）全国的 PE、ED、与 TF 的耦合协调度地区分布与区域出口贸易依存度及碳排放效率存在对应关系，PE、ED 和 TF 较高的省（自治区、直辖市）的耦合协调度也相对较高，而 PE、ED 和 TF 较低的区域耦合度也相对要低。

（2）全国各省（自治区、直辖市）PE、ED 与 TF 的耦合协调程度分为两类，其中广东、上海[①]等 9 个省市的出口贸易依存度、碳排放效率与经济水平处于初级协调状态；河北、宁夏、安徽、山西、吉林[②]等 21 个省（自治区、直辖市）的出口贸易依存度、碳排放效率与经济水平处于勉强协调状态，其值均比较接近初级协调。

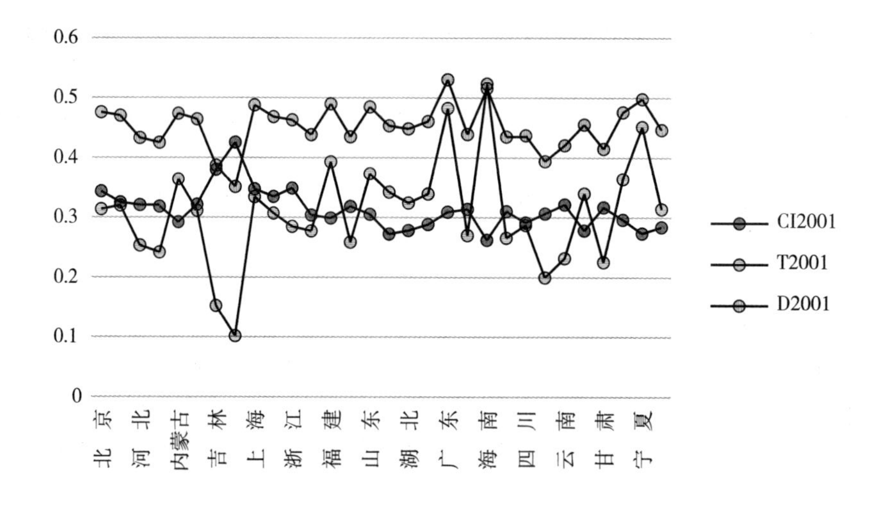

图 6 –1　2001 年各省（自治区、直辖市）出口贸易、效率与经济的耦合度分析

6.5.3　对 2005 年的分析与结论

2005 年全国各省（自治区、直辖市）PE、ED、与 TF 协调程度比较 2001 年

① 9 个省（市）分别是广东、上海、北京、天津、浙江、江苏、福建、山东、辽宁。

② 21 个省（区）分别是河北、宁夏、安徽、山西、吉林、云南、重庆、湖北、黑龙江、陕西、广西、新疆、江西、青海、四川、甘肃、湖南、贵州、河南、内蒙古、海南。

有所改进，但仍是分为两类，上海、广东、北京[①]等12个省（自治区、直辖市）出口贸易依存度、碳排放效率与经济水平处于初级协调状态，安徽、山西、湖北、陕西[②]等18个省（自治区、直辖市）的出口贸易依存度、碳排放效率与经济水平处于勉强协调状态。

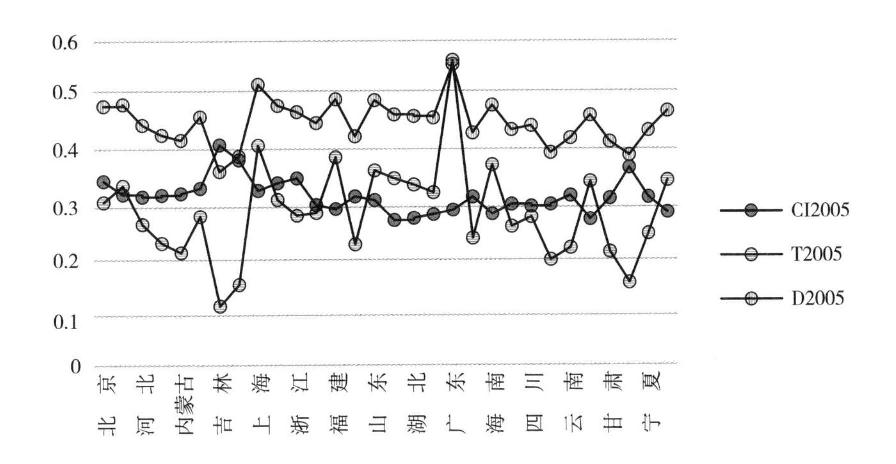

图6-2　2005年各省（自治区、直辖市）出口贸易、效率与经济的耦合度分析

6.5.4　对2009年的分析与结论

2009年全国各省（自治区、直辖市）PE、ED、与TF协调程度比较2005年有所退步，但耦合协调度区域分布不变，江苏、上海、广东[③]等11个省（自治区、直辖市）出口贸易依存度、碳排放效率与经济水平处于初级协调状态，四川、河北、安徽、湖北[④]等19个省（自治区、直辖市）的出口贸易依存度、碳排放效率与经济水平处于勉强协调状态。

---

① 12个省份分别是上海、广东、北京、江苏、天津、浙江、福建、山东、辽宁、新疆、黑龙江、河北。

② 18个省份分别是安徽、山西、湖北、陕西、四川、云南、重庆、甘肃、吉林、河南、宁夏、广西、贵州、青海、江西、湖南、内蒙古、海南。

③ 11个省份分别是江苏、上海、广东、北京、浙江、天津、福建、山东、新疆、辽宁、黑龙江。

④ 19个省份分别是四川、河北、安徽、湖北、云南、广西、重庆、江西、陕西、河南、山西、贵州、吉林、湖南、宁夏、甘肃、青海、内蒙古、海南。

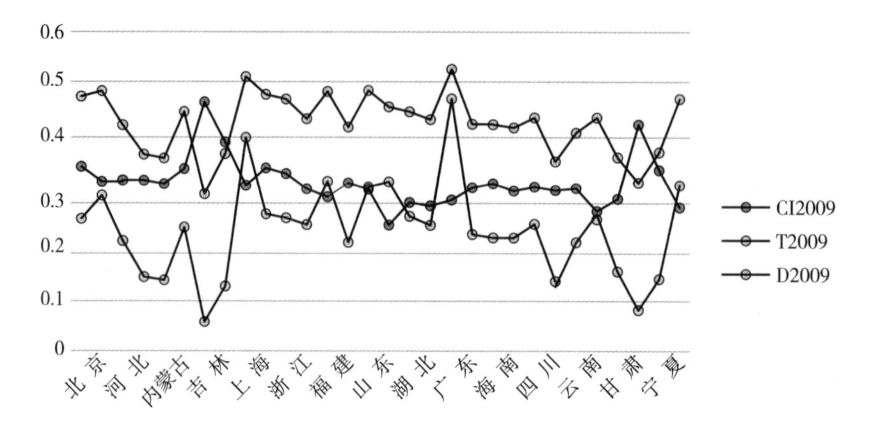

图 6-3　2009 年各省（自治区、直辖市）出口贸易、效率与经济的耦合度分析

6.5.5　对 2012 年的分析与结论

全国各省（自治区、直辖市）PE、ED、与 TF 协调程度比较 2009 年有所改进，但仍是分为两类，江苏、上海、广东①等 14 个省（自治区、直辖市）出口贸易依存度、碳排放效率与经济水平处于初级协调状态，黑龙江、湖北、江西②等 16 个省的出口贸易依存度、碳排放效率与经济水平处于勉强协调状态。

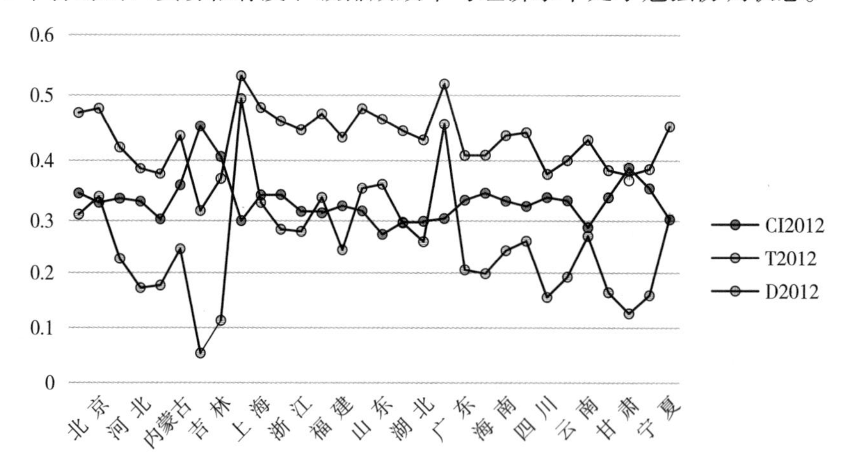

图 6-4　2012 年各省（自治区、直辖市）出口贸易、效率与经济的耦合度分析

① 14 个省（市、区）分别是江苏、上海、广东、北京、浙江、天津、福建、山东、重庆、四川、辽宁、安徽、新疆、河北。

② 16 个省份分别是黑龙江、湖北、江西、河南、云南、贵州、陕西、甘肃、广西、山西、湖南、吉林、宁夏、青海、内蒙古、海南。

6.5.6 对2016年的分析与结论

全国各省（自治区、直辖市）PE、ED、与TF协调程度比较2012年有所改进，但是却分为三类，北京、上海、广东①等13个省（自治区、直辖市）出口贸易依存度、碳排放效率与经济水平处于初级协调状态，天津、河北、江西②等13个省（自治区、直辖市）的出口贸易依存度、碳排放效率与经济水平处于中级协调状态，新疆、宁夏③等4个省（自治区）的出口贸易依存度、碳排放效率与经济水平处于良好协调状态。

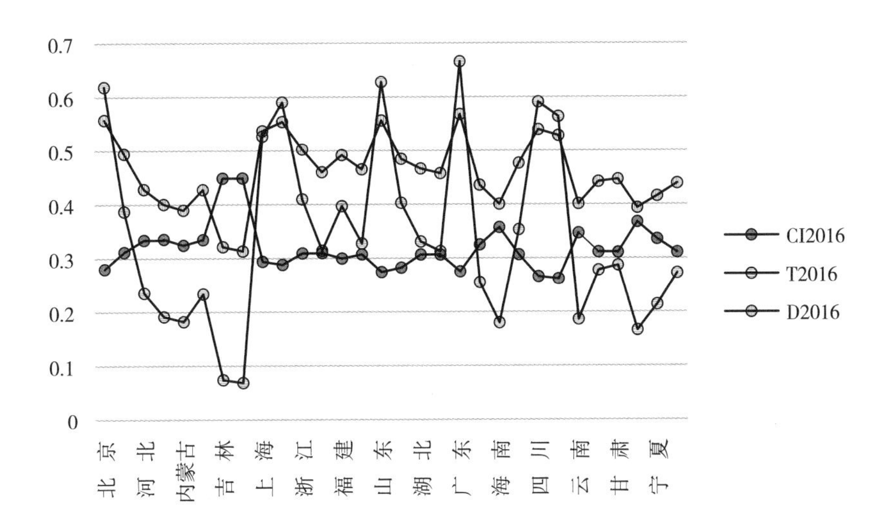

图6-5 2016年各省（自治区、直辖市）出口贸易、效率与经济的耦合度分析

对2001年、2005年、2009年、2012年的耦合协调度分别计算出平均值，以2012年为例，耦合协调度水平在平均值以上的依次为：江苏（0.694399）、上海（0.679564）、广东（0.669329）、北京（0.664383）、浙江（0.658678）、天津（0.650926）、福建（0.636811）、山东（0.635693）、重庆（0.62344）、四川

① 13个省（市、区）分别是北京、吉林、黑龙江、上海、浙江、福建、湖南、湖北、广东、广西、海南、四川、云南。

② 13个省（市、区）分别是天津、河北、江苏、河南、辽宁、贵州、陕西、甘肃、安徽、江西、山东、重庆、青海。

③ 4个省份分别是新疆、宁夏、内蒙古、山西。

(0.614134)、辽宁(0.611575)、安徽(0.611293)、新疆(0.610738)。

对于2016年的耦合协调度计算出平均值，根据2016年的数据可得30省的耦合协调度都在平均值以上，甚至还有4个省已经达到了良好协调的程度。

综合以上5份图表，得出全国各省(自治区、直辖市)5个典型年份的分类表(表6-4)。从下表我们可以看出，我国各地区的出口依存度、碳排放效率、经济水平之间的协调程度总体上水平逐渐提高，且全国主要的30个省(自治区、直辖市)的协调程度已经有个别省份达到良好协调水平，这与我国2012年之前的数据形成对比，说明我国的经济持续发展，而且不断注重各个经济指标的协调发展，注重经济综合指标—出口依存度—碳排放效率三者协调统一，这与我国经济快速发展但是需要调整对外贸易政策、提高碳排放效率的实际情况相一致。

表6-4　　30个省(自治区、直辖市)典型年份的耦合协调度分类

协调度D	2001年	2005年	2009年	2012年	2016年
0.40—0.49	0	0	0	0	0
0.50—0.59	21	18	19	16	0
0.60—0.69	9	12	11	14	13
0.70—0.79	0	0	0	0	13
0.80—0.89	0	0	0	0	4
0.90—1.00	0	0	0	0	0

6.6 结论

一个省(自治区、直辖市)出口贸易依存度、碳排放效率、经济水平协调度的高低并不代表绝对水平的高低，它只是揭示了三者之间和谐发展的程度，可以以此来显示出口贸易、碳排放效率与经济之间可持续发展的相对态势。本文在阐述出口贸易依存度、碳排放效率、经济水平协调发展作用机制的基础上，通过构建出口贸易依存度、碳排放效率、经济水平系统评价指标体系、耦合度模型以及协调度模型，以2001—2016年数据为依据进行分析，研究结果表明：（1）GDP的发展可以促进出口贸易的增长，出口贸易在促进中国经济发展中发挥着重要的作用。（2）我国的大多数区域的碳排放水平不高，且总体处于上升阶段，还存在很大的提升空间。自2008年经济危机后，我国政府采取了积极的应对措施，降低了我国对外贸易出口的依存度，通过对数据的观察可以看出，出口贸易的中心度的降低对碳排放效率的提高有积极的促进作用，同时通过观察图6－3，图6－4，图6－5，图6－6显示的经济指标相对稳定，这样使得出口贸易中心度的改善、碳排放效率的提高对三者的耦合协调度高低起到了关键性的作用。（3）我国作为发展中国家，经济的增长过多依赖于出口贸易的增加，而这种发展方式是以高能耗为代价的，高能耗所带来的二氧化碳排放量的增加给环境带来了巨大压力，这些都是我国现阶段亟待解决的问题。

我国出口贸易依存度、碳排放效率与经济水平之间协调度的改进与提高是一个长期、渐进的过程，并且需要由政府出面指导，政府在制定政策和采取措施时需要综合各种因素，制定并实施促进经济可持续发展的碳排放及对外贸易策略，持续稳步地改善三者之间的协调度。

（1）引进外资和先进技术，调整对外贸易结构。根据数据对各个省区市的碳排放效率进行测算，发现多数地区的碳排放效率在部分地区差异较大，随着进出口贸易的增加，碳排放效率呈现先提高后降低的趋势并且各省区市的进出口贸易与碳排放效率之间存在倒U型关系。因此进出口贸易能够促进碳排放效率的提高，所以我国不仅不应限制进出口的贸易，还应在碳排放比较低的不发达地区实施更多的进出口贸易优惠政策，积极引进外资，带动其经济发展，合理利用能源和资源，提升碳排放效率。

（2）提高出口贸易的中心度，改善经济增长方式。根据前文的数据看出，我国的经济增长过多地依赖出口的增加，自2008年经济危机后，我国鼓励以内需拉动经济增长，减少对出口的依赖，从而减少由于产品出口带来的碳排放量的增加，有利于更好地促进我国节能减排工作的开展和经济的可持续发展。

（3）加强贸易开放，引进节能技术，促进经济增长。产业内贸易尤其是技术密集型产品的产业内贸易有利于提高碳排放效率。

（4）积极完善对外贸易体系，大力发展高新技术，拓展交易空间。随着经济贸易全球化的发展，中国出口市场结构多元化，要发挥全产业链工业优势，有所为有所不为，支持多边贸易体系，促进出口贸易、环境保护与经济发展的协调，实现贸易转型发展。

根据以上的研究为了提高碳排放效率，要提高各省贸易的中心度、协调耦合度，应积极加入“一带一路”的发展战略，我国对“一带一路”重点地区的总体经济测算结果表明：在我国“一带一路”区域中总体经济碳排放有效的地区主要分布在沿海地区，碳排放总体无效的地区主要分布在东北和西北地区，同时可以根据各地区各产业的碳排放效率提出改进碳排放效率的政策来促进“一带一路”区域的低碳发展。倡导合作共赢，扩大开放，近期中美贸易摩擦的出现，不仅在政治上有所牵引，对我国的经济更是有很大的影响，关税的提高，对外贸易的受阻，使中国的经济受到损害，应建立良好的沟通协调机制，扩大两国之间的贸易往来，大力促进国内产业升级调整，加强自主创新，增加贸易的核心竞争力，促进碳排放效率的提高，实现绿色发展、低碳发展、协调发展。

6.7 附录：2001—2016年度的协调度趋势图

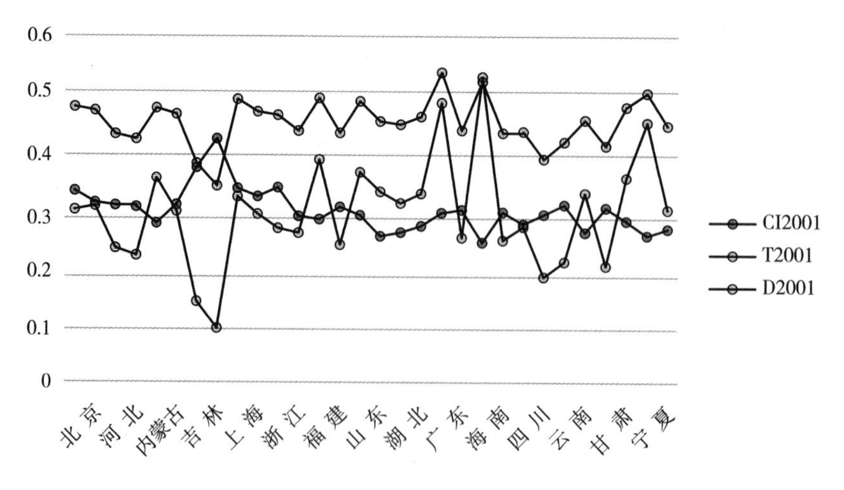

图6-6 2001年各省的协调度

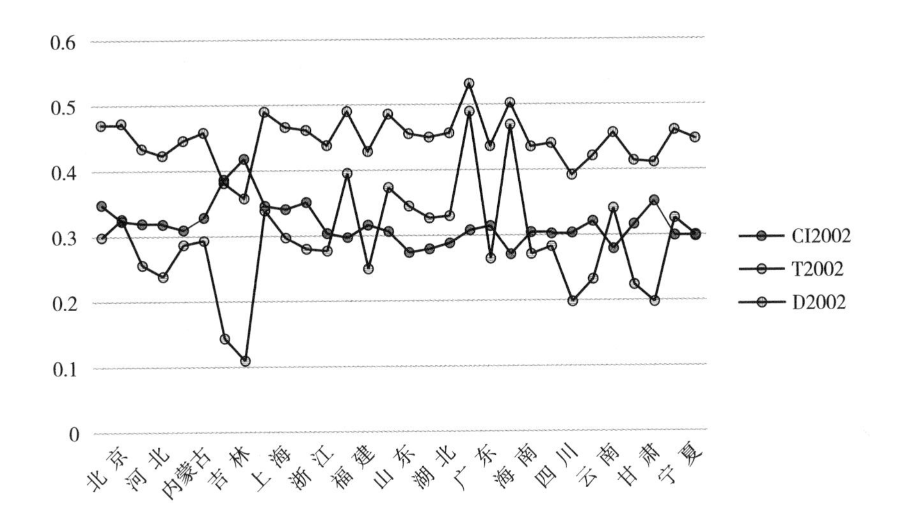

图 6－7　2002 年各省的协调度

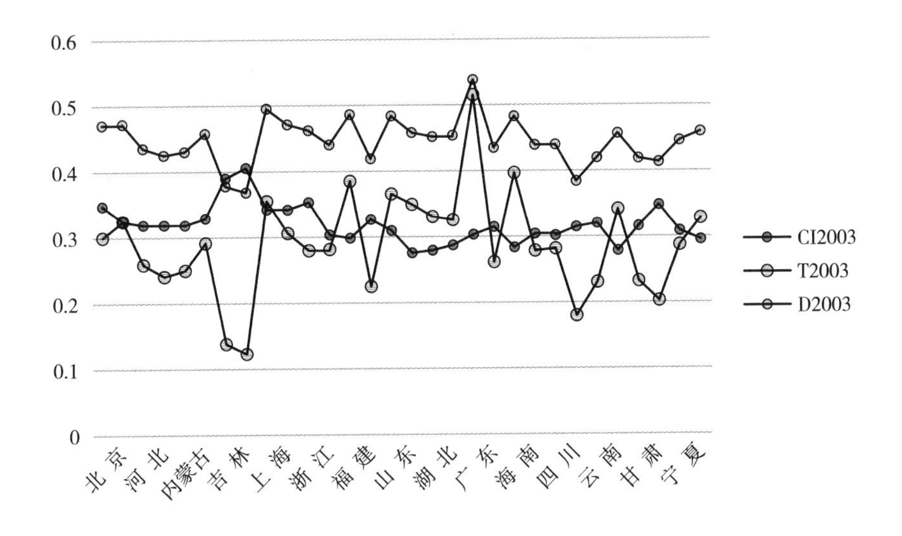

图 6－8　2003 年各省的协调度

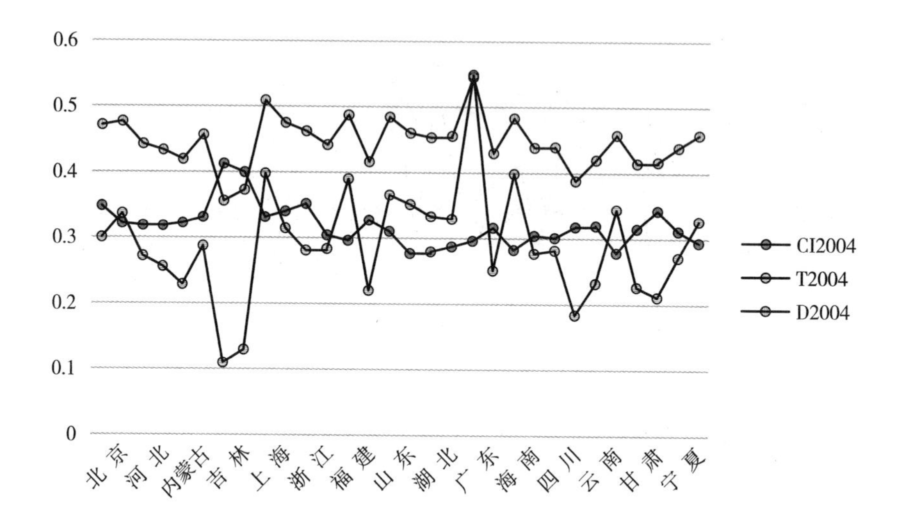

图 6－9　2004 年各省的协调度

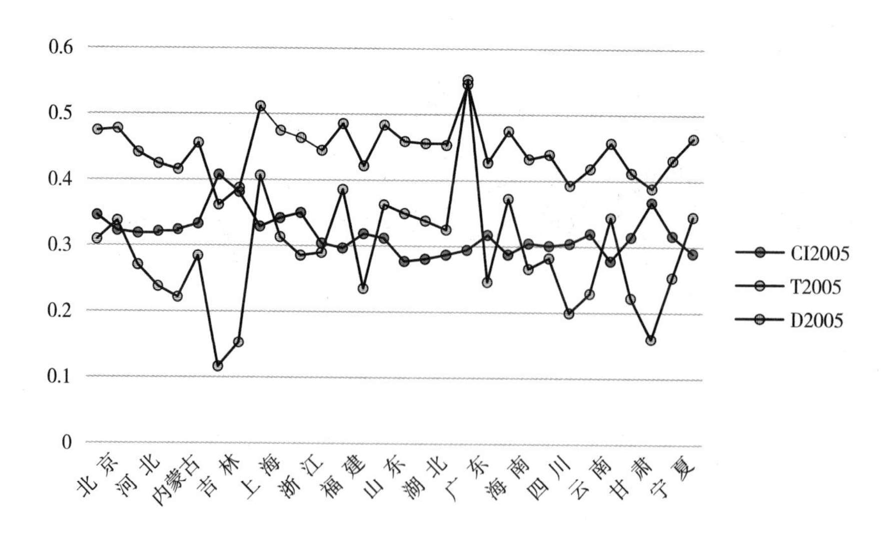

图 6－10　2005 年各省的协调度

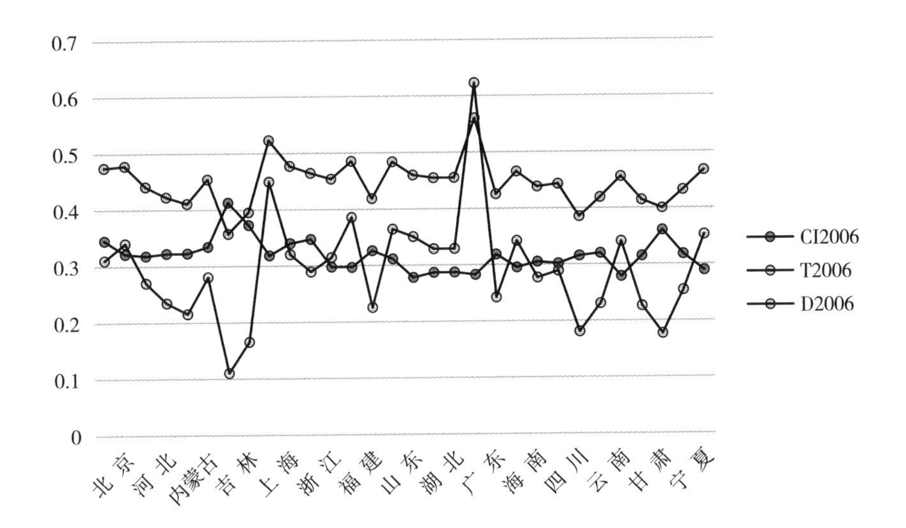

图 6－11　2006 年各省的协调度

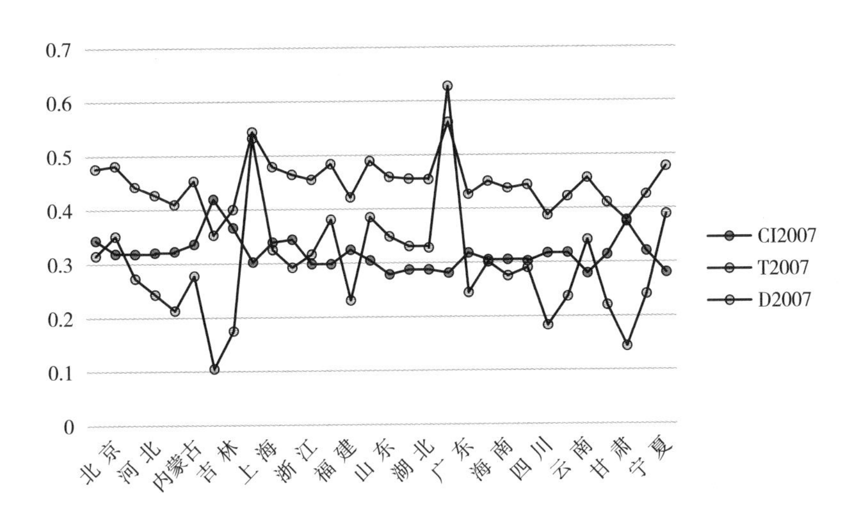

图 6－12　2007 年各省的协调度

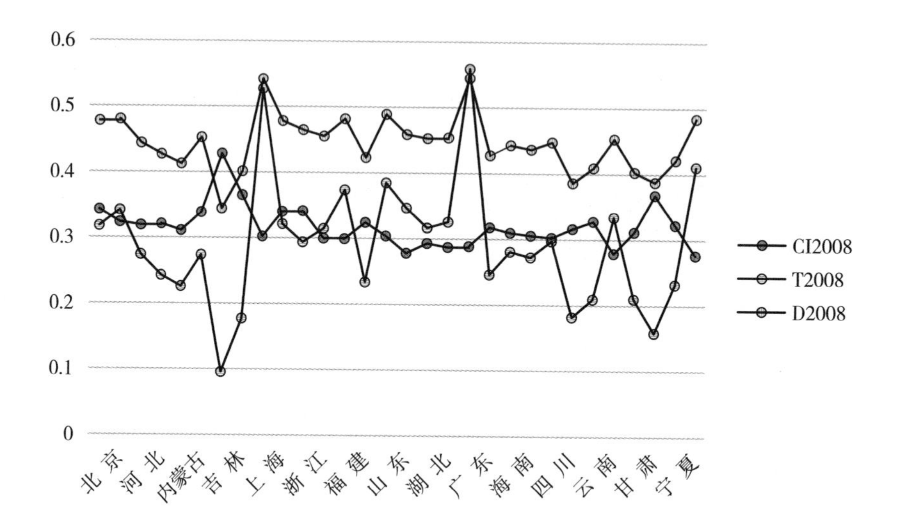

图 6－13　2008 年各省的协调度

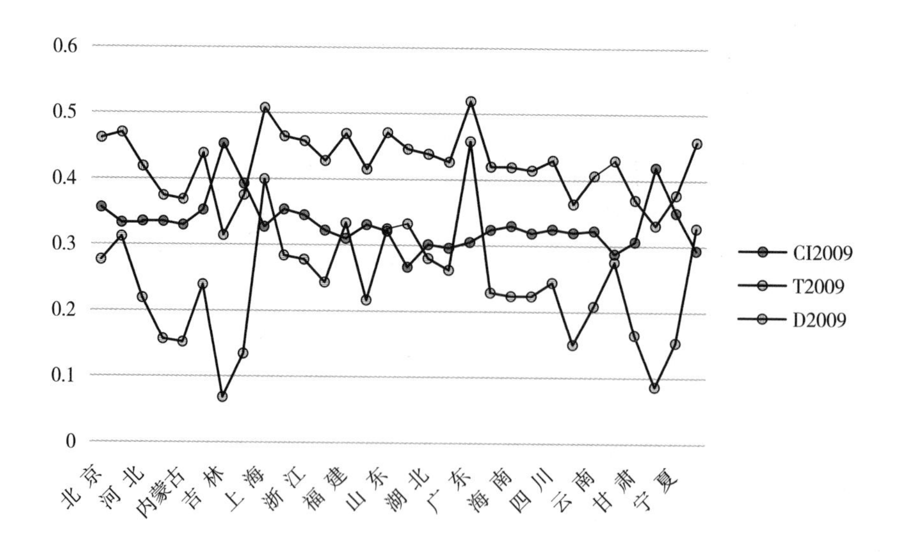

图 6－14　2009 年各省的协调度

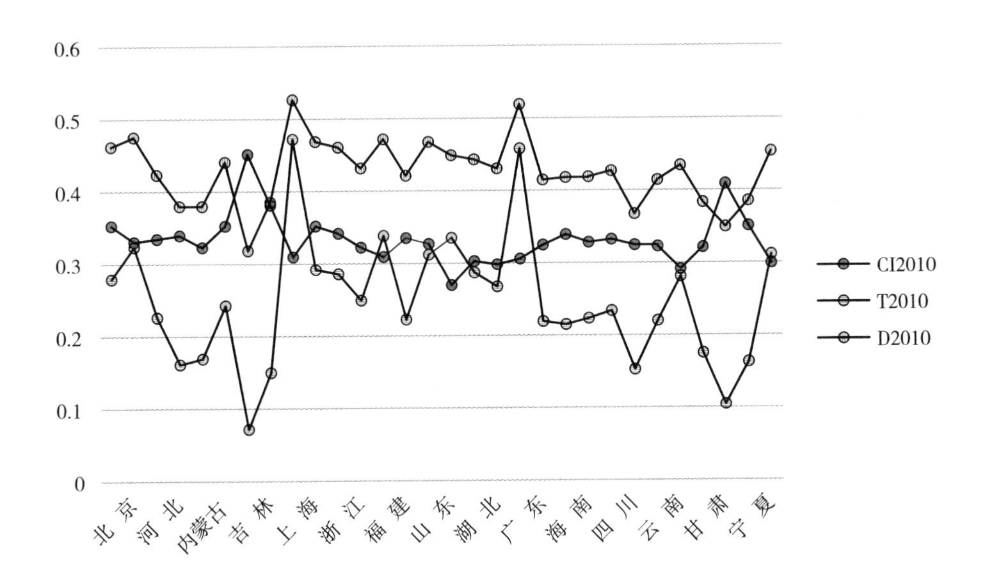

图 6-15　2010 年各省的协调度

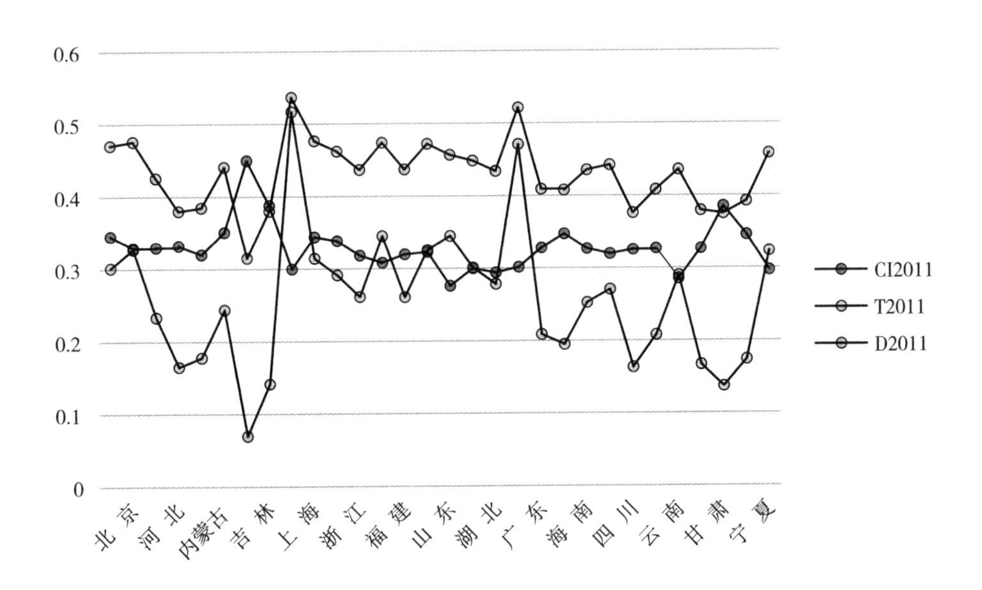

图 6-16　2011 年各省的协调度

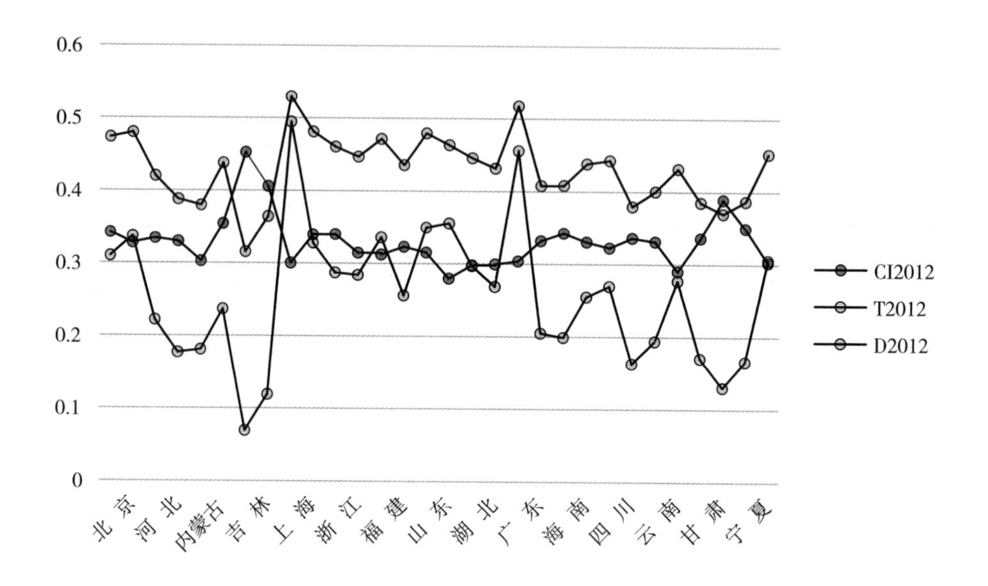

图 6－17　2012 年各省的协调度

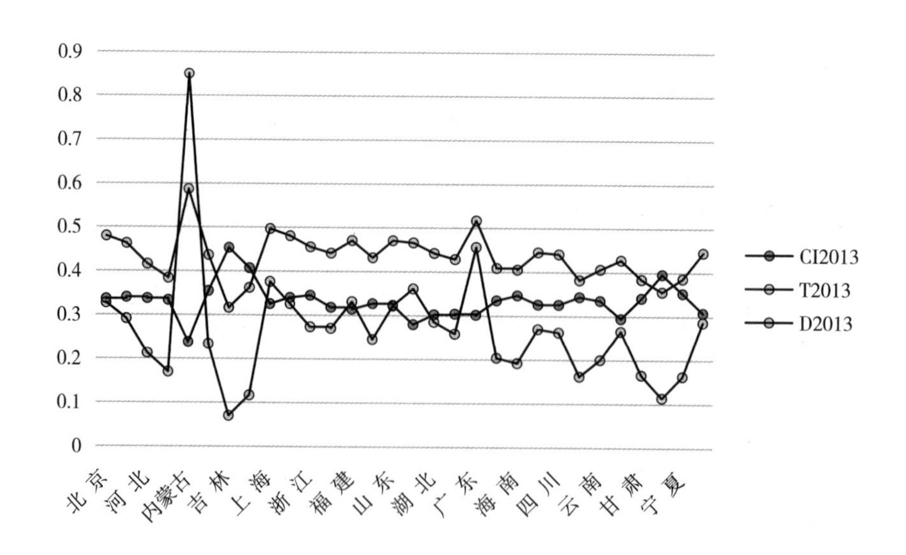

图 6－18　2013 年各省的协调度

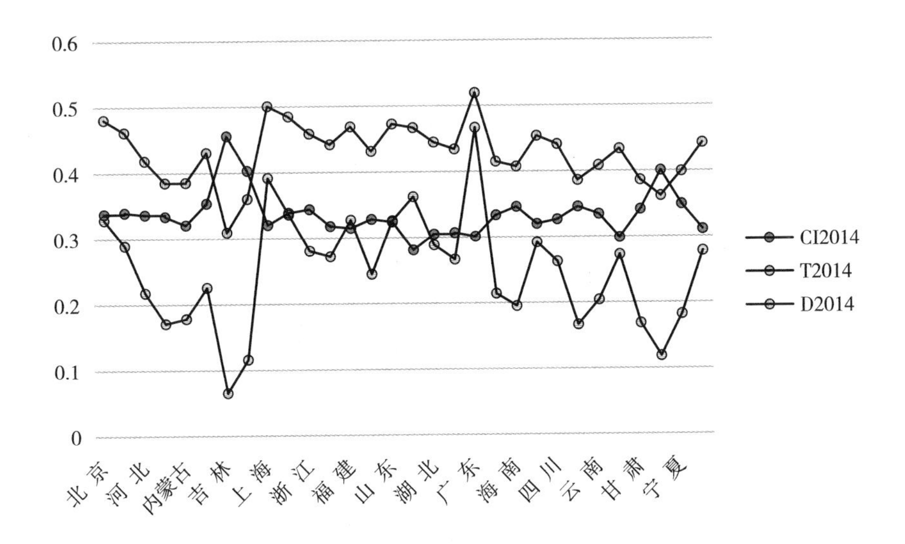

图 6－19　2014 年各省的协调度

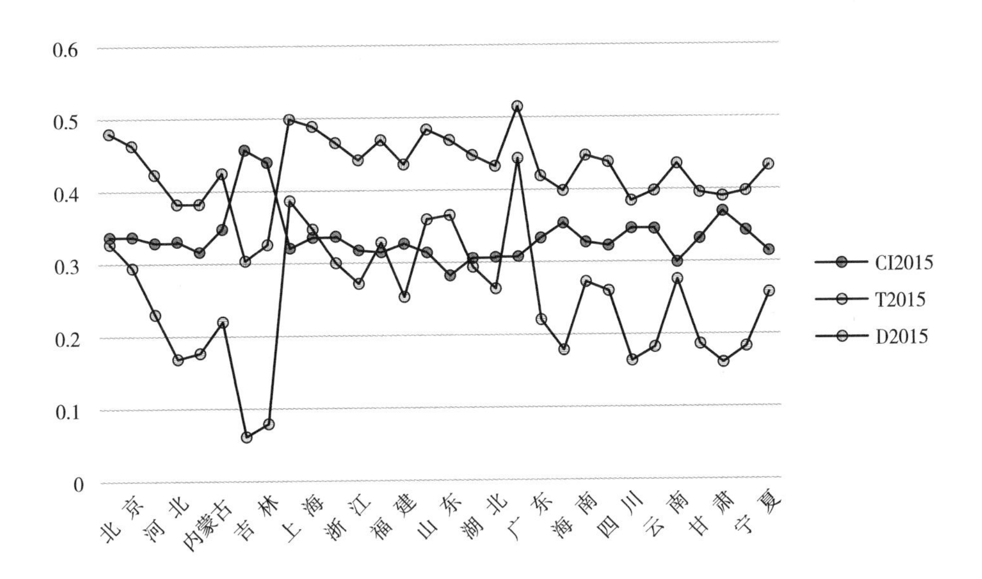

图 6－20　2015 年各省的协调度

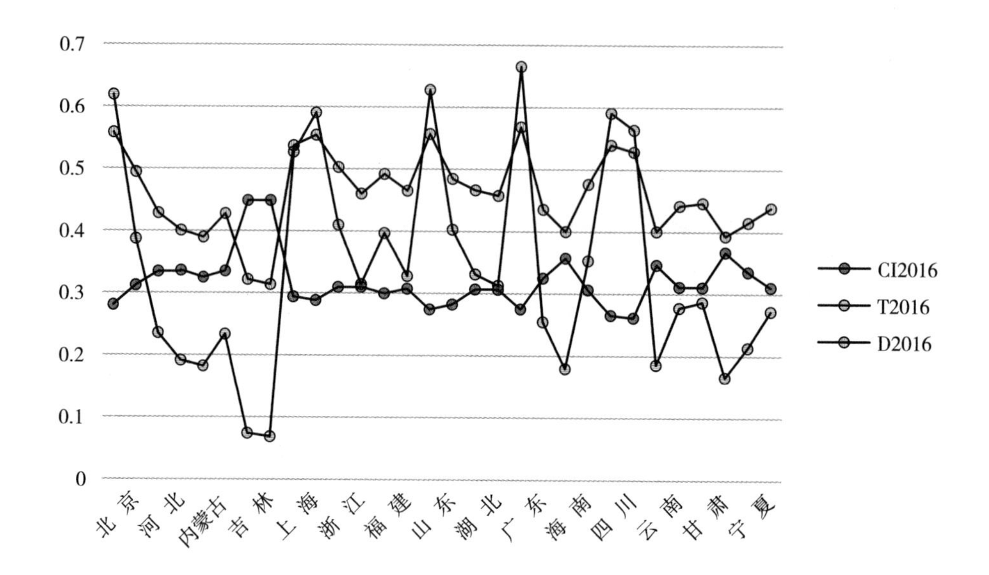

图6－21　2016年各省的协调度

第七章　结论与展望

中国对外贸易中的碳排放关系到减排目标的完成。因为中国经济与对外贸易稳定增长的同时，碳排放引发的温室效应也备受世界关注，中国不仅碳排放总量位居世界第一，而且在利用效率方面并不乐观，单位 GDP 的碳排放量远高于其他国家，人均碳排放量超过世界平均水平的 40%，面临着绝对数量和相对数量都急需减少碳排放的巨大压力，然而经济还将在较长时期内依赖出口贸易的稳定发展，要实现"碳排放总量得到有效控制，单位 GDP 碳排放降低 18%"的目标，必然要提高出口贸易的碳排放效率，转变贸易发展方式，计算并研究出口贸易的隐含碳排放效率是一项基础性工作。

7.1　结论

7.1.1　中国出口贸易与世界各国紧密关联

研究中国对外贸易的空间关联。中国经济总量第二、贸易额世界第一，作为最大的发展中国家，中国与世界各国之间国际贸易紧密关联。从贸易视角来综合分析各国贸易关联度与资源配置优化水平，以 G20 国家为例，运用修正后的引力模型来分析国家贸易之间的网络关系，并采用社会网络分析方法对进、出口贸易的空间关联网络结构和网络效应进行考察，结果表明 G20 国家出口贸易已形成稳定的空间关联效应；出口贸易结构分为"双向溢出"等四个功能板块；中心度对出口贸易和经济发展有影响，接近中心度对于出口和进口贸易有正向作用；点度中心度对于进口贸易的作用是显著的、对于出口的作用不显著；中介中心度正好相反，所以中国在贸易网络中要结合自身特点进一步提高核心度，加强贸易合作和政策协调，维持贸易网络密度和效率稳定，解决贸易摩擦与争端，融入全球经济一体化。

7.1.2 出口贸易的碳排放效率的测度与分析

绿色发展、低碳发展的关键在于产业结构转型、技术进步和效率改进。一是运用 Malmquist 指数全局 DEA 综合模型，计算 2000 年至 2016 年中国省域出口贸易隐含碳排放效率，综合比较全局参比与相邻参比、固定参比、序列参比、窗口参比等不同模型的计算结果，选择建立包含非期望产出、超效率的全局参比和规模报酬不变假设的模型，简记为 SE - U - Global - V - SBM - MI。二是分析 2000—2016 年的出口贸易碳排放效率趋势，结果表明省域出口贸易碳排放率平均增长 2%，技术进步是主要推动者；中国省域出口贸易碳排放效率空间分布不均衡，两极分化相对严重，东部出口贸易碳排放效率高于中西部。三是分析技术缺口比率，认为技术进步是影响技术缺口比率的主要因素，并进一步计算东部、西部区域与全国潜在水平下的出口贸易碳排放效率和技术缺口比率的差异，东、中部区域的技术缺口比率标准差均小于西部地区，结果较为稳定，西部区域最大，浮动幅度较大。因此，中国要大力倡导碳排放减排领域的技术创新，促进出口贸易产业结构升级，不断淘汰高能耗高污染的出口贸易企业，积极倡导与激励企业在出口产品中运用新技术，进一步发挥技术进步对碳排放效率的改进作用等政策性建议。

7.1.3 碳排放效率、出口贸易及其比较优势

研究碳排放效率、出口贸易与比较优势。首先，采用空间计量模型，研究影响碳排放效率变化的因素及作用，分析出口贸易对碳排放效率的空间溢出效应。Moran’I 指数分析表明效率呈现显著的空间依赖性和空间异质性。采用空间杜宾模型，分析出口贸易对碳排放效率的空间溢出效应。结果表明，碳排放效率随

着出口贸易的增加而呈现出倒 U 型曲线特征；出口贸易对可变规模报酬下的省际碳排放效率存在正的空间溢出效应，工业化等因素对碳排放效率表现出负向作用，技术创新对于碳排放效率没有改进作用。其次，分析碳排放规制对贸易比较优势的影响建立计量模型，应用中国省际 2000—2016 年的面板数据，实证分析碳排放规制对贸易比较优势的影响。结果表明，是否考虑贸易比较优势的内生性特点，决定着碳排放规制的影响是否呈现倒 U 型曲线特征，物质资本的影响呈现先升后降的趋势，人力资本没有显著的作用，技术创新对贸易比较优势有负向作用，碳规制对贸易比较优势的影响在不同省际呈现时、空差异特征，进一步用不同的碳规制指标进行稳健性检验，认为碳排放规制对贸易比较优势的影响存在着时空的差异。因此要在国家层面上保持贸易和碳减排政策相对独立性，积极参与碳排放市场的分配，尤其是在国际上的五年一次碳排放全球盘点机制和具体设计中争取话语权、提供中国方案，在减排中保持贸易比较优势。

7.1.4　出口贸易、效率和经济的协调发展

构建出口贸易的中心度、碳排放效率与经济水平的指标体系，并引入耦合协调度数学模型，以出口贸易的中心度作为出口贸易的衡量标准，引用前述研究的出口贸易隐含碳排放效率，应用熵值法计算不同省域经济水平，最后计算三者之间的耦合协调程度，对中国主要的 30 个省（自治区、直辖市）2001—2016 年出口依存度、碳排放效率与经济水平三者之间的耦合协调度趋势变化进行了实证分析，这将会为我国的对外贸易政策及产业结构格局的调整提供理论支撑。

7.2　展望

由于研究水平与数据等方面的诸多限制，围绕中国对外贸易隐含的碳排放研究存在许多待完善与提升的地方，需要进一步加强对于理论机制的探讨，未来可能的研究将主要从以下方面进一步展开：

7.2.1 理论分析和机制梳理

在出口贸易隐含碳排放的研究中，涉及经济增长理论、国际贸易理论与资源环境经济理论等，跨学科研究需要构建研究的理论基础，同时既要考虑国际经济形势和关税政策变化的影响，又要考虑到国内产业结构的变化以及进出口贸易对环境的影响，涉及政治、经济和环境等多个方面的因素，怎样的内在机制，需要进一步研究和梳理。

7.2.2 效率测度模型与方法的改进

本次选用的测量模型为非参数的数据包络分析模型，其优点是不需要确认函数形式，在研究中可以受到较少的约束，易于处理多投入—多产出的情况；可以考虑到非期望产出，对样本数量要求较低，易于本次研究的展开。然而，DEA模型无法检验结果的显著性，无法考虑随机误差，对效率值的估计偏低，离散程度较大，计算结果存在一定的不准确性。基于此情况，在未来的进一步研究过程中，将结合参数方法，建立适合研究问题的函数形式，通过参数形式来计算效率，可以补充论证非参数模型的多投入—多产出情况，进行对照比较，确保结果的科学性与客观性。

7.2.3 研究内容的拓展

首先，从横向方面来说，目前的研究对象主要以国内省域为主，没有与国际上的类似经济发展水平的区域作对比，需要引入国际上类似的区域进行对照分析；研究集中于对外出口贸易额与碳排放的关系，缺少对于其他相关的影响因素分析及其与碳排放的关系研究，有待于进一步深入做定性、定量分析，更加接近客观实际规律地分析与研究。

其次，从纵向方面来说，研究本身可以更为深入地探讨出口贸易额与碳排放的关系，从时间、空间上动态地深入研究出口贸易额与碳排放的关系，跟踪国际前沿，作国内外对照，在纵向上进一步深入研究。

参考文献

Jieyu Wang, Shaojian Wang, Shijie Li, Qiaoxian Cai, Shuang Gao, 1 May 2019, "Evaluating the energy – environment efficiency and its determinants in Guangdong using a slack – based measure with environmental undesirable outputs and panel data model", *Science of The Total Environment*, Volume 663, pp. 878 – 888.

Yuning Gao, Meichen Zhang, 8 December 2018, "The measure of technical efficiency of China's provinces with carbon emission factor and the analysis of the influence of structural variables", *Structural Change and Economic Dynamics*.

Abdullahi Iliyasu, Zainal Abidin Mohamed, May 2016, "Evaluating contextual factors affecting the technical efficiency of freshwater pond culture systems in Peninsular Malaysia: A two – stage DEA approach", *Aquaculture Reports*, Volume 3, pp. 12 – 17.

Mingquan Li, Qi Wang, December 2017, "Will technology advances alleviate climate change? Dual effects of technology change on aggregate carbon dioxide emissions", *Energy for Sustainable Development*, Volume 41, pp. 61 – 68.

Rui Wang, 1 November 2018, "Energy efficiency in China's industry sectors: A non – parametric production frontier approach analysis", *Journal of Cleaner Production*, Volume 200, pp. 880 – 889.

Diogo Trindade, Ana Paula Barroso, Virgínia Helena Machado, 2015, "Project Management Efficiency of a Portuguese Electricity Distribution Utility Using Data Envelopment Analysis", *Procedia Computer Science*, Volume 64, pp. 674 – 682.

Weixin Yang, Lingguang Li, 1 April 2018, "Efficiency evaluation of industrial waste gas control in China: A study based on data envelopment analysis (DEA) model", *Journal of Cleaner Production*, Volume 179, pp. 1 – 11.

George Halkos, Kleoniki Natalia Petrou, 20 January 2019, "Assessing 28 EU member states' environmental efficiency in national waste generation with DEA", *Journal of Cleaner Production*, Volume 208, pp. 509 – 521.

Zhiyong Li, Jonathan Crook, Galina Andreeva, 1 September 2017, "Dynamic prediction of financial distress using Malmquist DEA", *Expert Systems with Applications*, Volume 80, pp. 94 – 106.

Caizhi Sun, Song Wang, Wei Zou, Zeyu Wang, April 2017, "Estimating the efficiency of complex marine systems in China's coastal regions using a network Data Envelope Analysis model", *Ocean & Coastal Management*, Volume 139, pp. 77 – 91.

Tim, B., Helen, V. M., 2008, "The politics of Foreign Direct Investment into Developing Countries: Increasing FDI through International Trade Agreements?", *American Journal of Political Science*, 52 (4), pp. 741 – 762.

Scott L., B. Jeffrey, H. Bergstrand, 2007, "Do free trade agreements actually increase members´international trade?", *Journal of International Economics*, 71 (1), pp. 72 – 95.

Mounir Belloumi, 2014, "The relationship between trade, FDI and economic growth in Tunisia: An application of the autoregressive distributed lag model", *Economic System*3, 8 (2), pp. 269 – 287.

Kali, R., Reyes, J., 2010, "Financial contagion on the international trade network", *Economic Inquiry*, 48 (4), pp. 1072—1101.

Lesage, D., 2014, "The Current G20 Taxation Agenda: Compliance, Accountability and Legitimacy", *International Organisations Research Journal*, 9 (44), pp. 814 – 835.

Choi, Yongrok, AU – Oh, Dong – hyun, AU – Zhang, NingPY. *Empirical Economics*, November 2015, Volume 49, Issue 3, pp. 1017 – 1043.

2017, "Bank efficiency in Malaysia: a use of malmquist meta – frontier analysis", *Eurasian Business Review*, Volume 7, Issue 2, pp. 287 – 311.

Tone, 2002, "A Slacks – Based Measure of Super – Efficiency in Data Envelopment Analysis. ", "European Journal of Operation Research. ", 143 (3), pp. 32 – 41.

Tone, and Tsutsui, 2010, " Dynamic DEA: A slacks – Based Measure Approach. " *Omega*, 38 (3 – 4), pp. 145 – 156.

Andrew W. Wyckoff, Roop, J. M, 1994, "The embodiment of carbon in imports of manufactured products: Implications for international agreements on greenhouse gas emissions", *Energy Policy*, 22, pp. 187 – 194.

Shui, B. & Harriss, R. C. , 2006, "The role of CO_2 embodiment in US – China trade", *Energy Policy*, 34, pp. 4063 – 4068.

Li, Y. , Hewitt, C. N. , 2008, "The effect of trade between China and the UK on national and global carbon dioxide emissions ", *Energy Policy*, 36, pp. 1907—1914.

Liu, X. , Ishikawa, M. , Wang, C. , YanliDong, WenlingLiu, 2010, "Analyses of CO_2 emissions embodied in Japan – China trade", *Energy Policy* , 38, pp. 1510—1518.

Xiao – Dan Guo, Lei Zhu, Ying Fan, Bai – Chen Xie, 2011, "Evaluation of potential reductions in carbon emissions in Chinese provinces based on environmental DEAOriginal Research Article ", *Energy Policy*, Volume 39, Issue 5, pp. 2352—2360.

Yiwen Bian, Ping He, Hao Xu, 2013," Estimation of potential energy saving and carbon dioxide emission reduction in China based on an extended non – radial DEA approachOriginal Research Article", *Energy Policy*, Volume 63, pp. 962 – 971.

Chung, Y. H. , F (a) re, R. , Grosskopf, S. , 1997, "Productivity and undesirable outputs: A directional distance function approach", *Journal of Environmental Management*, 3, pp. 229 – 240.

Charnel, A. , Cooper, W. W. , 1962, " Programming with linear fractional functional", *Naval Research Logistics Quarterly*, 9, pp. 181 –186.

Pastor, J. T. and C. A. K. Lovell, 2005, "A global Malmquist productivity index", *Econ. Lett*88, pp. 266 –271.

Kaoru Tone, 2001, "A slacks – based measure of efficiency in data envelopment analysis", *European Journal of Operational Research*, 130 (3), pp. 498 –509.

Kaoru Tone, Biresh K. Sahoo, 2003, "Scale, indivisibilities and production function in data envelopment analysis", *International Journal of Production Economics*, 84 (2), pp. 165 –192.

Rolf Färe, Shawna Grosskopf, 2010, "Directional distance functions and slacks – based measures of efficiency", *European Journal of Operational Research*, 200 (1), pp. 320 –322.

Hirofumi Fukuyama, William L. Weber, December 2009, "A directional slacks – based measure of technical inefficiency", *Socio – Economic Planning Sciences*, Volume 43, Issue 4, Pages 274 –287.

Henderson, D. J. & R. R. Russell, 2005, "Human Capital and Convergence: A Production – Frontier Approach", *International Economic Review*, 1167 –1205.

Tulkens. H. &P. V. Eeckaut, 1995, "Non – Parametric Efficiency, Progress and Regress Measures for Panel Data: Methodological Aspects", *European Journal of Operational Research*, 80 (3), pp. 474 –499.

LeSage, J. & R. K. Pace, 2009, *Introduction to Spatial Econometrics*, Chapman & Hall: CRC, 374.

Elhorst, J. P. & S. Freret, 2009, "Evidence of politial yardstick competition in France using a two – regime spatial Durbin model with fixed effects", *Joural of Regional Science*, 49, pp. 931 –951.

Elhorst, J. P., 2010, "Applied spatial econometrics: Raising the bar", *Spatial Economic Analysis*, 5, pp. 9 –28.

Robison, H. D., 1988, "Industrial Pollution Abatement: The Impact on Balance of Trade", *Canadian Journal of Economics/revue Canadienne D' economique*, 21

(21), pp. 187 – 199.

Ederington, J., Levinson, A., Minier, J., Footloose and Pollution – Free, 2005, *Review of Economics & Statistics*, 87 (1), pp. 92 – 99.

Cole, M. A., Elliott, R. J. R., 2003, "Do Environmental Regulations Influence Trade Patterns? Testing Old and New Trade Theories", *World Economy*, 26 (8), pp. 1163 – 1186.

Jaffe, A. B., Peterson, S. R., Portney, P. R., 1995, "Environmental Regulation and Competitiveness of U. S. Manufacturing", *Journal of Economic Literature*, 33 (33), pp. 132 – 163.

Porter, M. E., Linde, C. V. D., 1995, "Toward a New Concept of the Environment – Competitive Relationship", *Journal of Economic Perspectives*, 9 (4), pp. 97 – 118.

Matthew A. Cole *, Robert, J., R. Elliott, Kenichi Shimamoto, 2005, "Why the grass is not always greener: the competing effects of environmental regulations and factor intensities on US specialization", *Ecological Economics*, 54, pp. 95 – 109.

Balassa, B, 1986, "Comparative advantage in manufactured goods: a reappraisal", *Review of Economics and Statistics*, 68, pp. 315 – 319.

Valerie Ming Worth, 1998, *The Penguin Dictionary of Physics*, Beijing: Foreign Language Press.

王文举、向其凤:《国际贸易中的隐含碳排放核算及责任分配》,《中国工业经济》2011 年第 10 期。

李琳、曾巍:《地理邻近、认知邻近对省际边界区域经济协同发展影响机制研究》《华东经济管理》,2016 年第 5 期。

魏浩、王宸:《中国对外贸易空间集聚效应及其影响分析》,《数量经济技术经济研究》2011 年第 11 期。

刘亦文、胡宗义:《中国碳排放效率区域差异性研究——基于三段 DEA 模型及超效率 DEA 模型分析》,《山西财经大学学报》2015 年第 4 期。

罗良文、李珊珊:《FDI、国际贸易的技术效应与我国省际碳排放效率》,

《国际贸易问题》2013 年第 8 期。

沈能、王群伟:《中国能源效率的空间模式与差异化节能路径——基于 DEA 三阶段模型的分析》,《系统科学与数学》2013 年第 4 期。

魏楚、沈满洪:《能源效率及其影响因素:基于 DEA 的实证分析》,《管理世界》2007 年第 8 期。

谭峥嵘:《中国省级区域碳排放效率及影响因素研究——基于 Malmquist 指数》,《环保科技》2012 年第 2 期。

吴贤荣、张俊飚、田云、李鹏:《中国省域农业碳排放:测算、效率变动及影响因素研究——基于 DEA - Malmquist 指数分解方法与 Tobit 模型运用》,《资源科学》2014 年第 4 期。

袁鹏:《基于物质平衡原则的工业碳排放效率评估》,《管理学报》2015 年第 4 期。

戴育琴、冯中朝:《中国农产品出口贸易隐含碳排放绩效评价——基于中国省级面板数据的实证分析》,《江汉论坛》2017 年第 3 期。

郭炳南、卜亚:《人力资本、产业结构与中国碳排放效率——基于 SBM 与 Tobit 模型的实证研究》,《当代经济管理》2018 年第 6 期。

谢波、李松月:《贸易开放、技术创新对我国西部制造业碳排放绩效影响研究》,《科技管理研究》2018 年第 9 期。

李锴、齐绍洲:《贸易开放、自选择与中国区域碳排放绩效差距——基于倾向得分匹配模型的“反事实”分析》,《财贸研究》2018 年第 1 期。

李国志、王群伟:《中国出口贸易结构对二氧化碳排放的动态影响——基于变参数模型的实证分析》,《国际贸易问题》2011 年第 1 期。

李卓霖:《我国区域碳排放效率测度及影响因素分析》,硕士学位论文,中国矿业大学,2014 年。

赵凯:《我国区域工业劳动生产率及其差距与碳排放强度的关系研究——基于 VAR 模型的动态分析》,硕士学位论文,暨南大学,2013 年。

李国志:《基于技术进步的中国低碳经济研究》,博士学位论文,南京航空航天大学,2011 年。

郭旭：《基于 DEA 方法的上海市行业碳排放环境效率分析》，硕士学位论文，合肥工业大学，2014 年。

谌伟、诸大建：《中国二氧化碳排放效率低么？——基于福利视角的国际比较》，《经济与管理研究》2011 年第 1 期。

李国志、王群伟：《中国出口贸易结构对二氧化碳排放的动态影响——基于变参数模型的实证分析》，《国际贸易问题》2011 年第 1 期。

刘广为、赵涛：《中国碳排放强度影响因素动态效应分析》，《资源科学》2012 年第 10 期。

陈光春、蒋玉莲、马小龙等：《广西出口贸易与碳排放关系实证研究》，《广西社会科学》2014 年第 1 期。

许广月、宋德勇：《我国出口贸易、经济增长与碳排放关系的实证研究》，《国际贸易问题》2010 年第 1 期。

王斌：《我国出口贸易、经济增长与碳排放的协整与因果关系——基于 1978—2012 年数据的实证分析》，《经济研究参考》2014 年第 4 期。

刘光溪：《贸易结构的表层转变与贸易增长的“粗放性”》，《国际贸易组织动态与研究》2006 年第 8 期。

王丽萍：《中欧经贸关系发展中的制约因素及对策研究》，《东南亚研究》2002 年第 3 期。

朱杰进：《国际机制间合作与 G20 机制转型——以反避税治理为例》，《国际展望》2015 年第 5 期。

黄超：《新型全球发展伙伴关系构建与 G20 机制作用》，《社会主义研究》2015 年第 3 期。

姚永玲、李恬：《二十国集团贸易网络关系及其结构变化》，《国际经贸探索》2014 年第 11 期。

徐凡：《G20 机制化建设与中国的战略选择——小集团视域下的国际经济合作探析》，《东北亚论坛》2014 年第 6 期。

曹广伟：《一种新的国际经济协调机制的建构——简评 G20 机制在应对全球经济危机中的作用》，《东南亚纵横》2010 年第 5 期。

赵瑾：《G20：新机制、新议题与中国的主张和行动》，《国际经济评论》2010 年第 5 期。

崔志楠、邢悦：《从“G7 时代”到“G20 时代”——国际金融治理机制的变迁》，《世界经济与政治》2011 年第 1 期。

陈建奇、张原：《G20 主要经济体宏观经济政策溢出效应研究》，《世界经济研究》2013 年第 8 期。

张海冰：《试析 G20 在联合国 2015 年后发展议程中的角色》，《现代国际关系》2014 年第 7 期。

赵进东：《中国在 G20 中的角色定位与来路》，《改革》2016 年第 6 期。

韩擎：《从产业结构看中美贸易摩擦的特征、原因及趋势》，《世界贸易组织动态与研究》2004 年第 7 期。

李科：《我国省域节能减排效率及其动态特征分析》，《中国软科学》2013 年第 5 期。

王群伟、周鹏、周德群：《我国碳排放绩效的动态变化、区域差异及影响因素》，《中国工业经济》2010 年第 1 期。

孙爱军：《工业用水效率分析》，中国社会科学出版社 2009 年版。

张帆、李娜、董松柯：《技术进步扩大收入差距亦或缩小收入差距——基于 DEA 及面板数据的实证分析》，《软科学》2019 年第 2 期。

龙亮军：《中国主要城市生态福利绩效评价研究——基于 PCA - DEA 方法和 Malmquist 指数的实证分析》，《经济问题探索》2019 年第 2 期。

单豪杰：《中国资本存量 K 的再估算：1952—2006 年》，《数量经济技术经济研究》2008 年第 10 期。

王有鑫：《中国出口贸易中的内涵 CO_2 排放及其影响因素研究》，硕士学位论文，南京财经大学，2011 年。

高雪：《中美贸易的经济收益及碳排放的影响研究》，硕士学位论文，清华大学，2014 年。

姚新月：《中国对日本出口贸易隐含碳排放及其影响因素分析》，硕士学位论文，东北师范大学，2017 年。

郭风:《中国对东盟出口贸易碳排放及其驱动效应研究》,硕士学位论文,贵州财经大学,2018 年。

康志勇:《出口与全要素生产率——基于中国省域面板数据的经验分析》,《世界经济研究》2009 年第 12 期。

刘华军:《城市化对二氧化碳排放的影响——来自中国时间序列和省际面板数据的经验证据》,《上海经济研究》2012 年第 5 期。

檀勤良、张兴平、魏咏梅等:《考虑技术效率的碳排放驱动因素研究》,《中国软科学》2013 年第 7 期。

赵桂芹:《中国出口贸易碳排放的测度与预警研究》,《生态经济》2018 年第 9 期。

田穗、王文娟:《低碳时代出口贸易对碳排放效应的实证分析——基于省域面板数据》,《杭州电子科技大学学报》2013 年第 4 期。

马大来、陈仲常、王玲:《中国省际碳排放效率的空间计量》,《中国人口·资源与环境》2015 年第 1 期。

于丹:《我国各省碳排放效率测算与差异性研究》,《中南财经政法大学学报》2015 年第 3 期。

高大伟、周德群、王群伟:《国际贸易、R&D 技术溢出及其对中国全要素能源效率的影响》,《管理评论》2010 年第 8 期。

叶明确、方莹:《出口与我国全要素生产率增长的关系——基于空间杜宾模型》,《国际贸易问题》2013 年第 5 期。

高明:《基于 DDF 函数和 Meta - frontier 模型的中国省际能源效率研究》,《统计与决策》2016 年第 1 期。

黄奇、苗建军、李敬银:《基于共同前沿的中国区域创新效率研究》,《华东经济管理》2014 年第 11 期。

蔡火娣:《基于传统 DEA 与 SBM 模型的二氧化碳排放效率测度》,《统计与决策》2016 年第 18 期。

侯丹丹:《中国省际能源效率和排放效率的收敛性研究》,《哈尔滨商业大学学报(社会科学版)》2016 年第 3 期。

李雪：《空间视角下中国省域碳强度趋同性研究》，硕士学位论文，内蒙古财经大学，2017 年。

曲晨瑶：《产业聚集对中国制造业碳排放效率影响研究》，硕士学位论文，南京信息工程大学，2017 年。

姜姗宏：《对外贸易、FDI 对碳排放的影响力分析》，硕士学位论文，山东大学，2018 年。

李松月：《贸易开放和技术创新对我国西部制造业碳排放绩效影响分析》，硕士学位论文，昆明理工大学，2018 年。

李涛、傅强：《中国省际碳排放效率研究》，《统计研究》2011 年第 7 期。

朱德进：《基于技术差距的中国地区二氧化碳排放效率研究》，博士学位论文，山东大学，2013 年。

黄伟：《中国省域二氧化碳排放效率研究》，硕士学位论文，湖南大学，2013 年。

黄先海、石东楠：《对外贸易对我国全要素生产率影响的测度与分析世界经济研究》，《世界经济研究》2005 年第 1 期。

王喜平、姜晔：《碳排放约束下我国工业行业全要素能源效率及其影响因素研究》，《软科学》2012 年第 2 期。

崔玮、苗建军、杨晶：《基于碳排放约束的城市非农用地生态效率及影响因素分析》，《中国人口·资源与环境》2013 年第 7 期。

叶明确、方莹：《出口与我国全要素生产率增长的关系——基于空间杜宾模型》，《国际贸易问题》2013 年第 5 期。

周茂荣、张子杰：《对外开放度测度研究述评》，《国际贸易问题》2009 年第 8 期。

王锋、冯根福：《优化能源结构对实现中国碳强度目标的贡献潜力评估》，《中国工业经济》2011 年第 4 期。

王华：《更严厉的知识产权保护制度有利于技术创新吗?》，《经济研究》2011 年第 2 期。

李胜兰、初善冰、申晨：《地方政府竞争、环境规制与区域生态效率》，《世界经济》2014 年第 4 期。

赵霄伟：《环境规制、环境规制竞争与地区工业经济增长——基于空间 Durbin 面板模型的实证研究》，《国际贸易问题》2014 年第 7 期。

黄德春、刘志彪：《环境规制与企业自主创新——基于波特假设的企业竞争优势构建》，《中国工业经济》2006 年第 3 期。

许冬兰、董博：《环境规制对技术效率和生产力损失的影响分》，《中国人口·资源与环境》2009 年第 6 期。

李小平、卢现祥、陶小琴：《环境规制强度是否影响了中国工业行业的贸易比较优势》，《世界经济》2012 年第 4 期。

张华、魏晓平：《色悖论抑或倒逼减排——环境规制对碳排放影响的双重效应》，《中国人口·资源与环境》2014 年第 9 期。

杨振兵、马霞、蒲红霞：《环境规制、市场竞争与贸易比较优势——基于中国工业行业面板数据的经验研究》，《国际贸易问题》2015 年第 3 期。

李卫兵、屈琪、陈牧：《贸易与环境质量：基于双比较优势模型的动态分析》，《华中科技大学学报（社会科学版）》2016 年第 2 期。

孙英杰、林春：《试论环境规制与中国经济增长质量提升——基于环境库兹涅茨倒 U 型曲线》，《上海经济研究》2018 年第 3 期。

祝志勇、幸汉龙：《环境规制与中国粮食产量关系的研究——基于环境库兹涅茨倒 U 型曲线》，《云南财经大学学报》2017 年第 4 期。

王正明、温桂梅：《国际贸易和投资因素的动态碳排放效应》，《中国人口·资源与环境》2013 年版。

潘雄锋、杨越；《基于联立方程模型的对外贸易与碳排放互动关系研究》，《运筹与管理》2013 年第 1 期。

乌画、王涛生：《中国各地区出口贸易对经济增长影响的实证分析》，《学术界》2013 年第 10 期。

陈光春、蒋玉莲、马小龙等：《广西出口贸易与碳排放关系实证研究》，《广西社会科学》2014 年第 1 期。

许广月、宋德勇：《我国出口贸易、经济增长与碳排放关系的实证研究》，

《国际贸易问题》2010 年第 1 期。

朱德进、杜克锐：《对外贸易、经济增长与中国二氧化碳排放效率》，《山西财经大学学报》2013 年第 5 期。

王斌：《我国出口贸易、经济增长与碳排放的协整与因果关系——基于1978—2012 年数据的实证分析》，《经济研究参考》2014 年第 4 期。

刁鹏、许燕、康耀华等：《辽宁省出口贸易与碳排放量关系的实证分析》，《对外贸易》2013 年第 5 期。

董直庆、陈锐：《技术进步偏向性变动对全要素生产率增长的影响》，《管理学报》2014 年第 8 期。

李丽：《湖北服务贸易利用外商投资策略研究》，《江汉论坛》2007 年第 5 期。

张二震、戴翔：《关于中美贸易摩擦的理论思考》，《华南师范大学学报》2019 年第 2 期。

孙爱军：《省际出口贸易与碳排放效率基于空间面板回归偏微分效应分解方法的实证》，《山西财经大学学报》2015 年第 4 期。

孙爱军、房静涛、王群伟：《2000—2012 年中国出口贸易的碳排放效率时空演变》，《资源科学》2015 年第 6 期。

朱德进、杜克锐：《对外贸易、经济增长与中国二氧化碳排放效率的关系》，《山西财经大学学报》2013 年第 5 期。

钱志权、杨来科：《东亚地区的经济增长、开放与碳排放效率的面板数据研究》，《世界经济与政治论坛》2015 年第 3 期。

秦齐：《国际经济贸易发展对我国经济影响探析》，《纳税》2018 年第 19 期。

丁仕伟：《中国“一带一路”区域碳排放效率研究》，《时代金融》2018 年第 3 期。

董会忠、薛惠锋等：《基于耦合理论的经济 - 环境系统影响因子协调性分析》，《统计与决策》2008 年第 2 期。

吴玉鸣、张燕：《广西城市化与环境系统的耦合协调测度与互动分析》，《地理科学》2011 年第 12 期。

吴跃明、张翼、王勤耕：《论环境－经济系统协调度》，《环境污染与防治》2001年第1期。

孙爱军、董增川、张小燕：《中国城市经济与用水技术效率耦合协调度研究》，《资源科学》2008年第3期。

廖重斌：《环境与经济协调发展的定量评判及其分类体系——以珠江三角洲城市群为例》，《热带地理》1999年第2期。

附　　录

附表 1　　进口贸易量

国家	2000	2001	2002	2003	2004	2005	2006	2007	2008	2009	2010	2011	2012	2013	2014	2015	2016
美国	5730. 93	5036. 01	5169. 04	5422. 49	6041. 98	6490. 28	7281. 01	7996. 26	8897. 81	7035. 46	8480. 93	9875. 78	10256. 5	10326. 9	10660. 8	17618. 9	16921. 2
日本	3270. 4	2760. 56	3041	3381. 65	4024. 22	4309. 32	5009. 78	4942. 74	5573. 24	4134. 94	5326. 46	4572. 24	5819. 14	5343. 85	5121. 57	4051. 8	4096. 54
德国	2615. 13	2665. 86	2873. 02	3418. 88	4071. 19	4400. 13	4867. 05	5491. 58	5415. 81	4814. 91	5729. 53	5830. 22	6697. 39	6890. 49	7122. 54	4664. 71	4634. 18
法国	1643. 84	1586. 31	1630. 46	1901. 07	2208. 6	2297. 28	2630. 35	2825. 14	2899. 51	3192. 89	2780. 65	3107. 51	3001. 57	3073. 75	3160. 1	3021. 63	2993. 38
英国	1550. 79	1414. 37	1422. 07	1571. 64	1800. 55	1948. 73	2109. 45	2227. 22	2427. 88	1890. 71	2052	2389. 12	2296. 59	2286. 35	2308. 76	3523. 43	3498. 08
意大利	1295. 59	1263. 6	1320. 14	1537. 2	1777. 09	1898. 84	2114. 84	2385. 7	2673. 5	2071. 66	2291. 4	2726. 28	2651. 49	2741. 26	2819. 8	2094. 59	2061. 92
加拿大	2694. 83	2539. 56	2458. 34	2619. 63	3031. 12	3407. 26	3638. 97	3849. 3	4213. 25	2930. 31	3612. 25	1008. 6	4259. 86	4314. 19	4472. 07	3632. 48	3470. 12
俄罗斯	532. 221	471. 339	493. 03	660. 205	920. 094	1184. 74	1457. 36	1703. 31	2197. 79	1398. 89	1978. 96	2552. 64	2579. 08	2502. 45	2455. 8	1085. 84	1126. 16
中国	1593. 52	2604. 22	3082. 03	3906. 01	5182. 26	6430. 32	7740. 99	9250. 01	10549. 2	9007. 58	11596. 1	9176. 08	13466. 5	13681. 4	14364. 8	1585. 04	1518. 66

续 表

国家	2000	2001	2002	2003	2004	2005	2006	2007	2008	2009	2010	2011	2012	2013	2014	2015	2016
阿根廷	157. 394	146. 074	150. 415	177. 799	208. 978	237. 03	241. 952	350. 063	445. 644	322. 263	401. 802	410. 37	461. 942	457. 31	400. 245	8712. 06	8173. 59
澳大利亚	455. 288	411. 125	451. 934	498. 624	624. 944	759. 95	699. 355	1031. 63	1429. 41	1188. 68	1650. 03	1238. 3	2021. 3	2139. 18	2077. 86	553. 855	520. 772
巴西	421. 128	431. 928	436. 836	494. 544	715. 99	873. 253	991. 71	1154. 25	1437. 41	1107. 84	1469. 24	1866. 96	1747. 14	1681. 83	1624. 43	341. 02	309. 342
印度	286. 29	280. 083	318. 212	380. 359	501. 375	611. 103	733. 001	886. 525	1088. 49	838. 418	1165. 57	1459. 92	1418. 7	1434. 01	1498	1335. 83	1142. 34
印度尼西亚	490. 61	459. 294	463. 162	520. 616	606. 146	683. 951	783. 669	893. 782	1053. 88	856. 215	1156. 9	1480. 47	1421. 45	1364. 74	1267. 98	1830. 09	1734. 44
墨西哥	1545. 66	1493. 4	1519. 53	1578	1799. 45	1986. 55	2330. 11	2523. 82	2641. 47	2157. 46	2848. 54	3323. 31	3515. 25	3549. 04	3687. 73	973. 662	941. 516
沙特阿拉伯	575. 143	504. 989	486. 371	630. 076	812. 288	1133. 88	1447. 31	1542. 87	2313. 77	1297. 72	1730. 84	2520. 4	2856. 16	2746. 58	2555. 4	3395. 9	3301. 35
南非	235. 653	248. 686	247. 738	286. 055	361. 156	393. 417	454. 762	568. 22	706. 485	505. 816	651. 877	923. 212	3878. 33	928. 347	882. 431	1110. 92	835. 534
韩国	1163. 74	1083. 18	1117. 11	1370. 23	1843. 95	2076. 58	2399. 53	2635. 82	2891. 96	2408. 48	3123. 32	3813. 41	668. 408	3998. 61	4115. 03	2941. 85	2792. 61
土耳其	168. 997	215. 978	218. 508	270. 892	349. 299	380. 936	442. 311	533. 61	607. 205	474. 573	517. 407	659. 55	959. 13	707. 118	731. 925	1263. 64	1209. 15

附表 2　　出口贸易量

国家	2000	2001	2002	2003	2004	2005	2006	2007	2008	2009	2010	2011	2012	2013	2014	2015	2016
美国	8037. 45	7267. 02	8037. 69	8656. 75	9900. 49	11356. 7	10588. 6	13019. 3	13686. 3	8394. 84	12760. 6	11889. 4	15458. 5	15834. 6	16724. 9	10280. 8	9975. 8
日本	1955. 14	1774. 08	1894. 38	2159. 3	2366. 49	2918. 08	3245. 93	3691. 96	3634. 61	2800. 68	3555. 01	4348. 39	4361. 8	4101. 8	4122. 43	3877. 37	4040. 03
德国	2086. 89	1989. 2	1954. 04	2302. 17	2721. 79	3000. 34	3472. 43	3683	4393. 38	3334. 91	3928. 52	4540. 71	4247. 59	4150. 23	4315. 34	6538. 01	6429. 31
法国	1665. 2	1632. 55	1680. 93	1967. 11	2311. 28	2660. 1	2875. 39	3057. 03	3394. 88	2752. 16	2991. 92	2683. 33	3213. 78	3230. 43	3196. 24	2587. 55	2571. 04
英国	1827. 46	1809. 88	1786. 88	2087. 93	2439. 71	2620. 47	2865. 39	3179. 32	3484. 31	2706. 4	3024. 17	3441. 08	3430. 88	3338. 7	3579. 36	2425. 08	2157. 42
意大利	1226. 66	1191. 77	1252. 69	1509. 98	1766. 23	1978. 25	2266. 55	2503. 37	2847. 1	2079. 55	2352. 02	2673. 17	2252. 42	2267. 9	2369. 27	2398. 62	2424. 04
加拿大	2096. 55	1962	1962. 65	2092. 32	2346. 2	2657. 31	691. 219	3185. 65	3363. 87	2679. 47	3268. 23	3697. 76	3850. 73	3913. 39	4025. 79	3758. 53	3597. 9
俄罗斯	193. 765	260. 506	295. 177	397. 778	541. 446	698. 021	928. 005	1324. 66	1659. 67	884. 826	1242. 86	1666. 16	1788. 6	1808. 97	1640. 26	1253. 76	1253. 52
中国	983. 351	1072. 84	1320. 89	1916. 95	2429. 85	2971. 84	3590. 7	4150. 52	4802. 16	4603. 61	6370. 95	7741. 45	7543. 03	7925. 83	7934. 97	1163. 83	1124. 85
阿根廷	172. 28	134. 81	60. 2834	103. 093	163. 067	208. 61	235. 063	327. 457	411. 129	291. 22	435. 131	470. 031	492. 338	526. 483	439. 35	11749. 4	10992. 7

续 表

国家	2000	2001	2002	2003	2004	2005	2006	2007	2008	2009	2010	2011	2012	2013	2014	2015	2016
澳大利亚	415. 956	347. 343	426. 66	505. 485	595. 83	669. 836	603. 023	862. 89	1042. 46	851. 095	1037. 42	926. 91	1348. 49	1285. 36	1279. 75	305. 965	406. 298
巴西	406. 522	410. 911	346. 135	319. 083	420. 535	514. 817	737. 1	821. 244	1170. 42	903. 517	1311. 32	1618. 87	1623. 1	1634. 27	1548. 38	216. 723	228. 629
印度	292. 033	212. 894	235. 6	373. 622	419. 572	658. 822	844. 655	1045. 16	1286. 6	1077. 13	1498. 65	1619. 24	1705. 21	1609. 51	1676. 97	1232. 15	1200. 3
印度尼西亚	222. 553	206. 136	214. 911	263. 525	307. 062	398. 073	388. 546	445. 879	602. 115	525. 093	728	1064. 43	1040. 42	1007. 44	986. 714	1120. 11	1096. 03
墨西哥	1334. 49	1231. 22	1211. 88	1233. 46	1440. 48	1597. 31	1878. 6	1966. 74	2172. 08	1776. 47	2287. 52	2766. 42	2989. 46	3107. 87	3309. 13	889. 258	851. 918
沙特阿拉伯	230. 118	243. 925	247. 867	268. 619	294. 801	362. 21	434. 963	575. 657	722. 234	588. 236	684. 496	833. 567	1012. 34	1082. 6	1110. 48	3495. 86	3448. 02
南非	176. 236	162. 819	169. 33	233. 329	283. 191	371. 965	438. 335	475. 521	1011. 35	408. 19	500. 42	636. 349	2937. 73	627. 341	588. 227	165. 748	138. 397
韩国	984. 033	832. 897	931. 273	1162. 23	1329. 16	1671. 53	1919. 81	2036. 02	2562. 13	1851. 93	2509. 93	2961. 36	1132. 97	2875. 15	3008. 47	3275. 13	2968. 79
土耳其	287. 722	190. 831	261. 21	370. 934	508. 319	625. 621	760. 735	855. 041	948. 76	743. 663	942. 895	1203. 25	635. 703	1206. 66	1203. 69	569. 499	575. 999

附表 3　　中介中心度

国家	2000	2001	2002	2003	2004	2005	2006	2007	2008	2009	2010	2011	2012	2013	2014	2015	2016
美国	0. 093	0. 093	0	0	0	0	0	0. 082	0. 082	0. 082	0. 082	0. 082	0. 082	0. 082	0. 082	0. 082	0. 082
日本	8. 077	7. 793	7. 376	7. 376	7. 376	7. 376	7. 275	7. 369	7. 369	7. 369	7. 369	6. 998	7. 369	7. 369	6. 998	6. 983	7. 353
德国	0	0	0	0	0	0	0	0	0	0	0	0	0	0	0	0	0
法国	0	0	0	0	0	0	0	0	0	0	0	0	0	0	0	0	0
英国	0	0	0	0	0	0	0	0	0	0	0	0	0	0	0	0	0
意大利	0. 28	0. 28	0. 28	0. 28	0. 28	0. 28	0. 28	0. 28	0. 28	0. 28	0. 28	0. 28	0. 28	0. 28	0. 28	0. 28	0. 28
加拿大	0	0	0. 093	0. 093	0. 093	0. 093	0. 082	0. 082	0. 082	0. 082	0. 082	0. 082	0. 082	0. 082	0. 082	0. 082	0. 082
俄罗斯	3. 003	3. 766	4. 451	4. 451	4. 451	4. 451	4. 486	4. 579	4. 579	4. 579	4. 579	5. 777	4. 579	4. 579	5. 777	5. 762	4. 563
中国	8. 077	7. 793	7. 376	7. 376	7. 376	7. 376	7. 275	7. 369	7. 369	7. 369	7. 369	6. 998	7. 369	7. 369	6. 998	6. 983	7. 353
阿根廷	0. 093	0	0. 187	0	0	0	0	0	0	0	0	0	0	0	0	0. 175	0. 175
澳大利亚	0	0	0	0	0	0	0	0	0	0	0	0	0	0	0	0	0
巴西	0. 296	0. 187	0	0. 187	0. 187	0. 187	0. 257	0. 175	0. 175	0. 175	0. 175	0. 175	0. 175	0. 175	0. 175	0. 187	0. 187
印度	8. 077	7. 793	7. 376	7. 376	7. 376	7. 376	7. 275	7. 369	7. 369	7. 369	7. 369	6. 998	7. 369	7. 369	6. 998	6. 983	7. 353
印度尼西亚	8. 077	7. 793	7. 376	7. 376	7. 376	7. 376	7. 275	7. 369	7. 369	7. 369	7. 369	6. 998	7. 369	7. 369	6. 998	6. 983	7. 353
墨西哥	0. 296	0. 498	0. 498	0. 498	0. 498	0. 498	0. 257	0. 35	0. 35	0. 35	0. 35	0. 35	0. 35	0. 35	0. 35	0. 35	0. 35
沙特阿拉伯	0	0	0	0	0	0	0	0	0	0	0	0	0	0	0	0	0
南非	0	0	0	0	0	0	0	0	0	0	0	0	0	0	0	0	0
韩国	8. 077	7. 793	7. 376	7. 376	7. 376	7. 376	7. 275	7. 369	7. 369	7. 369	7. 369	6. 998	7. 369	7. 369	6. 998	6. 983	7. 353
土耳其	0	0	0. 093	0. 093	0. 093	0. 093	0. 093	0. 093	0. 093	0. 093	0. 093	0. 093	0. 093	0. 093	0. 093	0	0

附表 4

接近中心度

国家	2000	2001	2002	2003	2004	2005	2006	2007	2008	2009	2010	2011	2012	2013	2014	2015	2016
美国	64. 286	64. 286	62. 069	62. 069	62. 069	62. 069	64. 286	64. 286	64. 286	64. 286	64. 286	64. 286	64. 286	64. 286	64. 286	64. 286	64. 286
日本	100	100	100	100	100	100	100	100	100	100	100	100	100	100	100	100	100
德国	66. 667	66. 667	66. 667	66. 667	66. 667	66. 667	66. 667	66. 667	66. 667	66. 667	66. 667	66. 667	66. 667	66. 667	66. 667	66. 667	66. 667
法国	66. 667	66. 667	66. 667	66. 667	66. 667	66. 667	66. 667	66. 667	66. 667	66. 667	66. 667	66. 667	66. 667	66. 667	66. 667	66. 667	66. 667
英国	66. 667	66. 667	66. 667	66. 667	66. 667	66. 667	66. 667	66. 667	66. 667	66. 667	66. 667	66. 667	66. 667	66. 667	66. 667	66. 667	66. 667
意大利	69. 231	69. 231	69. 231	69. 231	69. 231	69. 231	69. 231	69. 231	69. 231	69. 231	69. 231	69. 231	69. 231	69. 231	69. 231	69. 231	69. 231
加拿大	62. 069	62. 069	64. 286	64. 286	64. 286	64. 286	66. 667	64. 286	64. 286	64. 286	64. 286	64. 286	64. 286	64. 286	64. 286	64. 286	64. 286
俄罗斯	81. 818	85. 714	90	90	90	90	90	90	90	90	90	94. 737	90	90	94. 737	94. 737	90
中国	100	100	100	100	100	100	100	100	100	100	100	100	100	100	100	100	100
阿根廷	64. 286	64. 286	66. 667	64. 286	64. 286	64. 286	64. 286	64. 286	64. 286	64. 286	64. 286	64. 286	64. 286	64. 286	64. 286	66. 667	66. 667
澳大利亚	58. 065	58. 065	58. 065	58. 065	58. 065	58. 065	58. 065	58. 065	58. 065	58. 065	58. 065	60	58. 065	58. 065	60	60	58. 065
巴西	66. 667	66. 667	64. 286	66. 667	66. 667	66. 667	69. 231	66. 667	66. 667	66. 667	66. 667	66. 667	66. 667	66. 667	66. 667	66. 667	66. 667
印度	100	100	100	100	100	100	100	100	100	100	100	100	100	100	100	100	100
印度尼西亚	100	100	100	100	100	100	100	100	100	100	100	100	100	100	100	100	100
墨西哥	66. 667	69. 231	69. 231	69. 231	69. 231	69. 231	69. 231	69. 231	69. 231	69. 231	69. 231	69. 231	69. 231	69. 231	69. 231	69. 231	69. 231
沙特阿拉伯	60	60	62. 069	62. 069	62. 069	62. 069	62. 069	62. 069	62. 069	62. 069	62. 069	62. 069	62. 069	62. 069	62. 069	60	60
南非	60	60	62. 069	62. 069	62. 069	62. 069	60	60	60	60	60	60	60	60	60	62. 069	62. 069
韩国	100	100	100	100	100	100	100	100	100	100	100	100	100	100	100	100	100
土耳其	62. 069	62. 069	64. 286	64. 286	64. 286	64. 286	64. 286	64. 286	64. 286	64. 286	64. 286	64. 286	64. 286	64. 286	64. 286	62. 069	62. 069

附表 5 点度中心度

国家	2000	2001	2002	2003	2004	2005	2006	2007	2008	2009	2010	2011	2012	2013	2014	2015	2016
美国	44. 444	44. 444	38. 889	38. 889	38. 889	38. 889	44. 444	44. 444	44. 444	44. 444	44. 444	44. 444	44. 444	44. 444	44. 444	44. 444	44. 444
日本	100	100	100	100	100	100	100	100	100	100	100	100	100	100	100	100	100
德国	50	50	50	50	50	50	50	50	50	50	50	50	50	50	50	50	50
法国	50	50	50	50	50	50	50	50	50	50	50	50	50	50	50	50	50
英国	50	50	50	50	50	50	50	50	50	50	50	50	50	50	50	50	50
意大利	55. 556	55. 556	55. 556	55. 556	55. 556	55. 556	55. 556	55. 556	55. 556	55. 556	55. 556	55. 556	55. 556	55. 556	55. 556	55. 556	55. 556
加拿大	38. 889	38. 889	44. 444	44. 444	44. 444	44. 444	50	44. 444	44. 444	44. 444	44. 444	44. 444	44. 444	44. 444	44. 444	44. 444	44. 444
俄罗斯	77. 778	83. 333	88. 889	88. 889	88. 889	88. 889	88. 889	88. 889	88. 889	88. 889	88. 889	94. 444	88. 889	88. 889	94. 444	94. 444	88. 889
中国	100	100	100	100	100	100	100	100	100	100	100	100	100	100	100	100	100
阿根廷	44. 444	44. 444	50	44. 444	44. 444	44. 444	44. 444	44. 444	44. 444	44. 444	44. 444	44. 444	44. 444	44. 444	44. 444	50	50
澳大利亚	27. 778	27. 778	27. 778	27. 778	27. 778	27. 778	27. 778	27. 778	27. 778	27. 778	27. 778	33. 333	27. 778	27. 778	33. 333	33. 333	27. 778
巴西	50	50	44. 444	50	50	50	55. 556	50	50	50	50	50	50	50	50	50	50
印度	100	100	100	100	100	100	100	100	100	100	100	100	100	100	100	100	100
印度尼西亚	100	100	100	100	100	100	100	100	100	100	100	100	100	100	100	100	100
墨西哥	50	55. 556	55. 556	55. 556	55. 556	55. 556	55. 556	55. 556	55. 556	55. 556	55. 556	55. 556	55. 556	55. 556	55. 556	55. 556	55. 556
沙特阿拉伯	33. 333	33. 333	38. 889	38. 889	38. 889	38. 889	38. 889	38. 889	38. 889	38. 889	38. 889	38. 889	38. 889	38. 889	38. 889	33. 333	33. 333
南非	33. 333	33. 333	38. 889	38. 889	38. 889	38. 889	33. 333	33. 333	33. 333	33. 333	33. 333	33. 333	33. 333	33. 333	33. 333	38. 889	38. 889
韩国	100	100	100	100	100	100	100	100	100	100	100	100	100	100	100	100	100
土耳其	38. 889	38. 889	44. 444	44. 444	44. 444	44. 444	44. 444	44. 444	44. 444	44. 444	44. 444	44. 444	44. 444	44. 444	44. 444	38. 889	38. 889

附表 6　　　　**省域出口贸易中心度**

省域	2000	2001	2002	2003	2004	2005	2006	2007	2008	2009	2010	2011	2012	2013	2014	2015	2016
北京	0. 3750	0. 3750	0. 3750	0. 3750	0. 3750	0. 3750	0. 3750	0. 3750	0. 3750	0. 2632	0. 2632	0. 3333	0. 3684	0. 3500	0. 3500	0. 3500	0. 3500
天津	0. 3125	0. 2500	0. 2500	0. 2500	0. 2500	0. 2500	0. 2500	0. 2500	0. 3125	0. 2632	0. 3158	0. 3333	0. 3158	0. 3000	0. 3000	0. 3000	0. 3000
河北	0. 6250	0. 6250	0. 6250	0. 6250	0. 6250	0. 6250	0. 6250	0. 6250	0. 6250	0. 5263	0. 5263	0. 5556	0. 5263	0. 5000	0. 5000	0. 5500	0. 5000
山西	0. 5625	0. 5625	0. 5625	0. 5625	0. 5625	0. 5625	0. 5625	0. 5625	0. 5625	0. 4211	0. 4211	0. 4444	0. 4737	0. 4500	0. 4500	0. 4500	0. 4500
内蒙古	0. 6250	0. 5625	0. 5625	0. 5625	0. 5625	0. 5625	0. 5625	0. 5625	0. 6250	0. 4211	0. 4737	0. 5000	0. 5263	0. 5500	0. 5000	0. 5000	0. 5000
辽宁	0. 5000	0. 5000	0. 4375	0. 4375	0. 4375	0. 4375	0. 4375	0. 4375	0. 4375	0. 3684	0. 3684	0. 3889	0. 3684	0. 3500	0. 3500	0. 3500	0. 3500
吉林	0. 1250	0. 1250	0. 1250	0. 1250	0. 1250	0. 1250	0. 1250	0. 1250	0. 1250	0. 1053	0. 1053	0. 1111	0. 1053	0. 1000	0. 1000	0. 1000	0. 1000
黑龙江	0. 1250	0. 1250	0. 1250	0. 1250	0. 1250	0. 1250	0. 1250	0. 1250	0. 1250	0. 1053	0. 1053	0. 1111	0. 1053	0. 1000	0. 1000	0. 1000	0. 1000
上海	0. 3750	0. 3750	0. 3750	0. 3750	0. 3750	0. 3750	0. 3750	0. 3750	0. 3750	0. 3158	0. 3158	0. 3333	0. 2632	0. 2500	0. 2500	0. 2500	0. 2500
江苏	0. 5625	0. 5000	0. 4375	0. 4375	0. 4375	0. 4375	0. 4375	0. 4375	0. 4375	0. 3684	0. 3684	0. 4444	0. 4737	0. 4500	0. 4500	0. 4500	0. 4500
浙江	0. 3750	0. 3750	0. 3750	0. 3750	0. 3750	0. 3750	0. 3750	0. 3750	0. 3750	0. 3684	0. 3684	0. 3889	0. 3684	0. 3000	0. 3000	0. 3500	0. 3000
安徽	0. 6250	0. 6875	0. 6875	0. 6875	0. 6875	0. 6875	0. 7500	0. 7500	0. 7500	0. 5789	0. 5789	0. 6111	0. 6316	0. 6000	0. 6000	0. 6000	0. 6000
福建	0. 6250	0. 6250	0. 6250	0. 6250	0. 6250	0. 6250	0. 6250	0. 6250	0. 6250	0. 5263	0. 5263	0. 5556	0. 5263	0. 5000	0. 5000	0. 5000	0. 5000
江西	0. 6250	0. 5000	0. 5625	0. 5000	0. 5000	0. 5625	0. 5000	0. 5000	0. 5000	0. 4737	0. 4211	0. 5000	0. 4737	0. 4500	0. 4500	0. 4500	0. 4500
山东	0. 7500	0. 8125	0. 8125	0. 8125	0. 8125	0. 8125	0. 8125	0. 8750	0. 8750	0. 6842	0. 6316	0. 6667	0. 7368	0. 6500	0. 6500	0. 7500	0. 7000

续 表

省域	2000	2001	2002	2003	2004	2005	2006	2007	2008	2009	2010	2011	2012	2013	2014	2015	2016
河南	1.0000	1.0000	1.0000	1.0000	1.0000	1.0000	1.0000	1.0000	1.0000	1.0000	1.0000	1.0000	1.0000	1.0000	1.0000	1.0000	1.0000
湖北	0.8750	0.9375	0.9375	0.9375	0.9375	0.9375	0.8750	0.8750	0.8125	0.7368	0.7368	0.7778	0.7895	0.7500	0.7500	0.7500	0.7000
湖南	0.8750	0.8750	0.8750	0.8750	0.8750	0.8750	0.8750	0.8750	0.8750	0.7368	0.7368	0.7778	0.7368	0.7000	0.7000	0.7000	0.7000
广东	0.6250	0.6875	0.6250	0.6250	0.6250	0.6250	0.6875	0.6875	0.6875	0.5789	0.5263	0.6111	0.5789	0.6000	0.6500	0.5500	0.5500
广西	0.5625	0.5625	0.5625	0.5625	0.5625	0.5625	0.5625	0.5625	0.5625	0.5263	0.5263	0.5000	0.4737	0.4500	0.4500	0.4500	0.4500
海南	0.5625	0.5000	0.5000	0.5000	0.5000	0.5000	0.4375	0.4375	0.4375	0.3684	0.2632	0.2778	0.3158	0.3000	0.3000	0.3000	0.2500
重庆	0.6875	0.6250	0.6875	0.6875	0.6875	0.6875	0.6875	0.6875	0.6875	0.5789	0.5263	0.5000	0.4211	0.4000	0.4500	0.4000	0.4000
四川	0.8125	0.8125	0.7500	0.7500	0.7500	0.7500	0.7500	0.7500	0.7500	0.5789	0.5263	0.6111	0.5789	0.5500	0.5500	0.6000	0.6000
贵州	0.4375	0.5625	0.5625	0.5000	0.5000	0.5625	0.5000	0.5000	0.5000	0.4211	0.4211	0.4444	0.4211	0.4000	0.4000	0.4000	0.3500
云南	0.4375	0.5625	0.5625	0.5625	0.5625	0.5625	0.5625	0.5625	0.5000	0.5263	0.5263	0.5000	0.4737	0.4500	0.4500	0.4000	0.4000
陕西	0.8125	0.9375	0.9375	0.9375	0.9375	0.9375	0.9375	0.9375	0.9375	0.7895	0.7895	0.8333	0.7895	0.7500	0.7500	0.7500	0.6500
甘肃	0.5625	0.5625	0.5625	0.5625	0.5625	0.5625	0.5625	0.5625	0.5625	0.4737	0.4737	0.4444	0.4211	0.4000	0.4000	0.4500	0.4000
青海	0.2500	0.3125	0.2500	0.2500	0.2500	0.2500	0.2500	0.2500	0.2500	0.1579	0.1579	0.1667	0.1579	0.2000	0.1500	0.2000	0.1500
宁夏	0.5000	0.5625	0.5000	0.5000	0.5000	0.5000	0.5000	0.5000	0.5000	0.3684	0.3684	0.3889	0.3684	0.3500	0.3500	0.4000	0.4000
新疆	0.6875	0.8750	0.7500	0.7500	0.7500	0.7500	0.7500	0.8125	0.8125	0.6842	0.6316	0.6667	0.6316	0.6000	0.6000	0.6000	0.6000

附表 7

分省资本存量（以 2000 年为基准）

（单位：亿元）

省域	2000	2001	2002	2003	2004	2005	2006	2007	2008	2009	2010	2011	2012	2013	2014	2015	2016	2017
北京	7109.6	7922.9	8987.1	10363.8	11870.0	13524.9	15305.0	17222.4	18642.2	20387.0	22604.3	24820.6	27573.4	30468.3	33327.7	36184.3	39996.9	35613.2
天津	3218.6	3673.6	4205.0	4904.2	5690.9	6654.5	7832.5	9264.7	11132.2	14084.6	17721.3	21893.5	26551.6	31590.5	36719.0	40655.2	43916.7	39103.4
河北	8734.9	9727.1	10731.5	12027.1	13724.2	16046.5	18809.3	22019.8	26086.7	30823.2	35862.7	42053.1	48566.2	55172.9	61692.7	67930.3	74543.1	66373.2
山西	2884.1	3298.6	3794.8	4437.2	5287.7	6372.8	7701.7	9273.5	10886.3	13319.9	16161.3	19342.7	22391.4	25771.5	28888.9	31775.6	34035.7	30305.4
内蒙古	1323.5	1684.4	2216.2	3149.2	4461.4	6333.8	8494.5	11136.1	14105.1	18277.8	22806.2	27756.1	33478.6	40193.8	44946.0	49635.5	52913.6	47114.3
辽宁	5183.2	6053.5	6999.8	8260.5	10047.5	12203.2	15036.6	18683.7	22877.7	27450.6	32926.3	39045.2	45523.0	52313.0	58715.3	61140.2	61209.9	54501.3
吉林	2432.8	2858.3	3350.6	3948.4	4715.5	5840.5	7699.9	10231.1	13523.1	17090.5	21198.7	25087.8	29177.1	33200.8	37228.2	41478.6	44747.2	39842.9
黑龙江	4902.2	5410.7	5967.1	6541.9	7226.1	8058.3	9160.1	10605.3	12296.9	14947.1	17425.4	20186.1	23467.2	27315.7	30836.7	34304.1	37067.4	33004.8
上海	10323.0	11277.0	12383.7	13581.2	15026.9	16742.9	18742.5	21281.8	23540.5	26300.4	28508.7	30480.0	32424.9	34600.8	36813.2	39723.0	43605.7	38826.5
江苏	14619.6	16532.3	18616.7	21703.7	25289.9	29930.1	35048.0	40575.9	46324.5	53985.6	62714.5	72079.1	81919.5	91458.8	100468.4	110028.8	120400.3	107204.5
浙江	9291.3	10907.9	12938.4	15811.0	19108.0	22662.6	26451.3	30348.8	33867.2	38380.3	43475.5	48594.2	53797.3	59534.4	65190.4	71443.5	78893.3	70246.6
安徽	4737.1	5245.6	5810.0	6497.7	7509.1	8679.9	10088.3	11774.1	13710.3	16039.4	18852.7	22084.8	25660.7	29562.2	33692.8	37878.0	42553.7	37889.8
福建	6361.1	6940.2	7574.2	8406.6	9504.7	10996.8	12888.8	15315.0	18309.8	21784.7	25448.3	29691.0	34383.8	39643.1	45336.5	51443.0	58004.8	51647.5
江西	2375.3	2819.4	3452.6	4296.0	5289.1	6423.3	7691.3	9293.0	11003.7	12951.1	15025.4	17312.4	19656.7	22044.4	24234.7	26910.9	30209.6	26898.6
山东	14540.5	16416.5	18707.0	21567.5	25288.8	30066.1	35543.3	41782.1	48515.7	56970.6	66318.7	76092.5	86419.8	97233.5	108459.1	120089.4	130886.7	116541.5

续 表

省域	2000	2001	2002	2003	2004	2005	2006	2007	2008	2009	2010	2011	2012	2013	2014	2015	2016	2017
河南	7495.0	8457.2	9567.3	10882.8	12530.3	15080.0	18574.2	23126.8	28333.5	35359.0	43311.5	51762.0	61133.5	71375.3	82079.0	92824.8	103896.4	92509.4
湖北	8359.8	9052.8	9762.1	10509.4	11484.0	12734.2	14452.1	16558.7	18887.5	21981.4	25688.5	30239.6	35163.4	40618.8	46555.2	52793.4	59525.3	53001.3
湖南	4396.3	5131.8	5928.5	6823.3	7870.6	9257.5	10897.0	13069.7	15706.5	18868.4	22835.5	27222.9	31985.5	37136.4	42578.6	47352.2	52433.0	46686.3
广东	15814.6	17521.9	19629.3	22361.0	25393.7	29324.1	33729.1	38789.9	43822.6	50762.7	58866.1	67387.7	76728.6	87033.7	98096.3	109137.6	121896.6	108536.7
广西	2597.4	3033.9	3525.1	4090.1	4831.8	5841.0	7170.6	8827.1	10910.2	14298.5	18993.5	24293.0	29571.2	33644.8	37702.8	42010.7	46528.4	41428.9
海南	1157.6	1238.3	1333.6	1448.7	1579.6	1741.0	1936.4	2198.6	2542.8	2959.5	3505.3	4133.8	5005.0	5985.5	7064.4	7881.9	8741.0	7783.0
重庆	2517.1	2986.9	3564.9	4343.1	5248.4	6332.6	7511.6	8812.2	10152.0	11839.6	13847.9	16284.9	18758.4	21318.3	24143.1	27224.1	30803.3	27427.2
四川	6565.1	7393.2	8348.5	9490.5	10774.4	12343.9	14344.4	16835.0	19523.3	22800.5	26610.9	30876.2	35537.4	40308.4	45112.6	49874.0	55067.5	49032.1
贵州	2430.5	2737.7	3097.6	3505.2	3928.5	4408.7	4968.1	5614.8	6356.8	7293.6	8445.0	9857.7	11754.3	14195.9	16893.9	20083.8	23780.7	21174.3
云南	3540.2	3914.8	4337.9	4897.5	5574.3	6469.4	7578.2	8416.7	9228.0	10905.4	13607.0	16829.6	20518.9	24681.1	29419.7	34505.4	39878.3	35507.7
陕西	3380.0	3865.9	4404.5	5168.0	6025.2	7113.8	8561.5	10272.0	12382.7	14929.8	18192.8	21729.1	25731.4	29866.3	34113.2	37907.9	41890.4	37299.2
甘肃	1912.1	2156.5	2443.4	2769.7	3155.5	3590.2	4077.9	4650.2	5308.0	6104.0	7056.2	8192.3	9473.0	10965.7	12616.2	14362.5	16304.8	14517.8
青海	769.2	886.5	1025.1	1180.0	1340.8	1522.4	1718.4	1936.3	2170.5	2533.1	3028.5	3636.5	4510.6	5615.7	6936.3	8381.3	9843.2	8764.4
宁夏	710.3	825.3	960.7	1159.8	1378.9	1625.1	1901.3	2250.2	2707.7	3338.0	4090.4	4796.4	5623.9	6539.7	7865.8	9470.2	11063.6	9851.0
新疆	2903.2	3287.5	3761.4	4365.0	5003.0	5756.1	6690.7	7505.7	8371.2	9317.7	10625.9	12117.9	14452.8	17489.1	21079.6	24678.4	27820.7	24771.5

附表 8　　分省实际就业人数（以 2000 年为基准）　　（单位：万人）

省域	2000	2001	2002	2003	2004	2005	2006	2007	2008	2009	2010	2011	2012	2013	2014	2015	2016
北京	622. 15	629. 5	789. 9	703	854	878	920	943	981	998	1032	1070	1107	1141. 00	1156. 70	1186. 10	1220. 10
天津	406. 69	410. 5	403. 1	511	528	543	563	614	647	677	729	763	803	803. 14	877. 21	896. 80	902. 42
河北	3441. 24	3379. 6	3385. 6	3470	3517	3569	3610	3665	3726	3792	3865	3962	4086	4085. 74	4183. 93	4212. 50	4223. 95
山西	1419. 06	1412. 9	1417. 3	1470	1475	1500	1561	1596	1614	1631	1686	1739	1790	1844. 20	1862. 29	1872. 76	1908. 21
内蒙古	1016. 6	1013. 3	1010. 1	1005	1026	1041	1051	1082	1103	1143	1185	1249	1305	173. 60	1487. 60	1463. 70	1474. 00
辽宁	1812. 57	1833. 4	1842	2019	2097	2120	2128	2181	2198	2277	2318	2365	2424	2518. 90	2562. 20	2409. 89	2301. 16
吉林	1078. 87	1057. 2	1095. 3	1203	1222	1239	1251	1266	1281	1297	1312	1338	1356	1415. 43	1447. 17	1480. 60	1501. 73
黑龙江	1634. 96	1631	1626. 5	1614	1681	1749	1784	1828	1852	1877	1932	1976	2028	2060. 40	1941. 26	2013. 70	2077. 30
上海	673. 11	692. 4	742. 8	855	978	969	1005	1024	1053	1064	1091	1104	1116	1368. 91	1365. 63	1361. 51	1365. 24
江苏	3558. 84	3565. 4	3505. 6	4500	4537	4579	4629	4678	4701	4727	4755	4758	4760	4759. 89	4760. 83	4758. 50	4756. 22
浙江	2700. 47	2772	2834. 7	2919	2992	3101	3172	3405	3487	3592	3636	3674	3691	3696. 38	3803. 55	3733. 65	3760. 00
安徽	3372. 92	3389. 7	3403. 8	3545	3605	3670	3741	3818	3916	3988	4050	4121	4207	4275. 90	4311. 00	4342. 10	4361. 60
福建	1660. 17	1677. 8	1711. 3	1757	1814	1869	1950	2015	2080	2169	2242	2460	2569	2555. 86	2648. 51	2768. 41	2797. 03
江西	1935. 28	1933. 1	1955. 1	2168	2214	2277	2321	2370	2405	2445	2499	2533	2556	2948. 35	4056. 00	2615. 78	2637. 58
山东	4661. 82	4671. 6	4751. 9	5621	5728	5841	5960	6081	6188	6294	6402	6486	6554	7619. 54	7476. 31	6632. 50	6649. 70

续 表

省域	2000	2001	2002	2003	2004	2005	2006	2007	2008	2009	2010	2011	2012	2013	2014	2015	2016
河南	5571. 67	5516. 6	5522	5536	5587	5662	5719	5773	5835	5949	6042	6196	6288	6387. 00	6520. 00	6636. 00	6726. 39
湖北	2507. 82	2452. 5	2467. 5	3478	3507	3537	3564	3584	3607	3622	3645	3672	3687	4294. 37	4357. 81	3658. 00	3633. 00
湖南	3462. 14	3438. 8	3468. 7	3695	3747	3801	3842	3883	3910	3935	3983	4005	4019	4256. 58	4056. 00	3980. 30	3920. 41
广东	3860. 98	3962. 9	3966. 7	4396	4682	5023	5177	5324	5472	5689	5870	5961	5966	6117. 68	6183. 23	6219. 31	6279. 22
广西	2530. 43	2543. 4	2570. 5	2601	2632	2703	2760	2769	2799	2848	2903	2936	2768	2782. 00	2796. 00	2820. 00	2841. 00
海南	333. 68	339. 7	341. 3	360	371	379	382	400	408	425	440	459	484	518. 57	533. 06	555. 77	558. 14
重庆	1636. 5	1624	1640. 2	1500	1471	1456	1455	1469	1492	1513	1540	1585	1633	1683. 51	1696. 94	1707. 37	1717. 52
四川	4435. 76	4414. 6	4408. 8	4684	4691	4702	4715	4731	4740	4757	4773	4785	4798	4817. 31	4833. 00	4847. 01	4860. 00
贵州	2045. 91	2068. 2	2081. 4	2145	2186	1944	1953	1873	1867	1842	1771	1793	1826	1864. 21	1909. 69	1946. 65	1983. 72
云南	2295. 45	2322. 5	2341	2353	2401	2461	2518	2574	2638	2685	2766	2857	2882	2912. 36	2962. 25	2942. 49	2998. 89
陕西	1812. 81	1784. 6	1873. 1	1912	1941	1976	1986	2013	2039	2060	2074	2059	2061	2058. 00	2067. 00	2071. 00	2072. 80
甘肃	1182. 08	1187. 2	1254. 9	1511	1520	1391	1401	1415	1446	1489	1500	1500	1492	1811. 46	1519. 86	1535. 69	1548. 74
青海	238. 57	240. 3	247. 3	290	290	291	294	299	301	303	308	309	311	314. 21	317. 30	321. 41	324. 28
宁夏	274. 43	278	281. 5	291	298	300	308	310	304	329	326	340	345	368. 82	374. 29	362. 20	369. 20
新疆	672. 48	685. 4	701. 5	721	744	792	812	830	848	866	895	953	1010	1096. 59	1135. 24	1195. 06	1263. 11

数据来源：国家统计局的国家数据，其中2004数据采用的是年终和年末总人口之和的均值来代替。

附表 9　　分省能源消费总量　　（单位：万吨标煤）

省域	2000	2001	2002	2003	2004	2005	2006	2007	2008	2009	2010	2011	2012	2013	2014	2015	2016
北京	4144	4313	4503	4648	5139.6	5522	5904	6285	6327	6570	6954	6995	7178	6724	6831	6853	6962
天津	2794	2918	3022	3215	3697	4085	4500	4943	5364	5874	6818	7598	8208	7882	8145	8260	8245
河北	11196	10391	11588	15298	17348	19836	21794	23585	24322	25419	27531	29498	30250	29664	29320	29395	29794
山西	6728	7968	9339	10386	11251	12750	14098	15601	15675	15576	16808	18315	19336	19761	19863	19384	19401
内蒙古	3549	4073	4560	5778	7623	9666	11221	12777	14100	15344	16820	18737	19786	17681	18309	18927	19457
辽宁	10656	10656	10599	11253	13074	13611	14987	16544	17801	19112	20947	22712	23526	21721	21803	21667	21031
吉林	3766	3863	4353	5174	5603	5315	5908	6557	7221	7698	8297	9103	9443	8645	8560	8142	8014
黑龙江	6166	6037	6004	6714	7466	8050	8731	9377	9979	10467	11234	12119	12758	11853	11956	12126	12280
上海	5499	5818	6119	6796	7406	8225	8876	9670	10207	10367	11201	11270	11362	11346	11085	11387	11712
江苏	8612	8881	9609	11060	13652	17167	19041	20948	22232	23709	25774	27589	28850	29205	29863	30235	31054
浙江	6560	6530	7386	9523	10825	12032	13219	14524	15107	15567	16865	17827	18076	18640	18826	19610	20276
安徽	4879	5118	5316	5457	6017	6506	7069	7739	8325	8896	9707	10570	11385	11696	12011	12332	12695
福建	3463	3163	3490	4808	5449	6142	6828	7587	8254	8916	9809	10653	11185	11190	12110	12180	12358
江西	2505	2329	2599	3426	3814	4286	4660	5053	5383	5813	6355	6928	7233	7583	8056	8440	8747
山东	11362	9955	11048	16625	19624	24162	26759	29177	30570	32420	34808	37132	38899	35358	36511	37945	38723

续 表

省域	2000	2001	2002	2003	2004	2005	2006	2007	2008	2009	2010	2011	2012	2013	2014	2015	2016
河南	7919	8244	8603	10595	13074	14625	16232	17838	18976	19751	21438	23062	23647	21909	22890	23161	23117
湖北	6269	6052	6713	7708	9120	10082	11049	12143	12845	13708	15138	16579	17675	15703	16320	16404	16850
湖南	4071	4622	5045	6298	7599	9709	10581	11629	12355	13331	14880	16161	16744	14919	15317	15469	15804
广东	9448	10179	11355	13099	15210	17921	19971	22217	23476	24654	26908	28480	29144	28480	29593	30145	31241
广西	2669	2669	2982	3523	4203	4869	5390	5997	6497	7075	7919	8591	9155	9100	9515	9761	10092
海南	480	520	602	684	742	822	920	1057	1135	1233	1359	1601	1688	1720	1820	1938	2006
重庆	2428	3016	3204	3069	3670	4943	5368	5947	6472	7030	7856	8792	9278	8049	8593	8934	9204
四川	6518	6810	7510	9204	10700	11816	12986	14214	15145	16322	17892	19696	20575	19212	19879	19888	20362
贵州	4279	4438	4470	5534	6021	5641	6172	6800	7084	7566	8175	9068	9878	9299	9709	9948	10227
云南	3468	3490	3939	4450	5210	6024	6621	7133	7511	8032	8674	9540	10434	10072	10455	10357	10656
陕西	2731	3257	3713	4170	4776	5571	6129	6775	7417	8044	8882	9761	10626	10610	11222	11716	12120
甘肃	3012	2905	3018	3525	3908	4368	4743	5109	5346	5482	5923	6496	7007	7287	7521	7523	7334
青海	897	930	1019	1123	1364	1670	1903	2095	2279	2348	2568	3189	3524	3768	3992	4134	4111
宁夏	1179	1278. 5	1378	2015	2322	2536	2830	3077	3229	3388	3681	4316	4562	4781	4946	5405	5592
新疆	3328	3496	3622	4177	4910	5506	6047	6576	7069	7526	8290	9927	11831	13632	14926	15651	16302

数据来源：历年《中国能源统计年鉴》，其中宁夏 2001 数据采用插值法计算得出。

附表 10 分省实际 GDP（以 2000 年为基准） （单位：亿元）

省域	2000	2001	2002	2003	2004	2005	2006	2007	2008	2009	2010	2011	2012	2013	2014	2015	2016
北京	3161.00	3530.84	3936.88	4369.94	4986.10	5574.46	6243.40	7148.69	7799.22	8594.74	9480.00	10247.88	11036.97	11886.81	12754.55	13634.61	14731.21
天津	1701.88	1906.11	2148.18	2466.11	2855.76	3275.55	3747.23	4328.05	5042.18	5874.14	6896.25	8027.23	9134.99	10276.86	11304.55	12355.87	13539.17
河北	5043.96	5482.78	6009.13	6706.19	7571.29	8585.84	9719.17	10963.23	12070.51	13277.57	14897.43	16580.84	18172.60	19662.75	20940.83	22364.81	40126.82
山西	1845.72	2032.14	2294.28	2636.13	3036.82	3419.46	3822.96	4430.81	4807.43	5067.03	5771.35	6521.62	7180.31	7819.36	8202.50	8456.78	14683.48
内蒙古	1539.12	1703.81	1928.71	2273.95	2740.11	3392.25	4002.86	4771.41	5620.72	6570.62	7556.21	8636.75	9629.97	10496.67	11315.41	12186.70	12244.35
辽宁	4669.10	5089.32	5608.43	6253.40	7053.83	7921.46	9014.62	10366.81	11755.96	13295.99	15184.02	17036.47	18654.94	20277.92	21454.04	22097.66	37144.65
吉林	1951.51	2133.00	2335.64	2573.87	2887.88	3237.32	3722.91	4322.30	5013.87	5695.76	6481.77	7376.26	8261.41	8947.10	9528.67	10128.97	15525.08
黑龙江	3151.40	3444.48	3795.82	4182.99	4672.40	5214.40	5840.13	6540.94	7312.77	8146.43	9181.03	10310.29	11341.32	12248.63	12934.55	13671.82	25070.71
上海	4771.17	5272.14	5867.89	6589.65	7525.38	8360.69	9363.98	10787.30	11833.67	12804.03	14122.84	15280.92	16426.99	17691.86	18930.29	20236.48	37956.66
江苏	8553.69	9426.16	10529.02	11960.97	13731.20	15722.22	18064.83	20756.49	23392.56	26293.24	29632.48	32892.05	36214.15	39690.71	43143.80	46811.03	68048.17
浙江	6141.03	6791.98	7647.77	8771.99	10043.93	11329.55	12870.37	14762.32	16253.31	17699.85	19806.14	21588.69	23315.78	25227.68	27144.98	29316.58	48854.47
安徽	2902.20	3160.50	3463.90	3789.51	4293.52	4791.56	5409.67	6177.85	6962.44	7860.59	9008.24	10224.35	11461.49	12653.49	13817.61	15019.74	23088.22
福建	3764.54	4092.05	4509.44	5028.03	5621.34	6273.41	7114.05	8195.39	9260.79	10399.86	11845.44	13302.43	14818.91	16448.99	18077.44	19704.41	29948.50
江西	2003.07	2179.34	2408.17	2721.23	3080.44	3474.73	3902.12	4417.20	5000.27	5655.31	6447.05	7252.94	8050.76	8863.89	9723.68	10608.54	15935.26
山东	8337.47	9171.22	10244.25	11616.98	13405.99	15443.70	17713.93	20229.31	22656.82	25420.96	28547.73	31659.44	34762.06	38099.22	41413.85	44726.96	66328.08

续 表

省域	2000	2001	2002	2003	2004	2005	2006	2007	2008	2009	2010	2011	2012	2013	2014	2015	2016
河南	5052.99	5507.76	6031.00	6676.31	7590.97	8668.89	9891.20	11335.31	12706.89	14091.94	15853.43	17739.99	19531.72	21289.58	23184.35	25108.65	40198.66
湖北	3545.39	3860.93	4216.14	4625.10	5143.11	5765.43	6463.04	7406.65	8399.14	9533.02	10943.91	12454.17	13861.49	15261.50	16741.87	18231.90	28205.07
湖南	3551.49	3871.12	4219.53	4624.60	5184.18	5785.54	6485.59	7458.43	8495.15	9658.99	11069.20	12486.06	13896.98	15300.58	16754.13	18178.23	28253.60
广东	10741.25	11869.08	13340.85	15315.30	17581.96	20008.27	22829.44	26231.02	28959.05	31768.08	35707.32	39278.05	42498.85	46111.25	49707.93	53684.57	85451.18
广西	2080.04	2252.68	2491.47	2745.60	3069.58	3474.76	3943.86	4539.38	5120.42	5832.16	6660.32	7479.54	8324.73	9173.85	9953.63	10759.87	16547.59
海南	526.82	574.76	629.94	696.71	771.26	849.93	956.17	1107.24	1221.29	1364.18	1582.45	1772.34	1933.63	2125.05	2305.68	2485.53	4191.07
重庆	1603.16	1747.44	1925.68	2147.14	2409.09	2686.13	3013.84	3493.04	3999.53	4595.46	5381.29	6263.82	7115.70	7990.93	8861.94	9836.75	12753.81
四川	3928.20	4281.74	4722.76	5256.43	5923.99	6670.42	7557.58	8653.43	9605.31	10998.08	12658.79	14557.61	16391.87	18031.06	19563.70	21109.23	31250.48
贵州	1029.92	1120.55	1222.52	1346.00	1499.44	1673.38	1865.82	2141.96	2384.00	2655.77	2995.71	3445.07	3913.60	4402.80	4878.30	5400.28	8193.45
云南	2011.19	2147.95	2341.27	2547.30	2835.14	3090.31	3458.05	3879.93	4291.21	4810.44	5402.13	6142.22	6940.71	7780.53	8410.76	9142.49	15999.86
陕西	1804.00	1980.79	2200.66	2460.34	2777.72	3127.71	3524.93	4081.87	4751.30	5397.48	6185.51	7045.30	7954.14	8829.09	9685.52	10450.67	14351.58
甘肃	1052.88	1156.06	1270.51	1406.46	1568.20	1753.25	1953.12	2193.35	2414.88	2663.61	2977.92	3350.16	3772.28	4179.68	4551.68	4920.36	8376.10
青海	263.68	294.53	330.17	369.46	414.90	465.52	522.31	592.82	672.85	740.81	854.15	969.46	1088.71	1206.29	1317.27	1425.28	2097.67
宁夏	295.02	324.82	357.95	403.41	448.59	497.49	559.67	630.75	710.22	794.74	902.03	1011.18	1127.46	1237.95	1336.99	1443.95	2347.01
新疆	1363.56	1480.83	1602.25	1781.71	1984.82	2201.17	2443.29	2741.38	3042.93	3289.41	3638.08	4074.65	4563.61	5065.61	5572.17	6062.52	10847.69

附表 11　　分省出口贸易（以 2000 年为基准）　　（单位：亿元）

省域	2000	2001	2002	2003	2004	2005	2006	2007	2008	2009	2010	2011	2012	2013	2014	2015	2016
北京	990.8	975.6	1044.0	1397.7	1702.5	2528.4	3025.6	3720.4	3993.4	3304.8	3752.8	3810.5	3764.3	3907.8	3829.3	3404.9	3430.4
天津	714.1	785.7	962.8	1187.7	1725.9	2243.0	2669.8	2895.2	2924.1	2042.0	2537.5	2873.0	3049.7	3035.0	3230.5	3186.6	2917.6
河北	307.1	327.4	380.3	490.6	773.0	894.9	1023.1	1292.7	1667.1	1071.7	1527.0	1845.3	1868.4	1917.5	2193.6	2051.2	2014.4
山西	102.4	121.5	137.5	188.1	333.9	289.0	330.0	496.7	642.6	193.8	318.4	350.4	442.9	495.2	549.2	524.5	655.3
内蒙古	80.3	51.9	66.8	95.7	112.1	145.3	170.6	223.9	249.5	158.2	225.7	302.7	250.6	253.5	392.7	351.9	290.2
辽宁	898.7	911.2	1023.6	1206.7	1565.5	1920.0	2257.6	2686.0	2921.8	2282.6	2917.6	3296.7	3658.7	3996.0	3608.6	3158.5	2839.1
吉林	104.0	121.0	146.4	180.6	141.9	202.0	238.9	293.3	331.4	213.5	303.0	322.8	377.7	417.4	354.9	287.4	277.2
黑龙江	120.1	133.4	164.4	237.9	304.7	497.2	672.5	932.0	1167.2	688.7	1102.1	1141.5	911.2	1005.3	1064.9	500.5	331.9
上海	2098.8	2286.4	2651.7	4010.5	6084.0	7431.3	9055.1	10938.1	11747.3	9686.1	12233.4	13542.4	13049.8	12645.3	12908.1	12202.3	12097.8
江苏	2133.1	2389.9	3183.8	4892.8	7241.9	10073.1	12787.5	15482.5	16531.4	13607.3	18314.1	20189.6	20738.0	20363.3	20998.1	21092.2	21044.1
浙江	1609.5	1901.8	2434.3	3442.8	4812.1	6291.4	8042.8	9753.2	10716.0	9086.1	12216.6	13973.6	14172.6	15405.4	16789.9	17211.1	17666.5
安徽	179.8	188.9	203.0	253.6	325.9	425.0	545.1	670.2	789.2	607.0	840.3	1103.3	1688.5	1749.7	1934.1	2009.9	1880.0
福建	1068.4	1152.7	1437.8	1749.1	2433.0	2854.1	3289.3	3797.3	3958.1	3642.2	4839.7	5996.2	6175.7	6594.2	6969.1	7018.2	6834.0
江西	99.1	86.0	87.1	124.6	165.1	199.8	299.2	414.0	536.6	503.3	908.2	1412.9	1585.2	1744.4	1967.3	2062.6	1962.2
山东	1285.5	1499.9	1747.1	2198.1	2966.9	3778.2	4671.3	5711.4	6472.5	5430.0	7055.6	8119.5	8124.8	8310.7	8889.2	8964.3	9047.9

续 表

省域	2000	2001	2002	2003	2004	2005	2006	2007	2008	2009	2010	2011	2012	2013	2014	2015	2016
河南	123.8	141.1	175.4	246.6	345.5	416.8	528.9	636.8	744.4	501.8	712.8	1242.7	1873.3	2228.8	2419.2	2682.0	2833.4
湖北	160.2	148.7	173.7	219.8	279.9	362.8	499.1	621.5	813.2	681.7	977.6	1261.7	1224.5	1414.3	1636.6	1819.4	1717.9
湖南	136.8	145.1	148.6	177.6	257.1	307.0	405.9	495.4	584.3	375.2	538.6	639.7	795.5	917.9	1225.1	1191.9	1174.1
广东	7609.3	7898.5	9805.2	12651.2	15856.3	19509.3	24070.6	28082.8	28173.8	24520.2	30678.8	34356.1	36237.0	39411.3	39687.8	40059.3	39523.1
广西	123.3	102.3	124.8	163.1	197.5	235.6	286.4	388.5	510.3	572.1	650.1	804.6	976.4	1157.7	1494.4	1739.8	1517.0
海南	66.5	66.0	67.8	71.7	90.4	83.8	109.7	103.8	110.2	89.4	157.1	164.2	198.0	229.6	271.3	233.1	140.6
重庆	82.4	91.3	90.3	131.2	173.1	206.5	267.1	342.7	397.4	292.4	507.0	1280.9	2434.6	2898.2	3894.6	3437.3	2675.2
四川	115.4	131.0	224.4	265.6	329.4	385.1	528.1	654.4	912.1	967.9	1275.4	1874.8	2428.4	2598.0	2754.4	2061.2	1847.7
贵州	34.8	34.9	36.6	48.7	71.7	70.4	82.8	111.4	132.0	92.7	130.0	192.8	312.6	426.5	577.3	619.6	312.5
云南	97.3	103.0	118.3	138.8	185.3	216.4	270.4	362.6	346.2	308.3	514.9	611.8	632.3	970.6	1154.1	1034.9	760.4
陕西	108.5	91.7	113.9	143.5	198.4	252.0	289.3	355.5	373.7	272.4	420.3	454.4	546.2	633.3	855.7	921.1	1045.6
甘肃	34.4	39.4	45.4	72.6	82.5	89.4	120.3	126.1	111.2	50.2	110.9	139.4	225.6	289.7	327.4	362.0	265.8
青海	9.3	12.1	12.1	21.5	33.5	22.7	34.3	21.8	19.2	11.8	20.0	24.8	26.5	29.8	39.6	60.3	90.4
宁夏	27.1	29.1	27.2	42.4	53.5	56.3	75.1	82.6	87.4	50.7	79.2	103.3	103.6	158.1	264.3	184.6	164.8
新疆	99.7	55.3	108.3	210.3	252.1	412.8	569.1	874.6	1340.3	746.9	877.9	1086.7	1221.2	1379.1	1442.4	1089.7	1030.8

注：汇率折算后的出口贸易。

附表 12

分省碳排放量

（单位：万吨）

省域	2000	2001	2002	2003	2004	2005	2006	2007	2008	2009	2010	2011	2012	2013	2014	2015	2016
北京	7972.9	7844.6	7796.2	8020.0	8929.0	9267.8	9419.3	9883.0	10225.0	10392.2	10307.1	9709.7	9832.8	8852.3	9115.8	8569.5	7750.9
天津	7222.7	7721.3	8050.4	8848.6	9591.9	10419.3	10597.3	11051.3	10709.3	11196.7	14888.3	16432.9	16006.1	16738.9	15927.9	15399.7	14453.6
河北	26607.3	27403.9	29692.1	32342.1	37124.1	44219.6	46023.9	52905.4	53208.8	57584.2	59674.3	66937.6	68234.7	68448.8	64453.2	64392.8	62960.0
山西	28452.2	29645.8	36029.6	40919.6	44778.6	51639.4	57147.6	59240.0	56697.8	55636.4	60159.4	67428.5	69684.4	74009.3	76019.8	75396.5	72515.3
内蒙古	12163.2	12898.5	14072.6	18428.3	23206.5	28356.2	45580.1	38104.6	45580.1	49486.1	55246.2	70388.6	74085.0	71805.0	74918.2	74783.2	75372.2
辽宁	31611.8	30922.2	31988.5	35226.4	40144.0	42242.3	44893.1	47699.4	49166.7	50317.9	54221.5	57392.1	59164.8	57723.2	57225.9	55503.0	56508.8
吉林	10616.2	11177.7	11604.2	13149.4	14031.9	15983.4	16790.1	17648.1	19784.7	20094.8	22462.9	25681.5	25583.4	24353.8	24244.7	22953.8	22461.9
黑龙江	17001.9	16469.3	16351.8	18356.6	20041.9	22995.0	24205.2	26098.6	28340.3	29010.2	31465.0	33733.7	35211.4	33722.6	34439.2	34067.0	35579.7
上海	13031.4	13414.1	13800.3	15436.2	16133.4	17014.0	16360.6	16291.9	17527.9	17243.8	19214.7	19996.0	19549.0	20921.2	18212.5	18857.7	18529.9
江苏	21705.4	21908.9	23597.3	26893.3	32270.9	41440.9	44998.9	48832.3	49802.2	51406.6	56809.9	65727.2	66842.8	68826.6	67194.7	69556.5	72221.2
浙江	13477.6	14461.3	15799.1	18853.0	22355.3	25822.2	29332.7	33247.4	33391.2	34564.1	37208.7	39420.9	38076.4	38212.1	37635.4	38039.2	37895.3
安徽	12835.6	13572.4	14256.8	15953.8	16883.0	17878.6	18934.2	20936.4	24140.3	26851.5	28399.0	30074.1	31143.7	33522.3	34516.0	34113.9	33859.2
福建	5404.0	5460.3	6427.8	7632.7	8796.4	10481.1	11809.8	13283.0	14133.8	16519.2	18139.5	21148.2	21116.9	20268.1	23705.2	22894.6	21071.3
江西	5936.4	6068.7	6007.8	7119.7	8975.2	9587.7	10448.9	11544.9	11812.7	12116.5	14005.1	15393.6	15334.9	16348.2	16683.2	17441.9	17845.7
山东	22865.0	27678.1	30880.1	37224.4	46469.2	62425.7	71854.7	78197.0	83482.6	85996.6	92590.3	96591.2	100884.5	97352.7	104449.1	109755.9	115029.2

续 表

省域	2000	2001	2002	2003	2004	2005	2006	2007	2008	2009	2010	2011	2012	2013	2014	2015	2016
河南	19507.6	20706.7	22759.6	23242.6	32377.4	39378.7	44657.5	49114.7	50567.7	52039.3	55514.1	60436.9	55019.2	54642.1	52604.8	51596.4	50489.2
湖北	14133.8	13914.6	14767.0	16400.4	18385.1	20448.4	22572.1	24525.7	23374.0	25387.0	30446.5	35192.7	35035.3	28556.0	28530.6	28313.0	27998.5
湖南	8305.8	9522.2	9988.4	11490.7	13927.8	19550.3	20609.5	22710.0	22331.1	23386.7	24629.8	28606.8	27334.8	25719.7	24713.3	25480.6	26007.6
广东	17767.9	18115.5	19292.7	22215.8	24885.6	27014.2	30737.4	34785.4	37013.1	41036.3	47606.0	52749.7	51520.7	51303.3	51442.6	51250.4	51287.6
广西	4629.1	4629.1	4466.8	5448.6	6964.1	7537.4	8322.0	9808.5	9750.9	10888.9	13625.5	17335.1	19063.1	18710.6	17989.1	16614.6	17381.5
海南	543.0	581.3	707.5	1832.7	1515.0	1142.9	1890.5	3864.1	3968.1	4176.5	4572.2	5496.8	5745.9	5276.8	5923.3	6562.2	3289.2
重庆	6590.5	6034.1	6683.0	5902.8	6452.4	9147.7	10232.6	11136.5	11575.0	12605.3	13986.6	15679.0	15004.5	13126.3	13944.4	13983.4	13261.1
四川	11091.6	10817.0	12592.0	16321.8	18436.2	19355.0	21110.9	23497.8	24635.6	27952.8	27870.7	27348.0	28082.4	27456.3	28275.8	25282.2	24411.5
贵州	10382.0	9989.5	10482.4	13661.0	16042.8	15898.6	18037.8	19193.4	19501.6	21841.3	21833.6	24192.1	26680.5	27392.9	26378.2	25871.0	27566.8
云南	5749.7	6296.5	6793.5	9319.0	11465.4	13452.6	15032.5	15308.6	15893.8	17810.7	18714.3	19354.3	19727.2	19593.2	17391.8	15512.0	15040.3
陕西	7257.7	8376.6	9343.2	10960.5	13886.9	16274.9	20329.2	21943.4	24357.5	25753.9	30942.7	34334.0	39833.4	42751.5	45143.3	44868.8	46943.7
甘肃	7661.8	7829.8	8504.2	9697.4	10660.2	11454.5	12208.9	13582.9	13870.4	13615.3	15350.1	17923.3	18247.7	18374.6	18435.7	18072.1	17479.3
青海	1316.4	1607.9	1673.3	1880.8	2002.2	2423.6	2766.1	3223.2	3457.9	3399.0	3443.7	4184.7	5027.2	5488.0	4946.6	4448.3	5379.8
宁夏	2363.4	2071.7	2397.8	6744.7	6138.8	7188.6	7722.2	8827.2	9348.4	10351.1	12367.8	16527.0	17802.7	18856.7	19350.7	19667.8	19527.3
新疆	9181.2	9505.1	9988.9	10876.9	12446.9	13898.2	15821.4	17121.3	18852.6	22393.1	24983.2	29463.8	34154.6	38946.4	44031.5	45416.7	48250.7

数据来源：历年《中国能源统计年鉴》。

附表 13　分行业碳排放量　（单位：万吨）

省域	2005	2006	2007	2008	2009	2010	2011	2012	2013	2014	2015
北京	92. 1	96. 7	102. 9	99. 2	100. 4	103. 0	94. 4	97. 2	93. 4	92. 5	92. 172
天津	89. 0	95. 5	103. 4	110. 2	122. 3	136. 6	152. 0	158. 0	157. 0	155. 4	151. 917
河北	459. 1	486. 7	529. 0	554. 4	577. 8	647. 0	724. 6	714. 5	768. 9	751. 9	734. 129
山西	290. 0	320. 1	344. 9	370. 9	375. 4	406. 5	438. 8	466. 0	488. 2	475. 7	440. 164
内蒙古	240. 5	290. 7	340. 0	411. 4	445. 3	477. 4	598. 2	621. 6	576. 2	582. 2	584. 699
辽宁	279. 6	317. 9	362. 2	371. 4	406. 9	446. 3	455. 1	461. 0	482. 0	484. 5	472. 111
吉林	143. 4	158. 9	170. 5	179. 4	185. 7	202. 1	233. 9	229. 5	222. 3	222. 6	207. 598
黑龙江	158. 1	179. 0	187. 4	197. 3	203. 2	218. 3	247. 4	269. 2	256. 8	269. 1	265. 487
上海	158. 9	165. 2	174. 8	178. 2	179. 1	187. 1	200. 2	194. 8	201. 2	187. 7	188. 560
江苏	396. 1	440. 9	468. 7	496. 6	515. 6	580. 3	633. 3	656. 2	694. 3	704. 5	704. 107
浙江	255. 8	290. 3	325. 3	330. 2	338. 5	358. 6	379. 4	377. 2	379. 0	375. 3	375. 354
安徽	156. 7	175. 8	197. 7	225. 0	251. 5	261. 9	291. 3	318. 2	343. 1	350. 4	351. 327
福建	123. 9	135. 4	161. 3	165. 7	187. 8	199. 4	236. 9	232. 2	229. 4	243. 4	230. 405
江西	96. 4	108. 8	127. 2	130. 3	142. 2	148. 4	164. 0	164. 0	197. 4	202. 3	210. 434
山东	556. 5	605. 5	663. 0	697. 7	717. 9	766. 6	800. 8	842. 2	761. 6	790. 4	824. 501

续 表

省域	2005	2006	2007	2008	2009	2010	2011	2012	2013	2014	2015
河南	336. 2	379. 0	426. 2	435. 6	450. 7	504. 7	548. 5	520. 7	483. 9	535. 4	517. 774
湖北	189. 3	225. 2	249. 8	254. 0	275. 2	324. 3	373. 6	367. 6	309. 2	310. 2	308. 221
湖南	178. 5	203. 2	223. 3	226. 5	239. 0	254. 9	285. 5	281. 7	271. 2	269. 9	289. 223
广东	341. 8	376. 2	410. 1	416. 9	437. 6	471. 5	520. 6	504. 7	496. 8	503. 8	504. 828
广西	98. 9	112. 8	128. 2	133. 0	151. 8	171. 8	192. 3	204. 9	210. 0	207. 8	198. 046
海南	16. 5	19. 2	21. 7	24. 8	27. 0	28. 9	34. 9	37. 3	39. 5	40. 7	42. 282
重庆	81. 6	90. 0	99. 2	126. 3	133. 1	141. 5	160. 3	164. 8	140. 3	156. 2	159. 426
四川	170. 1	189. 8	208. 5	230. 1	263. 1	303. 8	303. 4	330. 7	343. 1	341. 3	322. 794
贵州	145. 6	169. 6	172. 0	163. 4	184. 7	191. 5	211. 0	230. 1	233. 2	231. 0	233. 606
云南	133. 1	150. 2	161. 2	163. 8	187. 2	194. 2	205. 4	211. 7	206. 2	194. 6	175. 944
陕西	122. 3	128. 7	148. 1	165. 4	186. 0	218. 6	243. 8	261. 9	265. 6	277. 2	276. 867
甘肃	84. 2	89. 4	97. 8	103. 3	100. 8	126. 5	138. 9	152. 7	159. 6	163. 5	158. 512
青海	19. 9	24. 4	26. 0	31. 6	33. 5	31. 8	36. 6	44. 6	47. 9	48. 5	51. 133
宁夏	51. 7	58. 8	66. 5	75. 4	80. 0	95. 3	137. 3	135. 0	142. 9	142. 6	140. 823
新疆	101. 1	113. 9	125. 3	137. 2	156. 7	167. 6	203. 0	251. 5	292. 7	329. 2	344. 161

数据来源：中国碳排放数据库（CEADs）。

附表 14　　出口贸易隐含的 CO_2　　（单位：万吨）

省域	2000	2001	2002	2003	2004	2005	2006	2007	2008	2009	2010	2011	2012	2013	2014	2015	2016
北京	3883.8	3633.1	3715.8	4697.3	5375.9	7686.5	8611.7	8374.7	8674.3	7129.9	7563.7	7089.6	6740.1	6337.7	6161.6	5326.4	5038.7
天津	2799.2	3051.2	3750.2	4374.1	6051.9	7148.2	8294.5	7395.0	6791.5	4863.7	5691.2	6016.8	6265.9	5833.4	6247.5	6285.5	5697.2
河北	1203.9	1272.3	1480.7	1830.2	2637.1	2916.1	3208.3	3228.7	3889.6	2518.1	3346.2	3681.7	3705.2	3580.4	4200.6	4063.2	3887.4
山西	401.4	475.8	529.3	668.5	1084.7	887.8	956.8	1132.5	1307.1	407.1	599.1	599.9	761.4	825.8	949.8	917.2	1148.1
内蒙古	314.8	201.8	258.8	350.6	385.9	479.6	511.1	515.6	510.8	325.4	438.4	537.1	440.7	424.8	672.8	634.9	540.8
辽宁	3523.0	3602.5	4101.8	4840.0	6322.1	7181.9	8092.7	7731.9	7777.5	6084.7	7200.4	7454.3	7966.1	8042.6	7276.0	6427.1	7119.2
吉林	407.9	475.9	567.7	672.4	501.5	686.5	769.7	743.6	800.3	509.5	679.7	664.6	757.8	773.1	659.2	546.4	525.6
黑龙江	470.9	530.0	669.3	944.3	1144.6	1786.8	2339.4	2660.3	3177.3	1992.8	2927.7	2759.3	2188.9	2300.8	2464.0	1197.1	810.1
上海	8227.2	9046.3	10570.3	15199.0	21664.4	25530.5	29674.9	29276.1	30579.4	25139.7	30194.2	31802.7	30803.7	27695.9	27894.8	25957.5	24037.7
江苏	8361.7	9314.1	12325.6	18107.7	25317.3	32357.6	39311.7	38289.0	38631.2	31669.0	39301.4	39890.4	40288.6	36534.9	38402.8	37186.6	35525.4
浙江	6309.4	7321.2	9071.7	11980.5	15849.5	20186.8	24366.3	23799.9	25116.1	21335.5	26184.3	27536.0	27644.2	27802.8	30522.8	31048.4	30501.0
安徽	704.8	719.0	779.3	943.0	1122.9	1446.4	1784.9	1743.6	1921.3	1446.2	1837.3	2174.9	3260.6	3109.7	3448.5	3621.9	3248.3
福建	4188.2	4528.1	5659.9	6793.9	9064.8	10380.3	11416.5	10431.0	10482.2	9441.4	11670.3	13399.9	13470.8	13397.2	14090.2	14052.5	13121.4
江西	388.6	336.8	333.7	464.8	562.0	650.4	896.1	977.4	1191.3	1134.1	1858.6	2583.2	2858.2	2898.3	3275.0	3454.2	3179.6
山东	5039.3	5849.2	6792.9	8139.7	10114.0	12072.3	13980.1	13894.8	14672.5	12420.4	15426.6	16717.3	16376.8	15484.8	16666.6	16793.2	16549.9

续 表

省域	2000	2001	2002	2003	2004	2005	2006	2007	2008	2009	2010	2011	2012	2013	2014	2015	2016
河南	485.4	549.2	683.4	922.9	1171.3	1296.7	1565.6	1490.6	1624.8	1107.1	1468.0	2414.8	3584.8	3981.3	4319.1	4804.7	4902.6
湖北	628.1	578.5	677.9	822.6	976.3	1206.1	1566.8	1528.8	1866.0	1529.2	2010.2	2361.1	2212.3	2351.6	2692.4	2962.2	2680.7
湖南	536.3	573.1	589.0	678.6	902.5	1023.1	1266.9	1213.5	1329.5	846.3	1115.2	1197.9	1447.1	1540.7	2042.4	1979.1	1879.3
广东	29828.5	30446.3	37782.5	47080.1	56451.4	65757.5	76471.8	71862.8	68624.8	60174.1	71422.5	74813.5	78259.1	78569.6	78272.8	77971.0	72935.3
广西	483.2	395.1	480.4	610.9	674.3	781.0	880.6	938.8	1151.8	1311.6	1357.3	1514.7	1808.3	1985.3	2553.4	2941.2	2466.7
海南	260.5	256.3	259.2	269.4	325.0	294.5	364.1	284.0	277.2	224.8	361.2	340.2	388.8	414.7	480.8	413.1	239.2
重庆	323.1	352.4	339.3	474.1	586.3	679.0	851.7	886.6	948.6	701.1	1153.6	2641.2	4919.1	5466.8	7273.3	6344.7	4758.9
四川	452.5	510.8	874.9	1007.8	1168.4	1321.9	1699.2	1662.0	2151.7	2294.3	2818.4	3829.1	4835.4	4794.2	5080.3	3822.1	3296.4
贵州	136.5	135.0	140.2	176.8	244.9	223.1	244.3	256.6	273.5	191.8	253.8	343.6	517.8	627.1	817.6	841.1	410.4
云南	381.3	404.4	467.2	532.4	651.1	733.9	867.4	913.8	807.7	733.1	1155.0	1246.5	1234.6	1723.8	2037.9	1834.1	1318.1
陕西	425.1	353.3	433.8	525.4	662.8	761.5	795.5	781.4	751.3	549.0	770.4	754.7	871.7	932.0	1260.5	1409.5	1566.5
甘肃	134.7	158.4	182.7	280.9	292.6	307.9	381.9	317.2	262.5	120.5	240.4	274.5	436.8	516.6	586.4	692.3	509.8
青海	36.3	47.4	47.2	82.6	128.0	86.2	126.9	67.6	59.5	36.0	59.9	73.2	76.7	80.6	106.6	159.2	139.9
宁夏	106.2	109.6	100.5	147.8	170.7	173.8	214.4	175.6	159.6	90.9	126.8	146.6	144.7	205.0	345.5	241.6	209.1
新疆	390.8	214.8	419.7	764.7	865.4	1325.8	1689.5	2109.7	3017.6	1752.1	1762.2	1976.2	2153.4	2234.7	2331.7	1870.4	1798.2

附表 15　　Adjacent 参比的 SE－U－SBM 和 VRS 假设下的效率

2001	2002	2003	2004	2005	2006	2007	2008	2009	2010	2011	2012	2013	2014	2015	2016
1. 08251	1. 09081	1. 13889	1. 17336	1. 16565	1. 15694	1. 14564	1. 12139	1. 13825	1. 17179	1. 23130	1. 23022	1. 27759	1. 23267	1. 23299	1. 27999
1. 04656	1. 06597	1. 06206	1. 08857	1. 11038	1. 12148	1. 14947	1. 14740	1. 17579	1. 18951	1. 19012	1. 18271	1. 03325	1. 05639	1. 05997	1. 00713
0. 41613	0. 45314	0. 53927	0. 66853	1. 00459	1. 00878	1. 01085	0. 67723	0. 47957	0. 55148	0. 49302	0. 43751	0. 38851	0. 36124	0. 30213	0. 18938
0. 26874	0. 28417	0. 34248	0. 42807	0. 36504	0. 31520	0. 34058	0. 31813	0. 11063	0. 13141	0. 11229	0. 12365	0. 11822	0. 10699	0. 08627	0. 12687
1. 13102	1. 10399	1. 05190	1. 00853	1. 02248	1. 03527	1. 03765	1. 02538	0. 12291	0. 13013	0. 12265	0. 08047	1. 75919	0. 08908	0. 07330	0. 05699
1. 08543	1. 08181	1. 07118	1. 05371	1. 05012	1. 04719	1. 04795	1. 05116	1. 04210	1. 04823	1. 04803	1. 03599	1. 02181	1. 02219	1. 01493	0. 29950
1. 01425	1. 00254	1. 00390	1. 00063	0. 58240	1. 00087	1. 01113	1. 00019	0. 16272	0. 16753	0. 13932	0. 13422	0. 12849	0. 10454	0. 09727	0. 09217
1. 01368	1. 03017	1. 03733	1. 04731	1. 04414	1. 05538	1. 05289	1. 04930	1. 04552	1. 03933	1. 04072	1. 04785	1. 03923	1. 03358	1. 03375	0. 07767
1. 27865	1. 31664	1. 28583	1. 22497	1. 20201	1. 20101	1. 22316	1. 26005	1. 26399	1. 27388	1. 27806	1. 26765	1. 19594	1. 21172	1. 23036	1. 20051
1. 05274	1. 05503	1. 08001	1. 05596	1. 04360	1. 04219	1. 03894	1. 03339	1. 03905	1. 03588	1. 04366	1. 04916	1. 08969	1. 08882	1. 08437	1. 10606
1. 01287	1. 00350	1. 00174	1. 01242	1. 02738	1. 01484	1. 01051	0. 90282	0. 85505	0. 84813	0. 82967	0. 84254	0. 82561	0. 80134	0. 79157	0. 77135
0. 36359	0. 40333	0. 49426	0. 61825	1. 00300	1. 00477	1. 00979	1. 00816	1. 01154	1. 01777	1. 01347	0. 70767	0. 72211	0. 75682	0. 67471	0. 31200
1. 12714	1. 10173	1. 07088	1. 05589	1. 04209	1. 04519	1. 04137	1. 02648	1. 00775	1. 00103	0. 82180	0. 85979	0. 81460	0. 77237	0. 75702	0. 59246
1. 03318	1. 02654	1. 01352	1. 03273	1. 03818	1. 03608	1. 03361	1. 03289	1. 01808	1. 00517	0. 67611	0. 72033	0. 71581	0. 75853	0. 73027	0. 47513
1. 02929	1. 04652	1. 08591	1. 12323	1. 13277	1. 13897	1. 13673	1. 12904	1. 09235	1. 10807	1. 09236	1. 08388	1. 06827	1. 06388	1. 05147	1. 01510

续 表

2001	2002	2003	2004	2005	2006	2007	2008	2009	2010	2011	2012	2013	2014	2015	2016
1.02830	1.02842	1.03121	1.03711	1.03707	1.03122	1.02285	1.01330	0.31969	0.29497	0.29027	0.28251	0.25797	0.24031	0.23597	0.23249
0.17345	0.19929	0.24806	0.30841	0.51227	0.55238	1.00327	1.00695	0.49006	0.53853	0.53533	0.50421	0.46184	0.43287	0.37413	0.27730
1.04451	1.04399	1.04130	1.04061	1.02494	1.02659	1.02875	1.03606	1.03715	1.02620	1.01513	1.01486	1.01594	1.01196	1.00360	0.23291
1.30322	1.30106	1.27151	1.24025	1.23450	1.22500	1.21166	1.19361	1.20479	1.19270	1.20044	1.21339	1.23770	1.22576	1.23497	1.22087
1.02878	1.05223	1.06472	1.03712	1.05698	1.06403	1.05853	1.05738	1.00616	0.30606	0.22251	0.21281	0.22129	0.23518	0.25529	0.27877
5.44359	3.35470	1.45655	1.72202	2.74572	1.86596	1.44205	1.38561	1.36802	1.33531	1.34492	1.37828	1.45114	1.42894	1.42783	1.95834
0.36023	0.31554	0.38775	0.36344	0.27507	0.30001	0.30744	0.32077	0.23328	0.35078	0.47406	0.52891	0.59383	0.58603	0.55538	0.58475
1.00178	0.38754	0.42785	0.49826	1.04516	1.04086	1.03731	1.01576	0.64696	1.00937	1.03651	1.02622	1.02474	1.02662	1.04037	1.00213
0.08038	0.07507	0.08112	0.10094	0.09347	0.09577	0.10926	0.10856	0.07630	0.09222	0.11181	0.14482	0.15832	0.15625	0.13580	1.12435
0.27656	0.30947	0.32593	0.34228	0.29029	0.27858	0.33929	0.33260	0.26867	0.27903	0.24586	0.21795	0.25212	0.20926	0.17465	0.15049
0.23532	0.25943	0.28380	0.29569	0.28205	0.25911	0.26163	0.23133	0.14804	0.17474	0.15116	0.15164	0.13911	0.14516	0.12976	0.18688
0.19619	0.20808	0.27838	0.27953	0.26519	0.27533	0.25809	0.21642	0.12245	0.19346	0.18729	0.27983	0.33979	0.41235	0.37220	1.00774
1.13994	1.11880	1.20477	1.17606	1.15901	1.17677	1.29835	1.28323	1.32768	1.37446	1.38172	1.32896	1.25970	1.34798	1.48013	1.21539
1.04115	1.03562	1.02254	1.00262	0.59884	0.53294	0.49574	0.47576	0.31559	0.38816	0.44636	0.50099	0.61069	0.53943	0.60374	0.46523
0.22083	0.30390	0.42124	0.46482	0.55121	0.60256	0.63952	0.82900	0.59943	1.00954	1.02463	1.02114	1.02035	1.00973	0.47939	0.23659

附表 16　　Adjacent 参比的 SE－U－SBM 和 VRS 假设下的 MI 值

AM2001	AM2002	AM2003	AM2004	AM2005	AM2006	AM2007	AM2008	AM2009	AM2010	AM2011	AM2012	AM2013	AM2014	AM2015	AM2016
1. 05538	1. 01304	1. 00090	1. 01466	1. 00277	1. 01383	1. 01795	1. 01594	1. 03248	1. 03749	1. 04015	1. 01286	1. 05094	1. 00487	1. 03112	1. 20597
0. 99097	1. 02411	0. 99979	0. 99864	1. 01524	1. 01688	1. 05481	1. 03801	1. 08739	1. 02631	1. 02663	1. 02192	0. 93991	1. 00400	1. 02383	1. 45769
1. 12620	1. 15790	1. 15028	1. 17545	1. 47940	1. 17860	1. 00519	0. 81749	1. 09667	1. 06542	0. 92241	0. 91005	0. 90941	0. 94155	0. 92239	2. 18748
1. 00302	0. 97639	1. 02016	1. 02658	0. 79148	0. 85750	1. 06132	0. 92379	0. 33405	1. 12331	0. 84822	1. 04170	0. 88818	0. 91632	0. 82884	3. 12135
0. 94434	0. 94318	0. 92803	0. 95026	1. 01360	1. 02940	1. 02882	1. 02821	0. 75633	2. 92776	2. 84613	0. 86739	22. 33746	0. 06004	1. 30821	4. 30666
0. 99765	1. 00140	0. 99795	0. 99787	1. 01313	1. 01791	1. 02232	1. 02925	1. 03365	1. 02357	1. 02559	1. 01461	1. 00085	1. 00670	1. 02026	1. 06863
1. 00437	0. 99473	0. 99316	0. 99197	0. 76028	1. 76851	1. 53750	1. 64960	0. 77729	1. 05106	0. 96673	1. 16341	1. 13002	0. 92868	0. 99375	3. 99773
1. 61780	1. 01873	1. 00371	1. 01043	1. 00451	1. 00362	0. 99304	0. 99560	1. 00213	0. 99438	1. 00798	1. 00644	0. 99126	0. 99240	1. 00059	0. 86391
1. 04989	1. 03336	1. 01374	0. 99179	1. 01108	1. 03039	1. 02980	1. 00433	1. 01030	1. 03172	1. 00829	0. 99606	0. 91777	1. 01149	1. 01932	1. 13588
1. 03065	1. 02359	1. 00999	0. 99224	1. 00799	1. 03680	1. 08861	1. 13142	1. 17413	1. 01499	1. 04200	1. 03969	1. 04208	1. 03182	1. 03419	1. 60600
0. 99196	0. 99221	0. 94008	0. 94622	0. 95466	1. 00442	1. 08773	1. 08213	1. 18142	1. 01224	1. 12535	1. 16368	1. 10451	1. 06542	1. 08710	1. 55823
0. 97844	1. 02935	1. 05029	1. 05399	1. 44213	1. 15224	1. 12994	1. 01172	1. 20775	1. 00890	1. 00526	0. 83839	1. 17677	0. 88949	0. 93273	1. 56807
1. 02376	0. 98561	0. 96107	0. 98036	0. 98461	1. 00708	1. 00855	1. 00889	1. 01727	0. 99593	0. 95701	1. 13257	1. 08547	1. 04404	1. 09622	1. 40860
0. 99443	0. 98512	0. 80322	1. 00645	1. 00415	1. 00870	1. 01163	1. 01677	1. 01416	0. 99429	0. 84091	1. 01118	0. 93556	0. 95520	0. 98611	1. 57729
1. 01698	1. 02314	1. 02804	1. 03297	1. 03333	1. 03393	1. 03306	1. 03238	1. 03963	1. 02193	1. 02305	1. 02510	1. 02484	1. 02119	1. 02332	1. 91834

续 表

AM2001	AM2002	AM2003	AM2004	AM2005	AM2006	AM2007	AM2008	AM2009	AM2010	AM2011	AM2012	AM2013	AM2014	AM2015	AM2016
1. 00437	1. 00366	1. 00436	1. 01008	1. 00439	0. 99848	1. 00147	1. 00583	0. 81955	1. 81136	2. 04097	1. 98769	1. 90221	1. 97218	1. 18248	2. 80298
0. 99145	1. 12665	1. 16267	1. 17535	1. 40120	1. 74349	2. 14961	1. 58173	1. 03609	1. 54456	1. 15437	1. 41756	1. 39499	1. 45001	1. 53891	2. 40190
0. 99361	1. 00427	0. 99396	0. 99518	0. 98335	0. 99666	0. 99719	1. 00205	1. 00587	0. 99752	0. 99658	1. 00609	1. 01458	1. 00558	1. 23651	1. 55951
1. 00281	1. 02767	1. 02741	1. 02621	1. 02489	1. 02710	1. 01520	1. 00034	1. 02864	1. 02025	1. 00720	1. 02122	1. 01330	1. 00918	1. 01952	1. 16806
0. 99336	1. 01818	0. 97144	0. 96354	1. 00755	1. 00663	0. 98690	1. 01581	0. 98241	0. 41162	0. 74952	0. 98013	1. 15042	1. 18779	1. 13596	2. 36096
0. 82429	0. 55088	0. 36824	1. 09843	1. 27813	0. 59314	0. 73237	0. 97254	0. 97163	0. 96527	0. 91831	0. 96239	0. 98543	0. 94240	0. 94701	1. 30547
0. 82321	0. 75870	1. 03854	0. 87477	0. 70711	1. 09532	1. 01103	1. 04207	0. 79551	1. 37324	1. 35256	1. 09261	1. 16399	1. 02578	0. 96228	1. 69051
4. 04213	0. 70723	1. 01989	1. 20748	1. 45165	1. 02076	1. 02303	1. 29461	1. 05832	1. 52914	1. 03746	1. 01886	1. 01583	1. 00727	1. 02256	2. 54142
0. 86884	0. 90428	1. 02288	1. 18209	0. 90187	1. 01466	1. 12618	0. 95185	0. 64859	1. 08331	1. 12056	1. 10877	0. 95819	0. 91777	0. 83058	9. 47134
0. 93542	1. 00099	0. 90394	0. 96385	0. 83077	0. 96385	1. 18634	0. 98331	0. 77689	0. 93089	0. 85635	0. 82896	1. 12971	0. 86350	0. 85020	1. 17128
0. 67789	1. 00906	0. 96819	1. 00415	0. 95238	0. 94070	1. 03684	0. 92618	0. 70865	1. 14619	0. 88980	0. 99140	0. 93162	1. 10660	0. 98738	2. 62979
1. 02692	0. 93348	1. 09352	0. 87420	0. 89149	1. 00945	0. 89099	0. 74334	0. 44319	1. 26503	0. 88252	1. 11557	0. 80178	0. 58053	0. 52605	4. 45057
0. 92782	0. 92995	0. 92948	0. 94265	0. 94452	0. 95085	0. 91924	0. 93608	0. 94674	0. 93452	0. 87512	0. 89224	0. 92931	1. 00494	1. 02927	0. 94163
0. 89194	0. 85469	0. 74176	0. 71859	0. 57080	0. 69866	0. 96445	1. 21206	0. 47342	1. 87606	1. 78045	1. 06176	0. 65518	0. 56716	0. 70645	0. 87680
0. 62534	1. 44129	1. 40235	1. 07033	1. 24518	1. 27201	1. 16731	1. 47324	0. 74879	1. 69663	1. 16435	0. 99840	0. 98253	0. 98247	0. 45990	0. 99901

附表 17 AdjacentWindow 参比的 SE－U－SBM 和 VRS 假设下的效率

AW2001	AW2002	AW2003	AW2004	AW2005	AW2006	AW2007	AW2008	AW2009	AW2010	AW2011	AW2012	AW2013	AW2014	AW2015	AW2016
1. 08251	1. 09081	1. 13889	1. 17336	1. 16565	1. 15694	1. 14564	1. 12139	1. 13825	1. 17179	1. 23130	1. 23022	1. 27759	1. 23267	1. 23299	1. 27999
1. 04656	1. 06597	1. 06206	1. 08857	1. 11038	1. 12148	1. 14947	1. 14740	1. 17579	1. 18951	1. 19012	1. 18271	1. 03325	1. 05639	1. 05997	1. 00713
0. 41613	0. 45314	0. 53927	0. 66853	1. 00459	1. 00878	1. 01085	0. 67723	0. 47957	0. 55148	0. 49302	0. 43751	0. 38851	0. 36124	0. 30213	0. 18938
0. 26874	0. 28417	0. 34248	0. 42807	0. 36504	0. 31520	0. 34058	0. 31813	0. 11063	0. 13141	0. 11229	0. 12365	0. 11822	0. 10699	0. 08627	0. 12687
1. 13102	1. 10399	1. 05190	1. 00853	1. 02248	1. 03527	1. 03765	1. 02538	0. 12291	0. 13013	0. 12265	0. 08047	1. 75919	0. 08908	0. 07330	0. 05699
1. 08543	1. 08181	1. 07118	1. 05371	1. 05012	1. 04719	1. 04795	1. 05116	1. 04210	1. 04823	1. 04803	1. 03599	1. 02181	1. 02219	1. 01493	0. 29950
1. 01425	1. 00254	1. 00390	1. 00063	0. 58240	1. 00087	1. 01113	1. 00019	0. 16272	0. 16753	0. 13932	0. 13422	0. 12849	0. 10454	0. 09727	0. 09217
1. 01368	1. 03017	1. 03733	1. 04731	1. 04414	1. 05538	1. 05289	1. 04930	1. 04552	1. 03933	1. 04072	1. 04785	1. 03923	1. 03358	1. 03375	0. 07767
1. 27865	1. 31664	1. 28583	1. 22497	1. 20201	1. 20101	1. 22316	1. 26005	1. 26399	1. 27388	1. 27806	1. 26765	1. 19594	1. 21172	1. 23036	1. 20051
1. 05274	1. 05503	1. 08001	1. 05596	1. 04360	1. 04219	1. 03894	1. 03339	1. 03905	1. 03588	1. 04366	1. 04916	1. 08969	1. 08882	1. 08437	1. 10606
1. 01287	1. 00350	1. 00174	1. 01242	1. 02738	1. 01484	1. 01051	0. 90282	0. 85505	0. 84813	0. 82967	0. 84254	0. 82561	0. 80134	0. 79157	0. 77135
0. 36359	0. 40333	0. 49426	0. 61825	1. 00300	1. 00477	1. 00979	1. 00816	1. 01154	1. 01777	1. 01347	0. 70767	0. 72211	0. 75682	0. 67471	0. 31200
1. 12714	1. 10173	1. 07088	1. 05589	1. 04209	1. 04519	1. 04137	1. 02648	1. 00775	1. 00103	0. 82180	0. 85979	0. 81460	0. 77237	0. 75702	0. 59246
1. 03318	1. 02654	1. 01352	1. 03273	1. 03818	1. 03608	1. 03361	1. 03289	1. 01808	1. 00517	0. 67611	0. 72033	0. 71581	0. 75853	0. 73027	0. 47513
1. 02929	1. 04652	1. 08591	1. 12323	1. 13277	1. 13897	1. 13673	1. 12904	1. 09235	1. 10807	1. 09236	1. 08388	1. 06827	1. 06388	1. 05147	1. 01510

续 表

AW2001	AW2002	AW2003	AW2004	AW2005	AW2006	AW2007	AW2008	AW2009	AW2010	AW2011	AW2012	AW2013	AW2014	AW2015	AW2016
1. 02830	1. 02842	1. 03121	1. 03711	1. 03707	1. 03122	1. 02285	1. 01330	0. 31969	0. 29497	0. 29027	0. 28251	0. 25797	0. 24031	0. 23597	0. 23249
0. 17345	0. 19929	0. 24806	0. 30841	0. 51227	0. 55238	1. 00327	1. 00695	0. 49006	0. 53853	0. 53533	0. 50421	0. 46184	0. 43287	0. 37413	0. 27730
1. 04451	1. 04399	1. 04130	1. 04061	1. 02494	1. 02659	1. 02875	1. 03606	1. 03715	1. 02620	1. 01513	1. 01486	1. 01594	1. 01196	1. 00360	0. 23291
1. 30322	1. 30106	1. 27151	1. 24025	1. 23450	1. 22500	1. 21166	1. 19361	1. 20479	1. 19270	1. 20044	1. 21339	1. 23770	1. 22576	1. 23497	1. 22087
1. 02878	1. 05223	1. 06472	1. 03712	1. 05698	1. 06403	1. 05853	1. 05738	1. 00616	0. 30606	0. 22251	0. 21281	0. 22129	0. 23518	0. 25529	0. 27877
5. 44359	3. 35470	1. 45655	1. 72202	2. 74572	1. 86596	1. 44205	1. 38561	1. 36802	1. 33531	1. 34492	1. 37828	1. 45114	1. 42894	1. 42783	1. 95834
0. 36023	0. 31554	0. 38775	0. 36344	0. 27507	0. 30001	0. 30744	0. 32077	0. 23328	0. 35078	0. 47406	0. 52891	0. 59383	0. 58603	0. 55538	0. 58475
1. 00178	0. 38754	0. 42785	0. 49826	1. 04516	1. 04086	1. 03731	1. 01576	0. 64696	1. 00937	1. 03651	1. 02622	1. 02474	1. 02662	1. 04037	1. 00213
0. 08038	0. 07507	0. 08112	0. 10094	0. 09347	0. 09577	0. 10926	0. 10856	0. 07630	0. 09222	0. 11181	0. 14482	0. 15832	0. 15625	0. 13580	1. 12435
0. 27656	0. 30947	0. 32593	0. 34228	0. 29029	0. 27858	0. 33929	0. 33260	0. 26867	0. 27903	0. 24586	0. 21795	0. 25212	0. 20926	0. 17465	0. 15049
0. 23532	0. 25943	0. 28380	0. 29569	0. 28205	0. 25911	0. 26163	0. 23133	0. 14804	0. 17474	0. 15116	0. 15164	0. 13911	0. 14516	0. 12976	0. 18688
0. 19619	0. 20808	0. 27838	0. 27953	0. 26519	0. 27533	0. 25809	0. 21642	0. 12245	0. 19346	0. 18729	0. 27983	0. 33979	0. 41235	0. 37220	1. 00774
1. 13994	1. 11880	1. 20477	1. 17606	1. 15901	1. 17677	1. 29835	1. 28323	1. 32768	1. 37446	1. 38172	1. 32896	1. 25970	1. 34798	1. 48013	1. 21539
1. 04115	1. 03562	1. 02254	1. 00262	0. 59884	0. 53294	0. 49574	0. 47576	0. 31559	0. 38816	0. 44636	0. 50099	0. 61069	0. 53943	0. 60374	0. 46523
0. 22083	0. 30390	0. 42124	0. 46482	0. 55121	0. 60256	0. 63952	0. 82900	0. 59943	1. 00954	1. 02463	1. 02114	1. 02035	1. 00973	0. 47939	0. 23659

附表 18　AdjacentWindow 参比的 SE－U－SBM 和 VRS 假设下的 MI 值

AWM 2001	AWM 2002	AWM 2003	AWM 2004	AWM 2005	AWM 2006	AWM 2007	AWM 2008	AWM 2009	AWM 2010	AWM 2011	AWM 2012	AWM 2013	AWM 2014	AWM 2015	AWM 2016
1.10425	0.99973	1.02539	1.05220	1.00338	1.01713	1.04219	1.03339	1.07752	1.06123	1.08735	1.01307	1.07457	0.99183	1.03786	1.60832
0.99699	1.03262	1.00563	1.02371	1.02310	1.02376	1.05397	1.02759	1.11758	1.01850	1.02419	1.01886	0.90657	1.01625	1.08601	1.43086
1.12620	1.15790	1.15028	1.17545	1.47940	1.17769	1.05824	0.81674	1.09667	1.06542	0.92241	0.91005	0.90941	0.94155	0.92239	2.18748
1.00302	0.97639	1.02016	1.02658	0.79148	0.85750	1.06132	0.92379	0.33405	1.12331	0.84822	1.04170	0.88818	0.91632	0.82884	3.12135
0.95763	0.95890	0.93873	0.95258	1.01206	1.52828	1.58288	1.80223	0.75202	2.92776	2.84613	0.86739	22.44849	0.05031	1.30821	4.30666
1.00070	1.00281	0.99685	0.98613	1.00414	1.01112	1.01830	1.02400	1.09927	1.02031	1.01791	1.00463	1.00040	1.00973	1.24476	1.06232
1.00273	0.99090	0.99374	0.99197	0.76028	1.76851	1.53719	1.64616	0.77729	1.05106	0.96673	1.16341	1.13002	0.92868	0.99375	3.99773
1.61535	1.34583	1.00894	1.04625	1.00249	1.01010	0.99808	1.00131	1.00596	0.99162	1.00706	1.00546	0.99190	0.98949	1.00040	0.85426
1.05311	1.04024	1.01020	1.00323	1.01077	1.05596	1.08151	1.04093	1.03511	1.03035	1.02738	1.02205	0.91436	1.03989	1.01006	1.25121
1.03606	1.01820	1.00729	0.98396	0.99910	1.03151	1.08341	1.12889	1.18209	1.01436	1.07301	1.07879	1.10537	1.06644	1.06705	1.59398
0.99457	0.99206	0.94051	0.95033	0.96271	1.00550	1.08277	1.08080	1.18142	1.01224	1.12535	1.16368	1.10451	1.06542	1.08710	1.55823
0.97844	1.02935	1.05029	1.05399	1.44213	1.15391	1.13205	1.08990	1.20706	1.01039	1.00541	0.83681	1.17677	0.88949	0.93273	1.56807
1.08026	0.97927	0.94870	0.96758	0.98166	1.01464	1.01496	1.01599	1.01484	0.99466	0.95701	1.13257	1.08547	1.04404	1.09622	1.40860
0.99760	0.98123	0.79459	1.00605	1.00073	1.00107	1.00509	1.01325	1.08744	0.99115	0.84091	1.01118	0.93556	0.95520	0.98611	1.57729
1.01436	1.04034	1.01181	1.03539	1.01667	1.02740	1.02224	1.01732	1.07807	1.02175	1.00940	1.01321	1.01372	1.01137	1.01426	1.89346

续 表

AWM 2001	AWM 2002	AWM 2003	AWM 2004	AWM 2005	AWM 2006	AWM 2007	AWM 2008	AWM 2009	AWM 2010	AWM 2011	AWM 2012	AWM 2013	AWM 2014	AWM 2015	AWM 2016
1. 00526	1. 00306	0. 99910	1. 00664	1. 00301	0. 99954	1. 00172	1. 00325	0. 81614	1. 81136	2. 04097	1. 98769	1. 90221	1. 97218	1. 18248	2. 80298
0. 99145	1. 12665	1. 16267	1. 17535	1. 40120	1. 74349	2. 14961	1. 58157	1. 03556	1. 54456	1. 15437	1. 41756	1. 39499	1. 45001	1. 53891	2. 40190
0. 98448	0. 99943	0. 98434	0. 99401	0. 98024	1. 00192	1. 00587	1. 01160	1. 01388	1. 00097	0. 99557	1. 00684	1. 01451	1. 00664	1. 23485	1. 55898
1. 02412	1. 02859	1. 01078	1. 01237	1. 01602	1. 02096	1. 01746	1. 04848	1. 02410	1. 00691	1. 02484	1. 02579	1. 02850	1. 00529	1. 01526	1. 38242
0. 99790	1. 01535	0. 87377	0. 84169	1. 00676	1. 00255	0. 99363	1. 00987	0. 97153	0. 41162	0. 74952	0. 98013	1. 15042	1. 18779	1. 13596	2. 36096
1. 11588	0. 73348	0. 43548	1. 10667	1. 31061	0. 70135	0. 67973	0. 95384	0. 94374	0. 93117	0. 91002	0. 95864	1. 00845	0. 93202	0. 94297	1. 53542
0. 82321	0. 75870	1. 03854	0. 87477	0. 70711	1. 09532	1. 01103	1. 04207	0. 79551	1. 37324	1. 35256	1. 09261	1. 16399	1. 02578	0. 96228	1. 69051
4. 04213	0. 70723	1. 01989	1. 20748	1. 77087	1. 13526	1. 12526	1. 27332	1. 05164	1. 52914	1. 03600	1. 00698	1. 01446	1. 00698	1. 03054	2. 50931
0. 86884	0. 90428	1. 02288	1. 18209	0. 90187	1. 01466	1. 12618	0. 95185	0. 64859	1. 08331	1. 12056	1. 10877	0. 95819	0. 91777	0. 83058	9. 47134
0. 93542	1. 00099	0. 90394	0. 96385	0. 83077	0. 96385	1. 18634	0. 98331	0. 77689	0. 93089	0. 85635	0. 82896	1. 12971	0. 86350	0. 85020	1. 17128
0. 67789	1. 00906	0. 96819	1. 00415	0. 95238	0. 94070	1. 03684	0. 92618	0. 70865	1. 14619	0. 88980	0. 99140	0. 93162	1. 10660	0. 98738	2. 62979
1. 02692	0. 93348	1. 09352	0. 87420	0. 89149	1. 00945	0. 89099	0. 74334	0. 44319	1. 26503	0. 88252	1. 11557	0. 80178	0. 58053	0. 52605	4. 45057
0. 92490	0. 94543	0. 97166	0. 93328	0. 95032	0. 96726	1. 00438	0. 98210	0. 98898	0. 99307	0. 92042	0. 90244	0. 58366	1. 01528	1. 02873	0. 85519
0. 88744	0. 80398	0. 73110	0. 71859	0. 57080	0. 69866	0. 96445	1. 21206	0. 47342	1. 87606	1. 78045	1. 06176	0. 65518	0. 56716	0. 70645	0. 87680
0. 62534	1. 44129	1. 40235	1. 07033	1. 24518	1. 27201	1. 16731	1. 47324	0. 74879	1. 69663	1. 16318	0. 99321	0. 86631	0. 85854	0. 45990	0. 99901

附表 19 Fixed2009 参比的 SE－U－SBM 和 VRS 假设下的效率

省域	09－01	09－02	09－03	09－04	09－05	09－06	09－07	09－8	09－09	09－10	09－11	09－12	09－13	09－14	09－15	09－16
北京	0. 85104	0. 89617	0. 95185	1. 00117	1. 00615	1. 03766	1. 06870	1. 09574	1. 13825	1. 17871	1. 22673	1. 24191	1. 29342	1. 29840	1. 32466	1. 54666
天津	1. 09155	1. 08473	1. 05795	1. 08215	1. 06497	1. 06058	1. 03163	1. 06744	1. 17579	1. 20687	1. 23454	1. 25312	1. 20081	1. 20380	1. 22322	1. 30341
河北	1. 02358	1. 01858	1. 01291	1. 00390	0. 59586	0. 63663	0. 66463	0. 59037	0. 47957	0. 50700	0. 46500	1. 00302	1. 02558	1. 04479	1. 06618	1. 17197
山西	1. 08401	1. 07125	1. 05740	1. 03678	1. 01463	0. 43023	0. 39637	0. 33875	0. 11063	0. 12854	0. 11272	0. 12342	0. 12052	0. 12233	0. 11378	1. 06288
内蒙古	1. 33839	1. 23391	1. 13694	1. 07616	1. 02230	0. 32296	0. 26261	0. 22179	0. 12291	1. 01500	1. 04549	1. 07142	1. 75866	1. 08643	1. 11243	1. 21503
辽宁	1. 17020	1. 15020	1. 12261	1. 08440	1. 05220	1. 02207	0. 79153	1. 01330	1. 04210	1. 07264	1. 10616	1. 12800	1. 13420	1. 15126	1. 17560	1. 18269
吉林	1. 15604	1. 12447	1. 09540	1. 07079	1. 02927	0. 51358	0. 35348	0. 27486	0. 16272	0. 17387	1. 01080	1. 04175	1. 06055	1. 08003	1. 10138	1. 20273
黑龙江	1. 08365	1. 08112	1. 08058	1. 08220	1. 07997	1. 07324	1. 06573	1. 05768	1. 04552	1. 03881	1. 05009	1. 05906	1. 06594	1. 08896	1. 11080	1. 14225
上海	1. 05847	1. 07121	1. 15575	1. 22118	1. 23855	1. 27333	1. 30082	1. 30454	1. 26399	1. 30195	1. 31130	1. 36463	1. 32911	1. 41752	1. 48655	1. 73020
江苏	1. 02929	1. 02360	0. 82019	0. 70635	0. 64660	0. 65988	0. 69811	0. 80740	1. 03905	1. 06510	1. 11769	1. 16118	1. 19557	1. 22663	1. 25181	1. 47425
浙江	1. 04538	1. 01835	0. 81643	0. 71029	0. 65243	0. 64414	0. 67097	0. 71955	0. 85505	0. 86459	1. 01142	1. 04711	1. 07346	1. 10028	1. 12724	1. 38025
安徽	1. 05838	1. 05247	1. 04042	1. 02962	1. 01033	0. 71467	0. 67086	0. 71193	1. 01154	1. 02453	1. 03734	1. 04097	1. 06809	1. 08832	1. 10759	1. 23020
福建	1. 13660	1. 09426	1. 06266	1. 03489	1. 00473	0. 90351	0. 93824	1. 00051	1. 00775	1. 00621	1. 01548	1. 05063	1. 09285	1. 10142	1. 13677	1. 25581
江西	1. 16558	1. 12345	1. 08444	1. 05099	1. 02233	1. 00147	0. 80272	1. 00652	1. 01808	1. 01293	1. 00766	1. 02050	1. 03880	1. 05436	1. 07249	1. 21995
山东	1. 01795	1. 01647	0. 77594	1. 00653	1. 01438	1. 02333	1. 03019	1. 05110	1. 09235	1. 11907	1. 14809	1. 17772	1. 20405	1. 22364	1. 24238	1. 32172

续 表

省域	09 - 01	09 - 02	09 - 03	09 - 2004	09 - 05	09 - 06	09 - 07	09 - 8	09 - 09	09 - 10	09 - 11	09 - 12	09 - 13	09 - 14	09 - 15	09 - 16
河南	1. 08219	1. 06923	1. 05682	1. 04967	1. 03139	1. 00781	1. 00217	0. 48824	0. 31969	1. 00994	1. 02157	1. 04404	1. 08420	1. 10223	1. 12253	1. 24253
湖北	0. 21248	0. 23320	0. 26281	0. 28644	0. 31765	0. 35664	0. 38826	0. 46892	0. 49006	1. 00095	1. 01078	1. 04000	1. 09417	1. 12034	1. 14546	1. 28213
湖南	1. 13160	1. 11479	1. 09883	1. 08306	1. 06312	1. 04541	1. 03877	1. 03749	1. 03715	1. 04327	1. 05247	1. 08828	1. 12242	1. 15169	1. 16940	1. 28841
广东	1. 13407	1. 14696	1. 16844	1. 18049	1. 20375	1. 23693	1. 25240	1. 23703	1. 20479	1. 23831	1. 24701	1. 25981	1. 31001	1. 40958	1. 49409	1. 82203
广西	1. 14744	1. 13840	1. 10789	1. 08289	1. 05958	1. 04395	1. 02157	1. 02843	1. 00616	0. 29954	0. 24064	0. 30580	1. 02600	1. 03873	1. 06658	1. 21098
海南	1. 00000	1. 00000	3. 04802	3. 58682	5. 93243	2. 39536	1. 51590	1. 41763	1. 36802	1. 33308	1. 26196	1. 24885	1. 26199	1. 25215	1. 24438	1. 47683
重庆	1. 07336	1. 04032	1. 00468	0. 51544	0. 28725	0. 28776	0. 28396	0. 29451	0. 23328	0. 32700	0. 46657	0. 55832	0. 68210	0. 72683	1. 02233	1. 21698
四川	1. 04739	1. 03203	1. 02180	1. 01694	1. 00954	1. 00065	0. 68533	0. 59191	0. 64696	1. 03594	1. 07804	1. 10442	1. 13586	1. 15372	1. 19802	1. 29769
贵州	0. 31116	0. 18526	0. 14554	0. 14559	0. 11452	0. 11377	0. 12655	0. 11790	0. 07630	0. 08339	0. 09526	0. 11236	0. 12519	0. 13547	0. 12651	1. 32553
云南	1. 04132	1. 03137	1. 01382	1. 00125	0. 39340	0. 33164	0. 36614	0. 35333	0. 26867	0. 25697	0. 22404	0. 19535	0. 24819	0. 26802	1. 03564	1. 13174
陕西	1. 01998	1. 00590	0. 43163	0. 36956	0. 32010	0. 26642	0. 25321	0. 21494	0. 14804	0. 17081	0. 15516	0. 17017	0. 18965	1. 00692	1. 02204	1. 12414
甘肃	1. 07541	1. 05081	1. 03017	1. 01803	1. 00792	0. 45157	0. 38490	0. 27589	0. 12245	0. 16298	0. 14967	0. 18678	0. 17824	0. 17912	0. 18999	1. 28279
青海	4. 60581	3. 88411	2. 98011	2. 53245	2. 00118	1. 73034	1. 51246	1. 40473	1. 32768	1. 25349	1. 23868	1. 20431	1. 18283	1. 24468	1. 28820	1. 23398
宁夏	2. 55951	2. 10269	1. 47224	1. 30320	1. 20308	1. 13038	1. 05802	0. 70386	0. 31559	1. 01659	1. 04712	1. 04787	1. 03037	1. 00770	1. 03421	1. 04440
新疆	0. 42240	0. 36241	0. 41865	0. 43272	0. 48774	0. 52310	0. 58090	0. 79722	0. 59943	1. 01338	1. 04135	1. 04100	1. 02667	1. 03936	1. 04402	1. 04609

注：09 - 01 为 2009 - 2001 缩写，以下都为缩写。

附表 20 **Fixed2009 参比的 SE－U－SBM 和 VRS 假设下的 MI 值**

省域	F09M01	F09M02	F09M03	F09M04	F09M05	F09M06	F09M07	F09M08	F09M09	F09M10	F09M11	F09M12	F09M13	F09M14	F09M15	F09M16
北京	1. 10848	1. 05303	1. 06213	1. 05182	1. 00497	1. 03132	1. 02991	1. 02531	1. 03879	1. 03555	1. 04074	1. 01238	1. 04148	1. 00385	1. 02022	1. 16760
天津	0. 96218	0. 99375	0. 97531	1. 02288	0. 98412	0. 99589	0. 97270	1. 03471	1. 10151	1. 02643	1. 02293	1. 01505	0. 95825	1. 00249	1. 01613	1. 06556
河北	0. 99125	0. 99511	0. 99443	0. 99111	0. 59354	1. 06843	1. 04398	0. 88827	0. 81232	1. 05720	0. 91716	2. 15704	1. 02249	1. 01873	1. 02048	1. 09922
山西	0. 98043	0. 98823	0. 98707	0. 98050	0. 97863	0. 42403	0. 92130	0. 85462	0. 32659	1. 16186	0. 87691	1. 09495	0. 97653	1. 01501	0. 93008	9. 34175
内蒙古	0. 91424	0. 92194	0. 92141	0. 94655	0. 94995	0. 31592	0. 81313	0. 84457	0. 55417	8. 25810	1. 03005	1. 02480	1. 64143	0. 61776	1. 02394	1. 09223
辽宁	0. 97504	0. 98291	0. 97602	0. 96596	0. 97031	0. 97137	0. 77444	1. 28018	1. 02842	1. 02931	1. 03125	1. 01974	1. 00550	1. 01504	1. 02114	1. 00603
吉林	0. 96645	0. 97269	0. 97415	0. 97753	0. 96122	0. 49898	0. 68827	0. 77757	0. 59202	1. 06851	5. 81354	1. 03062	1. 01805	1. 01837	1. 01977	1. 09202
黑龙江	0. 99499	0. 99767	0. 99950	1. 00150	0. 99795	0. 99377	0. 99300	0. 99245	0. 98851	0. 99358	1. 01086	1. 00854	1. 00650	1. 02159	1. 02005	1. 02831
上海	1. 00796	1. 01204	1. 07892	1. 05662	1. 01423	1. 02808	1. 02159	1. 00286	0. 96891	1. 03003	1. 00718	1. 04067	0. 97397	1. 06653	1. 04869	1. 16390
江苏	1. 00561	0. 99447	0. 80128	0. 86120	0. 91541	1. 02054	1. 05793	1. 15656	1. 28691	1. 02508	1. 04937	1. 03891	1. 02962	1. 02598	1. 02053	1. 17769
浙江	0. 97948	0. 97414	0. 80172	0. 86999	0. 91854	0. 98730	1. 04166	1. 07240	1. 18831	1. 01115	1. 16983	1. 03529	1. 02517	1. 02498	1. 02450	1. 22445
安徽	0. 99229	0. 99442	0. 98855	0. 98962	0. 98127	0. 70736	0. 93870	1. 06123	1. 42083	1. 01284	1. 01251	1. 00350	1. 02605	1. 01893	1. 01771	1. 11070
福建	1. 02520	0. 96275	0. 97113	0. 97387	0. 97085	0. 89926	1. 03843	1. 06637	1. 00723	0. 99848	1. 00921	1. 03461	1. 04019	1. 00784	1. 03210	1. 10472
江西	0. 95887	0. 96386	0. 96528	0. 96915	0. 97273	0. 97959	0. 80155	1. 25387	1. 01149	0. 99494	0. 99480	1. 01274	1. 01793	1. 01499	1. 01719	1. 13750
山东	1. 00052	0. 99855	0. 76336	1. 29718	1. 00781	1. 00882	1. 00670	1. 02029	1. 03924	1. 02447	1. 02593	1. 02581	1. 02235	1. 01627	1. 01531	1. 06386

续 表

省域	F09M01	F09M02	F09M03	F09M04	F09M05	F09M06	F09M07	F09M08	F09M09	F09M10	F09M11	F09M12	F09M13	F09M14	F09M15	F09M16
河南	0. 98835	0. 98802	0. 98839	0. 99324	0. 98259	0. 97713	0. 99440	0. 48719	0. 65477	3. 15916	1. 01152	1. 02199	1. 03846	1. 01663	1. 01842	1. 10690
湖北	0. 96892	1. 09753	1. 12699	1. 08989	1. 10896	1. 12276	1. 08865	1. 20775	1. 04509	2. 04250	1. 00983	1. 02891	1. 05208	1. 02392	1. 02242	1. 11931
湖南	0. 98028	0. 98515	0. 98569	0. 98565	0. 98159	0. 98334	0. 99366	0. 99876	0. 99967	1. 00591	1. 00881	1. 03403	1. 03137	1. 02608	1. 01538	1. 10177
广东	0. 98517	1. 01136	1. 01873	1. 01031	1. 01971	1. 02756	1. 01251	0. 98772	0. 97394	1. 02782	1. 00702	1. 01026	1. 03985	1. 07601	1. 05995	1. 21950
广西	0. 96523	0. 99212	0. 97320	0. 97744	0. 97847	0. 98525	0. 97856	1. 00672	0. 97834	0. 29770	0. 80337	1. 27079	3. 35510	1. 01241	1. 02682	1. 13539
海南	1. 00000	1. 00000	3. 04802	1. 17677	1. 65395	0. 40377	0. 63285	0. 93517	0. 96500	0. 97446	0. 94665	0. 98961	1. 01052	0. 99221	0. 99379	1. 18680
重庆	0. 96439	0. 96923	0. 96574	0. 51304	0. 55729	1. 00179	0. 98678	1. 03714	0. 79209	1. 40179	1. 42680	1. 19665	1. 22171	1. 06557	1. 40656	1. 19040
四川	0. 98805	0. 98533	0. 99009	0. 99525	0. 99272	0. 99119	0. 68489	0. 86369	1. 09300	1. 60124	1. 04064	1. 02447	1. 02847	1. 01572	1. 03840	1. 08319
贵州	0. 30455	0. 59539	0. 78561	1. 00031	0. 78660	0. 99346	1. 11233	0. 93163	0. 64714	1. 09298	1. 14239	1. 17944	1. 11417	1. 08214	0. 93383	10. 47799
云南	0. 98499	0. 99045	0. 98299	0. 98760	0. 39291	0. 84303	1. 10402	0. 96501	0. 76041	0. 95645	0. 87184	0. 87195	1. 27050	1. 07987	3. 86407	1. 09279
陕西	0. 98682	0. 98620	0. 42909	0. 85621	0. 86616	0. 83229	0. 95042	0. 84886	0. 68876	1. 15380	0. 90838	1. 09674	1. 11447	5. 30948	1. 01501	1. 09990
甘肃	0. 96211	0. 97713	0. 98037	0. 98822	0. 99007	0. 44802	0. 85236	0. 71679	0. 44385	1. 33091	0. 91836	1. 24793	0. 95427	1. 00497	1. 06064	6. 75205
青海	0. 54203	0. 84331	0. 76726	0. 84978	0. 79022	0. 86466	0. 87408	0. 92878	0. 94515	0. 94412	0. 98819	0. 97225	0. 98217	1. 05229	1. 03497	0. 95791
宁夏	0. 97801	0. 82152	0. 70017	0. 88518	0. 92317	0. 93957	0. 93599	0. 66526	0. 44837	3. 22123	1. 03004	1. 00072	0. 98330	0. 97800	1. 02631	1. 00985
新疆	0. 42022	0. 85798	1. 15518	1. 03362	1. 12715	1. 07250	1. 11049	1. 37239	0. 75189	1. 69059	1. 02760	0. 99967	0. 98624	1. 01235	1. 00449	1. 00198

注：F09M01 意思为 Fixed2009MI2001，以下类推。

附表 21　　Global 参比的 SE - U - SBM 和 CRS 假设下的效率

省域	2001	2002	2003	2004	2005	2006	2007	2008	2009	2010	2011	2012	2013	2014	2015	2016
北京	0. 46236	0. 44454	0. 45924	0. 46353	0. 50893	0. 52061	0. 54173	0. 54694	0. 54285	0. 56116	0. 57314	0. 56525	0. 57369	0. 56880	0. 56555	2. 11644
天津	0. 56545	0. 60389	0. 62050	0. 69534	0. 71713	0. 73486	0. 71577	0. 64200	0. 58931	0. 62825	0. 66034	0. 70585	0. 57905	0. 58929	0. 63127	0. 90787
河北	0. 44306	0. 44187	0. 44345	0. 44773	0. 43347	0. 41928	0. 40631	0. 38099	0. 34018	0. 33228	0. 31552	0. 30557	0. 29914	0. 29973	0. 31159	0. 43610
山西	0. 48452	0. 47514	0. 47010	0. 46717	0. 42904	0. 40017	0. 39096	0. 36329	0. 29387	0. 27828	0. 26179	0. 25725	0. 25649	0. 26057	0. 26156	0. 39184
内蒙古	0. 77154	0. 66667	0. 55642	0. 47177	0. 41154	0. 36443	0. 33159	0. 31661	0. 34350	0. 36635	0. 38377	0. 39519	3. 26760	0. 38452	0. 41058	0. 60101
辽宁	0. 74289	0. 71215	0. 68107	0. 65052	0. 60569	0. 56332	0. 52045	0. 48967	0. 44432	0. 44434	0. 44035	0. 45092	0. 44430	0. 44893	0. 47526	0. 49466
吉林	0. 58523	0. 54966	0. 51686	0. 47458	0. 43412	0. 37871	0. 33078	0. 29270	0. 28883	0. 30182	0. 32782	0. 35454	0. 35323	0. 36611	0. 38401	0. 56733
黑龙江	0. 49020	0. 49281	0. 50225	0. 51074	0. 52464	0. 52663	0. 52080	0. 50654	0. 43792	0. 43437	0. 42050	0. 39794	0. 37441	0. 39247	0. 39480	0. 43433
上海	0. 61141	0. 63559	0. 73767	0. 86221	0. 90142	0. 95633	1. 04322	1. 00683	0. 86974	0. 97040	1. 02925	1. 01709	0. 85581	0. 88112	0. 82391	1. 16637
江苏	0. 53658	0. 55377	0. 58887	0. 61180	0. 61740	0. 64853	0. 66972	0. 64945	0. 57560	0. 60334	0. 58771	0. 57363	0. 55751	0. 56032	0. 56923	0. 88543
浙江	0. 59746	0. 58065	0. 56752	0. 56227	0. 56067	0. 58313	0. 59848	0. 59848	0. 54627	0. 57221	0. 56604	0. 55859	0. 56273	0. 56911	0. 56485	0. 85385
安徽	0. 47302	0. 46783	0. 46089	0. 45361	0. 44042	0. 43045	0. 42187	0. 40755	0. 38207	0. 37543	0. 36526	0. 36671	0. 36850	0. 37708	0. 38980	0. 59600
福建	0. 64027	0. 64453	0. 64228	0. 65964	0. 63366	0. 63040	0. 61595	0. 59192	0. 53742	0. 54725	0. 53443	0. 52779	0. 53511	0. 51844	0. 53260	0. 72948
江西	0. 59532	0. 53496	0. 49030	0. 45239	0. 42085	0. 39991	0. 37806	0. 37146	0. 37869	0. 37894	0. 38470	0. 40161	0. 40392	0. 41816	0. 41804	0. 67562
山东	0. 48562	0. 47905	0. 47636	0. 47542	0. 46324	0. 45248	0. 44285	0. 42254	0. 39127	0. 39897	0. 39738	0. 38815	0. 37494	0. 38181	0. 39550	0. 57845

续 表

省域	2001	2002	2003	2004	2005	2006	2007	2008	2009	2010	2011	2012	2013	2014	2015	2016
河南	0. 49425	0. 48020	0. 47069	0. 46699	0. 44266	0. 41260	0. 37962	0. 34695	0. 30333	0. 28010	0. 26647	0. 28330	0. 30178	0. 30649	0. 32030	0. 51617
湖北	0. 32805	0. 33321	0. 34130	0. 34857	0. 35433	0. 35721	0. 35755	0. 35734	0. 34176	0. 33870	0. 32845	0. 33176	0. 37403	0. 38109	0. 38910	0. 66928
湖南	0. 57995	0. 54602	0. 52122	0. 51048	0. 48744	0. 47013	0. 45062	0. 42625	0. 39436	0. 38658	0. 37099	0. 39338	0. 41569	0. 43449	0. 44168	0. 72665
广东	0. 85656	0. 89762	0. 94428	0. 97792	0. 97974	1. 02535	1. 01568	0. 94170	0. 83868	0. 87365	0. 85994	0. 84592	0. 86502	0. 81497	0. 79003	1. 21927
广西	0. 57503	0. 54996	0. 52683	0. 49843	0. 46711	0. 43277	0. 41039	0. 41858	0. 39444	0. 34777	0. 30622	0. 29417	0. 30485	0. 31498	0. 32679	0. 52714
海南	0. 56268	0. 54427	0. 39388	0. 43194	0. 51255	0. 43457	0. 40893	0. 38802	0. 37372	0. 38784	0. 36560	0. 36757	0. 37781	0. 37722	0. 38271	0. 63789
重庆	0. 45656	0. 41939	0. 38899	0. 36364	0. 33499	0. 32336	0. 31812	0. 31464	0. 31208	0. 32513	0. 34619	0. 39317	0. 43790	0. 45163	0. 44395	0. 73382
四川	0. 44185	0. 43929	0. 43112	0. 42879	0. 42165	0. 41547	0. 40583	0. 39256	0. 38334	0. 39321	0. 42708	0. 44557	0. 46192	0. 46415	0. 48780	0. 74750
贵州	0. 31236	0. 30076	0. 29407	0. 29494	0. 29384	0. 29422	0. 29988	0. 29432	0. 28177	0. 27583	0. 27334	0. 26363	0. 24218	0. 22770	0. 20988	1. 29633
云南	0. 42636	0. 42071	0. 40673	0. 40011	0. 37635	0. 36048	0. 36717	0. 36476	0. 34218	0. 31473	0. 28861	0. 28749	0. 30013	0. 31262	0. 32023	0. 40928
陕西	0. 39712	0. 38921	0. 37273	0. 36353	0. 35066	0. 33083	0. 31955	0. 30521	0. 28232	0. 26778	0. 25398	0. 25581	0. 26200	0. 27338	0. 28723	0. 40336
甘肃	0. 41093	0. 39936	0. 39611	0. 38646	0. 37872	0. 37432	0. 36645	0. 34924	0. 32787	0. 32119	0. 31151	0. 30722	0. 29544	0. 28022	0. 26709	0. 89542
青海	0. 26096	0. 25488	0. 25877	0. 27673	0. 27548	0. 29499	0. 31329	0. 35380	0. 31901	0. 33756	0. 35029	0. 38242	0. 39660	0. 41437	0. 41432	0. 41760
宁夏	0. 32818	0. 31036	0. 31280	0. 30893	0. 29614	0. 29977	0. 31339	0. 33521	0. 30195	0. 31345	0. 36419	0. 39066	0. 39045	0. 38623	0. 40767	0. 43035
新疆	0. 34836	0. 33941	0. 35365	0. 35860	0. 37450	0. 37842	0. 40024	0. 48373	0. 38515	0. 42125	0. 44851	0. 44388	0. 42400	0. 43496	0. 41268	0. 41413

附表 22　　Global 参比的 SE－U－SBM 和 VRS 假设下的效率

省域	2001	2002	2003	2004	2005	2006	2007	2008	2009	2010	2011	2012	2013	2014	2015	2016
北京	0. 47120	0. 43390	0. 43732	0. 43766	0. 46013	0. 46375	0. 47506	0. 48149	0. 46324	0. 46982	0. 47289	0. 46765	0. 52605	0. 52888	0. 52657	1. 25421
天津	0. 58552	0. 60259	0. 59800	0. 62813	0. 62926	0. 63688	0. 66344	0. 59305	0. 55458	0. 54445	0. 54039	0. 57747	0. 47563	0. 47090	0. 48341	0. 71564
河北	0. 13950	0. 14596	0. 15445	0. 18680	0. 18325	0. 18293	0. 18903	0. 19205	0. 12794	0. 14585	0. 14252	0. 13524	0. 13271	0. 14485	0. 13921	0. 18938
山西	0. 16060	0. 15206	0. 15851	0. 19570	0. 15071	0. 14247	0. 16346	0. 16222	0. 05311	0. 06510	0. 05737	0. 06461	0. 06485	0. 06788	0. 06302	0. 11978
内蒙古	0. 46612	0. 27283	0. 18108	0. 12744	0. 10921	0. 09369	0. 08737	0. 07213	0. 03916	0. 04369	0. 04534	0. 03300	1. 68818	0. 04620	0. 04333	0. 05699
辽宁	0. 37745	0. 37887	0. 37486	0. 36460	0. 35663	0. 34738	0. 33925	0. 32943	0. 29545	0. 30253	0. 29092	0. 28843	0. 29594	0. 27574	0. 26380	0. 29950
吉林	0. 26540	0. 24293	0. 23041	0. 15809	0. 17459	0. 15991	0. 14557	0. 12237	0. 06950	0. 07748	0. 06823	0. 07200	0. 07782	0. 06552	0. 05615	0. 08815
黑龙江	0. 13704	0. 15709	0. 19130	0. 20783	0. 26581	0. 29854	0. 32100	0. 32747	0. 23473	0. 27324	0. 24781	0. 19648	0. 19514	0. 19396	0. 10160	0. 07575
上海	0. 51969	0. 53225	0. 57138	0. 67927	0. 70072	0. 80916	1. 01651	1. 00315	0. 72912	0. 90947	1. 00983	1. 00795	0. 72212	0. 76145	0. 74840	1. 09853
江苏	0. 36321	0. 38545	0. 40651	0. 42754	0. 42336	0. 44137	0. 45386	0. 44393	0. 40178	0. 42093	0. 42049	0. 43258	0. 44606	0. 47074	0. 49856	1. 10606
浙江	0. 40046	0. 38739	0. 38693	0. 39027	0. 40150	0. 41194	0. 41994	0. 42465	0. 38994	0. 40907	0. 40848	0. 41372	0. 43153	0. 44820	0. 45995	0. 77135
安徽	0. 15544	0. 15393	0. 16585	0. 17103	0. 18627	0. 20141	0. 20578	0. 20088	0. 15122	0. 16459	0. 17131	0. 21225	0. 20252	0. 20587	0. 20534	0. 31187
福建	0. 48871	0. 49513	0. 46907	0. 48269	0. 47182	0. 47045	0. 45840	0. 44150	0. 41446	0. 42699	0. 42168	0. 41992	0. 42875	0. 41871	0. 42099	0. 59246
江西	0. 25037	0. 17888	0. 16552	0. 15443	0. 14523	0. 16714	0. 18089	0. 18762	0. 16503	0. 21838	0. 25475	0. 26253	0. 25481	0. 25184	0. 27250	0. 45890
山东	0. 29592	0. 29616	0. 27514	0. 27640	0. 26828	0. 27107	0. 27640	0. 27734	0. 27029	0. 27786	0. 28498	0. 29291	0. 28901	0. 29839	0. 30803	1. 01510

续 表

省域	2001	2002	2003	2004	2005	2006	2007	2008	2009	2010	2011	2012	2013	2014	2015	2016
河南	0. 08230	0. 08911	0. 09997	0. 10604	0. 09949	0. 10175	0. 09735	0. 09246	0. 05683	0. 06337	0. 08812	0. 11547	0. 12995	0. 13139	0. 13955	0. 23249
湖北	0. 08371	0. 09049	0. 10046	0. 10748	0. 11995	0. 14269	0. 14751	0. 15940	0. 12531	0. 14101	0. 14486	0. 12669	0. 12874	0. 13449	0. 14685	0. 27730
湖南	0. 16896	0. 14564	0. 13522	0. 14498	0. 13333	0. 14305	0. 14035	0. 13529	0. 08151	0. 09267	0. 08897	0. 09551	0. 09923	0. 11764	0. 11034	0. 23291
广东	0. 65679	0. 72017	0. 78558	0. 87174	0. 88087	1. 00917	1. 02132	0. 85126	0. 68085	0. 71893	0. 68863	0. 67554	0. 66214	0. 64917	0. 66559	1. 22087
广西	0. 23155	0. 21662	0. 20976	0. 18480	0. 17148	0. 16196	0. 16759	0. 17143	0. 15568	0. 13121	0. 12528	0. 13526	0. 15143	0. 17641	0. 19206	0. 27708
海南	0. 91245	0. 77632	0. 59623	0. 60122	0. 53608	0. 50660	0. 40418	0. 35426	0. 26285	0. 31902	0. 25853	0. 24043	0. 23530	0. 24236	0. 20147	0. 24077
重庆	0. 17398	0. 13909	0. 15791	0. 15538	0. 12702	0. 15374	0. 14954	0. 14348	0. 10221	0. 14019	0. 23294	0. 29827	0. 35324	0. 36857	0. 35796	0. 55899
四川	0. 08496	0. 11965	0. 11752	0. 11946	0. 11996	0. 13576	0. 13907	0. 15711	0. 15257	0. 16501	0. 19355	0. 21521	0. 22072	0. 21900	0. 17545	1. 00213
贵州	0. 05723	0. 05203	0. 05424	0. 06480	0. 05634	0. 05661	0. 06247	0. 06014	0. 03910	0. 04566	0. 05449	0. 07095	0. 08533	0. 09463	0. 08800	1. 12435
云南	0. 13607	0. 13614	0. 13263	0. 13646	0. 12905	0. 13231	0. 14859	0. 12731	0. 10572	0. 13383	0. 12326	0. 10871	0. 14241	0. 15118	0. 13432	0. 14283
陕西	0. 12485	0. 12747	0. 12867	0. 13659	0. 13471	0. 12624	0. 12873	0. 11001	0. 07441	0. 08703	0. 07608	0. 07776	0. 07878	0. 09581	0. 10272	0. 18319
甘肃	0. 12102	0. 11605	0. 13801	0. 12406	0. 11316	0. 12272	0. 10905	0. 08296	0. 03654	0. 06256	0. 06393	0. 09036	0. 09506	0. 10092	0. 10791	0. 39611
青海	0. 65501	0. 28421	0. 29790	0. 31998	0. 19142	0. 23370	0. 15044	0. 18784	0. 07733	0. 12184	0. 19633	0. 18655	0. 11445	0. 16266	0. 23111	0. 28126
宁夏	0. 68653	0. 41891	0. 32174	0. 28273	0. 23797	0. 23900	0. 20585	0. 18439	0. 08639	0. 11004	0. 12258	0. 11798	0. 12516	0. 17177	0. 13620	0. 21302
新疆	0. 10663	0. 16464	0. 23460	0. 23268	0. 27944	0. 29613	0. 34025	0. 39753	0. 28432	0. 28330	0. 28690	0. 26882	0. 24499	0. 22242	0. 17028	0. 20849

附表 23　Global 参比的 SE－U－SBM 和 CRS 假设下的 MI 值

省域	MGC 2001	MGC 2002	MGC 2003	MGC 2004	MGC 2005	MGC 2006	MGC 2007	MGC 2008	MGC 2009	MGC 2010	MGC 2011	MGC 2012	MGC 2013	MGC 2014	MGC 2015	MGC 2016
北京	0. 97491	0. 96146	1. 03306	1. 00935	1. 09793	1. 02295	1. 04057	1. 00962	0. 99253	1. 03373	1. 02135	0. 98623	1. 01493	0. 99148	0. 99429	3. 74230
天津	0. 99485	1. 06798	1. 02752	1. 12061	1. 03134	1. 02473	0. 97402	0. 89693	0. 91793	1. 06607	1. 05109	1. 06892	0. 82036	1. 01768	1. 07125	1. 43816
河北	0. 97459	0. 99731	1. 00358	1. 00964	0. 96816	0. 96727	0. 96905	0. 93770	0. 89288	0. 97678	0. 94954	0. 96849	0. 97894	1. 00199	1. 03956	1. 39959
山西	0. 96700	0. 98065	0. 98939	0. 99378	0. 91837	0. 93272	0. 97698	0. 92923	0. 80891	0. 94694	0. 94076	0. 98264	0. 99706	1. 01589	1. 00382	1. 49807
内蒙古	0. 85023	0. 86408	0. 83462	0. 84787	0. 87233	0. 88555	0. 90988	0. 95483	1. 08493	1. 06650	1. 04755	1. 02977	8. 26842	0. 11768	1. 06779	1. 46380
辽宁	0. 92369	0. 95863	0. 95635	0. 95514	0. 93110	0. 93004	0. 92390	0. 94087	0. 90739	1. 00004	0. 99102	1. 02401	0. 98531	1. 01042	1. 05866	1. 04082
吉林	0. 93388	0. 93922	0. 94033	0. 91819	0. 91475	0. 87237	0. 87342	0. 88489	0. 98679	1. 04496	1. 08613	1. 08152	0. 99631	1. 03645	1. 04889	1. 47739
黑龙江	0. 99156	1. 00533	1. 01914	1. 01691	1. 02721	1. 00380	0. 98894	0. 97262	0. 86452	0. 99191	0. 96805	0. 94636	0. 94088	1. 04823	1. 00595	1. 10011
上海	1. 02342	1. 03954	1. 16060	1. 16884	1. 04547	1. 06092	1. 09086	0. 96512	0. 86384	1. 11574	1. 06065	0. 98818	0. 84143	1. 02958	0. 93507	1. 41564
江苏	0. 97728	1. 03204	1. 06337	1. 03895	1. 00915	1. 05041	1. 03268	0. 96973	0. 88629	1. 04820	0. 97409	0. 97605	0. 97190	1. 00504	1. 01590	1. 55548
浙江	0. 95291	0. 97187	0. 97737	0. 99077	0. 99714	1. 04006	1. 02632	1. 00001	0. 91276	1. 04748	0. 98923	0. 98683	1. 00740	1. 01134	0. 99252	1. 51163
安徽	0. 97967	0. 98903	0. 98516	0. 98420	0. 97093	0. 97736	0. 98007	0. 96604	0. 93749	0. 98261	0. 97293	1. 00395	1. 00490	1. 02328	1. 03374	1. 52897
福建	1. 02602	1. 00666	0. 99651	1. 02703	0. 96061	0. 99486	0. 97708	0. 96099	0. 90792	1. 01830	0. 97657	0. 98758	1. 01387	0. 96885	1. 02731	1. 36965
江西	0. 90721	0. 89860	0. 91653	0. 92268	0. 93026	0. 95024	0. 94538	0. 98253	1. 01948	1. 00065	1. 01520	1. 04397	1. 00574	1. 03527	0. 99971	1. 61616
山东	0. 98239	0. 98648	0. 99439	0. 99802	0. 97438	0. 97679	0. 97870	0. 95415	0. 92600	1. 01967	0. 99602	0. 97678	0. 96598	1. 01832	1. 03583	1. 46261

续 表

省域	MGC 2001	MGC 2002	MGC 2003	MGC 2004	MGC 2005	MGC 2006	MGC 2007	MGC 2008	MGC 2009	MGC 2010	MGC 2011	MGC 2012	MGC 2013	MGC 2014	MGC 2015	MGC 2016
河南	0. 96701	0. 97158	0. 98020	0. 99214	0. 94789	0. 93210	0. 92006	0. 91395	0. 87429	0. 92339	0. 95134	1. 06317	1. 06523	1. 01560	1. 04505	1. 61153
湖北	0. 99847	1. 01572	1. 02427	1. 02131	1. 01652	1. 00814	1. 00096	0. 99941	0. 95639	0. 99105	0. 96972	1. 01010	1. 12741	1. 01887	1. 02104	1. 72006
湖南	0. 93313	0. 94150	0. 95458	0. 97939	0. 95487	0. 96448	0. 95851	0. 94592	0. 92519	0. 98026	0. 95969	1. 06034	1. 05672	1. 04522	1. 01655	1. 64521
广东	0. 96528	1. 04794	1. 05198	1. 03563	1. 00186	1. 04656	0. 99057	0. 92716	0. 89060	1. 04170	0. 98430	0. 98370	1. 02257	0. 94215	0. 96939	1. 54332
广西	0. 91356	0. 95640	0. 95795	0. 94608	0. 93717	0. 92649	0. 94828	1. 01996	0. 94234	0. 88167	0. 88054	0. 96063	1. 03630	1. 03323	1. 03752	1. 61308
海南	1. 01322	0. 96728	0. 72369	1. 09664	1. 18661	0. 84786	0. 94101	0. 94887	0. 96315	1. 03778	0. 94264	1. 00541	1. 02784	0. 99844	1. 01457	1. 66676
重庆	0. 91939	0. 91860	0. 92750	0. 93484	0. 92120	0. 96529	0. 98378	0. 98907	0. 99186	1. 04182	1. 06477	1. 13569	1. 11378	1. 03135	0. 98299	1. 65296
四川	0. 96905	0. 99423	0. 98140	0. 99458	0. 98336	0. 98535	0. 97679	0. 96730	0. 97650	1. 02576	1. 08613	1. 04330	1. 03669	1. 00483	1. 05096	1. 53239
贵州	0. 96288	0. 96284	0. 97778	1. 00295	0. 99626	1. 00132	1. 01923	0. 98147	0. 95736	0. 97891	0. 99097	0. 96449	0. 91861	0. 94020	0. 92177	6. 17640
云南	0. 96560	0. 98675	0. 96678	0. 98371	0. 94062	0. 95783	1. 01857	0. 99342	0. 93810	0. 91978	0. 91699	0. 99613	1. 04398	1. 04160	1. 02434	1. 27810
陕西	0. 94580	0. 98010	0. 95765	0. 97532	0. 96459	0. 94344	0. 96591	0. 95512	0. 92499	0. 94851	0. 94848	1. 00719	1. 02420	1. 04346	1. 05066	1. 40431
甘肃	0. 97598	0. 97185	0. 99187	0. 97563	0. 97996	0. 98839	0. 97896	0. 95305	0. 93881	0. 97961	0. 96987	0. 98623	0. 96164	0. 94851	0. 95314	3. 35250
青海	0. 99305	0. 97668	1. 01527	1. 06939	0. 99550	1. 07081	1. 06204	1. 12932	0. 90168	1. 05813	1. 03772	1. 09172	1. 03707	1. 04481	0. 99989	1. 00791
宁夏	0. 97288	0. 94570	1. 00786	0. 98763	0. 95859	1. 01228	1. 04543	1. 06961	0. 90077	1. 03809	1. 16188	1. 07269	0. 99948	0. 98918	1. 05550	1. 05565
新疆	0. 93052	0. 97432	1. 04194	1. 01400	1. 04435	1. 01045	1. 05767	1. 20860	0. 79621	1. 09373	1. 06471	0. 98969	0. 95520	1. 02586	0. 94877	1. 00351

附表 24　　Global 参比的 SE－U－SBM 和 VRS 假设下的 MI 值

省域	MGV 2001	MGV 2002	MGV 2003	MGV 2004	MGV 2005	MGV 2006	MGV 2007	MGV 2008	MGV 2009	MGV 2010	MGV 2011	MGV 2012	MGV 2013	MGV 2014	MGV 2015	MGV 2016
北京	1.00203	0.92084	1.00787	1.00078	1.05135	1.00785	1.02440	1.01354	0.96210	1.01420	1.00654	0.98892	1.12489	1.00538	0.99562	2.38188
天津	0.97984	1.02916	0.99238	1.05039	1.00180	1.01212	1.04170	0.89389	0.93515	0.98172	0.99254	1.06863	0.82364	0.99006	1.02656	1.48040
河北	1.00544	1.04632	1.05817	1.20946	0.98103	0.99824	1.03332	1.01598	0.66619	1.13998	0.97719	0.94892	0.98125	1.09154	0.96106	1.36035
山西	0.96899	0.94682	1.04246	1.23459	0.77011	0.94533	1.14731	0.99246	0.32741	1.22571	0.88127	1.12608	1.00378	1.04679	0.92837	1.90058
内蒙古	0.43567	0.58532	0.66372	0.70377	0.85693	0.85790	0.93261	0.82549	0.54287	1.11582	1.03772	0.72792	51.15352	0.02737	0.93795	1.31526
辽宁	0.96810	1.00376	0.98943	0.97262	0.97815	0.97405	0.97660	0.97105	0.89685	1.02397	0.96162	0.99145	1.02604	0.93173	0.95672	1.13532
吉林	0.89953	0.91531	0.94848	0.68614	1.10436	0.91589	0.91036	0.84058	0.56793	1.11496	0.88050	1.05528	1.08084	0.84203	0.85700	1.56983
黑龙江	1.03942	1.14625	1.21776	1.08644	1.27898	1.12314	1.07522	1.02016	0.71680	1.16403	0.90695	0.79286	0.99318	0.99396	0.52379	0.74557
上海	1.01588	1.02417	1.07351	1.18883	1.03158	1.15475	1.25626	0.98685	0.72683	1.24736	1.11035	0.99813	0.71643	1.05446	0.98285	1.46785
江苏	1.02223	1.06122	1.05465	1.05172	0.99022	1.04255	1.02831	0.97811	0.90507	1.04764	0.99895	1.02876	1.03118	1.05532	1.05911	2.21850
浙江	1.00733	0.96736	0.99880	1.00864	1.02876	1.02599	1.01943	1.01122	0.91826	1.04905	0.99857	1.01282	1.04305	1.03864	1.02621	1.67704
安徽	0.93792	0.99029	1.07740	1.03128	1.08908	1.08127	1.02173	0.97617	0.75277	1.08845	1.04079	1.23897	0.95418	1.01654	0.99742	1.51883
福建	1.06056	1.01313	0.94736	1.02904	0.97748	0.99711	0.97437	0.96315	0.93874	1.03024	0.98756	0.99582	1.02104	0.97659	1.00543	1.40731
江西	0.72840	0.71449	0.92531	0.93297	0.94040	1.15092	1.08223	1.03722	0.87961	1.32326	1.16656	1.03051	0.97060	0.98834	1.08206	1.68402
山东	1.05638	1.00081	0.92903	1.00460	0.97061	1.01040	1.01966	1.00341	0.97460	1.02800	1.02564	1.02782	0.98666	1.03246	1.03233	3.29542

续 表

省域	MGV 2001	MGV 2002	MGV 2003	MGV 2004	MGV 2005	MGV 2006	MGV 2007	MGV 2008	MGV 2009	MGV 2010	MGV 2011	MGV 2012	MGV 2013	MGV 2014	MGV 2015	MGV 2016
河南	0. 99248	1. 08279	1. 12184	1. 06067	0. 93827	1. 02271	0. 95678	0. 94973	0. 61464	1. 11519	1. 39041	1. 31039	1. 12541	1. 01113	1. 06206	1. 66604
湖北	0. 91547	1. 08094	1. 11020	1. 06987	1. 11602	1. 18960	1. 03375	1. 08064	0. 78611	1. 12529	1. 02730	0. 87460	1. 01620	1. 04463	1. 09188	1. 88832
湖南	0. 84148	0. 86197	0. 92847	1. 07213	0. 91965	1. 07294	0. 98111	0. 96394	0. 60250	1. 13689	0. 96005	1. 07356	1. 03890	1. 18562	0. 93789	2. 11089
广东	0. 99087	1. 09650	1. 09083	1. 10967	1. 01048	1. 14566	1. 01204	0. 83349	0. 79982	1. 05593	0. 95785	0. 98099	0. 98016	0. 98041	1. 02529	1. 83427
广西	0. 72319	0. 93553	0. 96835	0. 88100	0. 92794	0. 94445	1. 03476	1. 02295	0. 90810	0. 84286	0. 95481	1. 07962	1. 11954	1. 16494	1. 08876	1. 44265
海南	0. 84127	0. 85081	0. 76802	1. 00838	0. 89164	0. 94503	0. 79782	0. 87650	0. 74197	1. 21368	0. 81041	0. 92997	0. 97867	1. 03003	0. 83125	1. 19509
重庆	0. 81841	0. 79944	1. 13535	0. 98393	0. 81748	1. 21042	0. 97268	0. 95948	0. 71236	1. 37154	1. 66165	1. 28044	1. 18430	1. 04340	0. 97124	1. 56159
四川	1. 00079	1. 40839	0. 98217	1. 01657	1. 00417	1. 13170	1. 02436	1. 12977	0. 97111	1. 08152	1. 17294	1. 11191	1. 02559	0. 99222	0. 80115	5. 71168
贵州	0. 86301	0. 90909	1. 04265	1. 19455	0. 86955	1. 00462	1. 10358	0. 96271	0. 65020	1. 16772	1. 19342	1. 30209	1. 20260	1. 10903	0. 92988	12. 77721
云南	0. 94939	1. 00053	0. 97420	1. 02889	0. 94573	1. 02524	1. 12301	0. 85683	0. 83040	1. 26591	0. 92102	0. 88194	1. 31003	1. 06157	0. 88844	1. 06339
陕西	0. 70146	1. 02098	1. 00943	1. 06154	0. 98624	0. 93711	1. 01976	0. 85458	0. 67638	1. 16956	0. 87423	1. 02201	1. 01315	1. 21618	1. 07212	1. 78341
甘肃	0. 99783	0. 95892	1. 18927	0. 89888	0. 91215	1. 08451	0. 88859	0. 76081	0. 44039	1. 71220	1. 02196	1. 41334	1. 05199	1. 06170	1. 06924	3. 67083
青海	0. 58424	0. 43391	1. 04817	1. 07410	0. 59824	1. 22086	0. 64372	1. 24863	0. 41170	1. 57545	1. 61140	0. 95020	0. 61352	1. 42120	1. 42084	1. 21701
宁夏	0. 65825	0. 61018	0. 76804	0. 87877	0. 84168	1. 00431	0. 86129	0. 89575	0. 46851	1. 27385	1. 11395	0. 96244	1. 06088	1. 37236	0. 79295	1. 56402
新疆	0. 54703	1. 54394	1. 42498	0. 99179	1. 20097	1. 05972	1. 14899	1. 16836	0. 71522	0. 99640	1. 01273	0. 93697	0. 91137	0. 90785	0. 76562	1. 22436

附表 25　Sequential 参比的 SE－U－SBM 和 VRS 假设下的效率

2001	2002	2003	2004	2005	2006	2007	2008	2009	2010	2011	2012	2013	2014	2015	2016
1. 06072	1. 03146	1. 02593	1. 03378	1. 03726	1. 04430	1. 04253	1. 03868	1. 06803	1. 04596	1. 05852	1. 03251	1. 09907	1. 02754	1. 05411	1. 25421
1. 01497	1. 04408	1. 01333	1. 02259	1. 02602	1. 03640	1. 07021	1. 07849	1. 12319	1. 05181	1. 05254	1. 05030	0. 90438	0. 91681	1. 01126	0. 71564
0. 41560	0. 44962	0. 51868	0. 62067	1. 00272	1. 00878	1. 00772	0. 67723	0. 47957	0. 50448	0. 45403	0. 41638	0. 37786	0. 33998	0. 29542	0. 18938
0. 25179	0. 24913	0. 27279	0. 34722	0. 28814	0. 27498	0. 32299	0. 30958	0. 10541	0. 12659	0. 10900	0. 11490	0. 10842	0. 09893	0. 08001	0. 11978
1. 01473	1. 00756	1. 00656	1. 00628	1. 01199	1. 01563	1. 02914	1. 02533	0. 12291	0. 12605	0. 12265	0. 08047	1. 68818	0. 07375	0. 06498	0. 05699
1. 02333	1. 02293	1. 02484	1. 01600	1. 02875	1. 03244	1. 03781	1. 04674	1. 04158	1. 03876	1. 03774	1. 02602	1. 01069	1. 01061	1. 01261	0. 29950
1. 01257	0. 88799	1. 00145	0. 57952	0. 57373	0. 46513	1. 00070	1. 00019	0. 16272	0. 16584	0. 13911	0. 13422	0. 12849	0. 10404	0. 09517	0. 08815
1. 01307	1. 02214	1. 01233	1. 02214	1. 01560	1. 01878	1. 01405	1. 01618	1. 03048	1. 00728	1. 01884	1. 01842	1. 00982	1. 00498	1. 01046	0. 07575
1. 06097	1. 05787	1. 10822	1. 10372	1. 04848	1. 06812	1. 05353	1. 06130	1. 14499	1. 05221	1. 05008	1. 07930	1. 01840	1. 05182	1. 04941	1. 09853
1. 03627	1. 03855	1. 02918	1. 03558	1. 03547	1. 03940	1. 03894	1. 03339	1. 03905	1. 02932	1. 04353	1. 04628	1. 04844	1. 04054	1. 04065	1. 10606
1. 00512	0. 94288	0. 90099	0. 88593	0. 88170	0. 90777	0. 93855	0. 90282	0. 85505	0. 84583	0. 82967	0. 84254	0. 82561	0. 80134	0. 79157	0. 77135
0. 33835	0. 34772	0. 37836	0. 42290	0. 45467	0. 49938	0. 55167	0. 57187	1. 00836	1. 01381	1. 01000	0. 70739	0. 71969	0. 70404	0. 62692	0. 31187
1. 06910	1. 01096	1. 00783	0. 96985	0. 97404	1. 01282	1. 01904	1. 02046	1. 00466	0. 93200	0. 81805	0. 85762	0. 81460	0. 77237	0. 75702	0. 59246
1. 01847	1. 00621	0. 63652	0. 46199	0. 41567	0. 43650	0. 45414	1. 01007	1. 00759	0. 68986	0. 62939	0. 65607	0. 62434	0. 61493	0. 61346	0. 45890
1. 02803	1. 03542	1. 04230	1. 05003	1. 05074	1. 05054	1. 04893	1. 04465	1. 05663	1. 03778	1. 03761	1. 03707	1. 04698	1. 02967	1. 03521	1. 01510

续 表

2001	2002	2003	2004	2005	2006	2007	2008	2009	2010	2011	2012	2013	2014	2015	2016
1.00890	1.00855	1.01251	1.01644	1.01328	1.00986	1.01084	1.00824	0.28324	0.29309	0.29027	0.28231	0.25796	0.24031	0.23597	0.23249
0.16992	0.18875	0.22039	0.25451	0.29973	0.36328	1.00327	1.00695	0.49006	0.51821	0.52625	0.50407	0.45761	0.42848	0.37413	0.27730
1.00750	1.01640	1.00636	1.00806	1.00146	1.01130	1.01498	1.02497	1.02629	1.01871	1.01106	1.01397	1.01594	1.01051	1.00360	0.23291
1.08000	1.06999	1.07441	1.06101	1.05207	1.05926	1.05437	1.12101	1.09979	1.05953	1.06155	1.06646	1.05975	1.06161	1.05818	1.22087
1.01534	1.03071	0.72656	0.53524	0.49777	1.00311	1.00539	1.02610	0.43971	0.27207	0.21738	0.21195	0.22126	0.23460	0.25186	0.27708
1.02250	1.01652	1.00893	1.01085	1.02998	1.00988	1.02524	1.02854	1.01735	1.01362	1.00029	0.60108	0.46685	0.38968	0.32091	0.24077
0.33251	0.27453	0.31737	0.30223	0.23458	0.26974	0.27100	0.27043	0.20395	0.29617	0.44182	0.50995	0.56094	0.55498	0.52067	0.55899
1.00178	0.37503	0.39158	0.45826	1.00314	1.01702	1.02784	1.01576	0.64696	1.00865	1.03651	1.02622	1.02474	1.01573	1.04037	1.00213
0.07404	0.06677	0.06759	0.08032	0.07212	0.07591	0.08773	0.08618	0.05739	0.06813	0.08263	0.10480	0.12361	0.12814	0.10823	1.12435
0.27012	0.27262	0.25411	0.26441	0.24439	0.24943	0.28981	0.26112	0.21317	0.24151	0.21442	0.18482	0.23446	0.20228	0.16419	0.14283
0.22730	0.23193	0.23843	0.25675	0.25455	0.23728	0.24332	0.21614	0.14419	0.16768	0.14773	0.14926	0.13646	0.14073	0.12854	0.18319
0.16765	0.16068	0.19226	0.17830	0.17305	0.19842	0.18609	0.14590	0.06773	0.11293	0.11638	0.16340	0.16375	0.17447	0.18076	0.39611
1.00705	1.00093	0.58194	1.00198	1.02202	1.02404	1.04983	1.06670	1.00978	1.05419	1.04149	1.01316	0.33660	1.02840	1.02566	0.28126
0.84195	0.59965	0.46379	0.42394	0.40155	0.44127	0.47157	0.47576	0.23040	0.36447	0.42224	0.45844	0.31846	0.26792	0.17821	0.21302
0.21995	0.30390	0.41967	0.44341	0.54010	0.57536	0.63506	0.82900	0.59325	1.00950	1.02280	1.00872	0.74654	0.60925	0.33926	0.20849

附表 26　　SequentialMI 参比的 SE－U－SBM 和 VRS 假设下的 MI 值

省域	SM2001	SM2002	SM2003	SM2004	SM2005	SM2006	SM2007	SM2008	SM2009	SM2010	SM2011	SM2012	SM2013	SM2014	SM2015	SM2016
北京	1. 09308	0. 98267	1. 00505	1. 03987	1. 01252	1. 04220	1. 05232	1. 04678	1. 09302	1. 03961	1. 07169	1. 00311	1. 10695	0. 98027	1. 07086	1. 72681
天津	0. 98325	1. 03781	0. 99357	1. 02095	1. 01350	1. 02474	1. 07649	1. 03241	1. 13723	0. 98016	1. 02658	1. 02281	0. 92033	1. 10184	1. 16907	1. 29162
河北	1. 12939	1. 16105	1. 17125	1. 21552	1. 61968	1. 21151	1. 05680	0. 81801	1. 09624	1. 05930	0. 93059	0. 94340	0. 93529	0. 94571	0. 93317	2. 21218
山西	1. 02412	1. 01857	1. 11893	1. 29153	0. 82986	0. 96029	1. 18728	0. 98790	0. 34891	1. 20251	0. 87953	1. 08937	0. 94881	0. 97061	0. 85241	2. 93764
内蒙古	0. 90920	0. 99797	1. 00061	1. 00413	1. 37471	1. 57024	1. 58920	1. 80962	0. 75455	2. 95178	2. 89180	0. 86739	21. 86510	0. 04677	1. 08461	4. 59054
辽宁	0. 97259	1. 01033	1. 01070	1. 00001	1. 04752	1. 02210	1. 02557	1. 02845	1. 10131	1. 01631	1. 01809	1. 00560	1. 00355	1. 05762	1. 24564	1. 06047
吉林	1. 00210	0. 93569	1. 14080	0. 90718	1. 33136	0. 90996	2. 22817	1. 65334	0. 77780	1. 05126	0. 97246	1. 16908	1. 14397	0. 93145	0. 99814	4. 14985
黑龙江	1. 64322	1. 37519	1. 04955	1. 11086	1. 00303	1. 01203	1. 00509	1. 01218	1. 02694	0. 98885	1. 03429	1. 00864	0. 99851	0. 99861	1. 11717	0. 87150
上海	0. 95945	1. 02542	1. 06464	1. 04726	0. 99708	1. 07412	1. 06650	1. 03140	1. 11106	0. 97870	1. 05314	1. 04907	0. 95150	1. 10377	1. 01538	1. 31060
江苏	1. 03250	1. 01841	1. 00565	1. 02227	1. 02366	1. 06719	1. 08578	1. 12882	1. 18209	1. 01169	1. 07636	1. 07737	1. 08574	1. 06361	1. 06929	1. 62705
浙江	0. 99098	0. 96863	0. 95557	0. 98722	1. 00009	1. 05351	1. 10361	1. 11587	1. 17981	1. 01405	1. 12688	1. 16368	1. 10451	1. 06542	1. 08710	1. 55823
安徽	0. 98015	1. 03421	1. 09084	1. 11828	1. 07512	1. 09868	1. 10608	1. 03994	1. 78062	1. 20481	1. 11400	0. 83916	1. 23603	1. 02503	1. 00744	1. 64896
福建	1. 05209	0. 96425	0. 99710	0. 96810	1. 00454	1. 06012	1. 04419	1. 04276	1. 04882	0. 97578	0. 96702	1. 15805	1. 11515	1. 04404	1. 09622	1. 43575
江西	0. 99916	0. 98905	0. 63371	0. 73589	0. 90559	1. 05644	1. 04076	2. 23254	1. 38359	0. 82837	1. 03753	1. 05496	0. 97559	0. 99855	1. 05575	1. 76415
山东	1. 01374	1. 03619	1. 01461	1. 02796	1. 02141	1. 02541	1. 02402	1. 02012	1. 10229	1. 00539	1. 03229	1. 03857	1. 02596	1. 00586	1. 02488	1. 90827

续 表

省域	SM2001	SM2002	SM2003	SM2004	SM2005	SM2006	SM2007	SM2008	SM2009	SM2010	SM2011	SM2012	SM2013	SM2014	SM2015	SM2016
河南	0.99616	1.00416	1.00424	1.00635	1.00309	1.00195	1.00622	1.00609	0.77014	1.98678	2.05097	2.00055	1.94829	1.97597	1.18248	2.80298
湖北	0.99043	1.12495	1.16949	1.15697	1.19347	1.24461	2.79584	1.58157	1.04716	1.57423	1.22399	1.47530	1.46811	1.47156	1.54756	2.40364
湖南	0.96850	1.03604	0.99281	1.00388	0.99524	1.08430	1.05973	1.02151	1.02091	1.00981	1.00257	1.01365	1.02156	1.00889	1.28471	1.55898
广东	0.93241	1.02469	1.03240	1.02280	1.01836	1.03016	1.02148	1.10507	1.04713	0.99283	1.03443	1.03256	1.02271	1.02508	1.03162	1.49344
广西	0.99640	1.02170	0.70555	0.73694	0.93001	2.01690	1.29713	1.39101	0.85482	0.65351	0.83816	1.01814	1.15840	1.19212	1.14158	2.44929
海南	0.48364	0.99706	0.99285	1.00488	1.02400	0.98142	1.01967	1.01243	1.00275	1.00367	0.98958	0.71826	1.19263	0.89567	0.88029	2.01297
重庆	0.83829	0.83381	1.15605	0.95389	0.77614	1.14990	1.00782	1.02843	0.80303	1.45896	1.50980	1.16660	1.17149	1.03813	0.98192	1.83008
四川	4.08612	0.69334	1.04417	1.19394	2.18902	1.29895	1.19683	1.27937	1.07251	1.59461	1.15163	1.01084	1.01911	1.00585	1.08582	2.50931
贵州	0.87934	0.92347	1.05127	1.21787	0.89791	1.05258	1.16178	0.99532	0.66596	1.18716	1.21269	1.26839	1.17949	1.06166	0.87395	12.37060
云南	0.93968	1.01786	0.93218	1.04249	0.92429	1.02062	1.16191	0.91621	0.82807	1.13299	0.88780	0.86207	1.27513	0.93288	0.85796	1.22682
陕西	0.66973	1.02836	1.02802	1.07686	0.99141	0.93216	1.03795	0.92876	0.73481	1.17179	0.90445	1.02500	0.96660	1.14624	1.01598	2.66183
甘肃	1.04323	0.97860	1.22307	0.93711	0.97058	1.14663	0.94076	0.80895	0.48002	1.66733	1.03048	1.40404	1.00217	1.06811	1.04370	5.06418
青海	0.87505	0.99461	0.58141	1.72178	1.19432	1.31977	1.35748	1.68057	0.96498	1.94602	1.21505	0.98349	0.33311	3.06131	1.01285	1.09140
宁夏	0.80604	0.71718	0.77721	0.91579	0.98316	1.19049	1.64882	1.69495	0.49920	2.65712	2.09273	1.62340	0.69630	0.84273	0.67240	1.51658
新疆	0.62408	1.44418	1.40385	1.06291	1.22631	1.09109	1.12030	1.47691	0.74900	1.71015	1.16209	0.99293	0.74702	0.84008	0.60995	1.11243

附表 27　　标准化的邻接空间权重矩阵

省域	北京	天津	河北	山西	内蒙古	辽宁	吉林	黑龙江	上海	江苏	浙江	安徽	福建	江西	山东	河南	湖北	湖南	广东	广西	海南	重庆	四川	贵州	云南	陕西	甘肃	青海	宁夏	新疆
北京	0	1	1	0	0	0	0	0	0	0	0	0	0	0	0	0	0	0	0	0	0	0	0	0	0	0	0	0	0	0
天津	1	0	1	0	0	0	0	0	0	0	0	0	0	0	0	0	0	0	0	0	0	0	0	0	0	0	0	0	0	0
河北	1	1	0	1	1	1	0	0	0	0	0	0	0	0	1	1	0	0	0	0	0	0	0	0	0	0	0	0	0	0
山西	0	0	1	0	1	0	0	0	0	0	0	0	0	0	0	1	0	0	0	0	0	0	0	0	0	1	0	0	0	0
内蒙古	0	0	1	1	0	1	1	1	0	0	0	0	0	0	0	0	0	0	0	0	0	0	0	0	0	1	1	0	1	0
辽宁	0	0	1	0	1	0	1	0	0	0	0	0	0	0	0	0	0	0	0	0	0	0	0	0	0	0	0	0	0	0
吉林	0	0	0	0	1	1	0	1	0	0	0	0	0	0	0	0	0	0	0	0	0	0	0	0	0	0	0	0	0	0
黑龙江	0	0	0	0	1	0	1	0	0	0	0	0	0	0	0	0	0	0	0	0	0	0	0	0	0	0	0	0	0	0
上海	0	0	0	0	0	0	0	0	0	1	1	0	0	0	0	0	0	0	0	0	0	0	0	0	0	0	0	0	0	0
江苏	0	0	0	0	0	0	0	0	1	0	1	1	0	0	1	0	0	0	0	0	0	0	0	0	0	0	0	0	0	0
浙江	0	0	0	0	0	0	0	0	1	1	0	1	1	1	0	0	0	0	0	0	0	0	0	0	0	0	0	0	0	0
安徽	0	0	0	0	0	0	0	0	0	1	1	0	0	1	1	1	1	0	0	0	0	0	0	0	0	0	0	0	0	0
福建	0	0	0	0	0	0	0	0	0	0	1	0	0	1	0	0	0	0	1	0	0	0	0	0	0	0	0	0	0	0
江西	0	0	0	0	0	0	0	0	0	0	1	1	1	0	0	0	1	1	1	0	0	0	0	0	0	0	0	0	0	0
山东	0	0	1	0	0	0	0	0	0	1	0	1	0	0	0	1	0	0	0	0	0	0	0	0	0	0	0	0	0	0

续表

省域	北京	天津	河北	山西	内蒙古	辽宁	吉林	黑龙江	上海	江苏	浙江	安徽	福建	江西	山东	河南	湖北	湖南	广东	广西	海南	重庆	四川	贵州	云南	陕西	甘肃	青海	宁夏	新疆
河南	0	0	1	1	0	0	0	0	0	0	0	1	0	0	1	0	1	0	0	0	0	0	0	0	0	1	0	0	0	0
湖北	0	0	0	0	0	0	0	0	0	0	0	1	0	1	0	1	0	1	0	0	0	1	0	0	0	1	0	0	0	0
湖南	0	0	0	0	0	0	0	0	0	0	0	0	0	1	0	0	1	0	1	1	0	1	0	1	0	0	0	0	0	0
广东	0	0	0	0	0	0	0	0	0	0	0	0	1	1	0	0	0	1	0	1	1	0	0	0	0	0	0	0	0	0
广西	0	0	0	0	0	0	0	0	0	0	0	0	0	0	0	0	0	1	1	0	1	0	0	1	1	0	0	0	0	0
海南	0	0	0	0	0	0	0	0	0	0	0	0	0	0	0	0	0	0	1	1	0	0	0	0	0	0	0	0	0	0
重庆	0	0	0	0	0	0	0	0	0	0	0	0	0	0	0	0	1	1	0	0	0	0	1	1	0	1	0	0	0	0
四川	0	0	0	0	0	0	0	0	0	0	0	0	0	0	0	0	0	0	0	0	0	1	0	1	1	1	1	1	0	0
贵州	0	0	0	0	0	0	0	0	0	0	0	0	0	0	0	0	0	1	0	1	0	1	1	0	1	0	0	0	0	0
云南	0	0	0	0	0	0	0	0	0	0	0	0	0	0	0	0	0	0	0	1	0	0	1	1	0	0	0	0	0	0
陕西	0	0	0	1	1	0	0	0	0	0	0	0	0	0	0	1	1	0	0	0	0	1	1	0	0	0	1	0	1	0
甘肃	0	0	0	0	1	0	0	0	0	0	0	0	0	0	0	0	0	0	0	0	0	0	1	0	0	1	0	1	1	1
青海	0	0	0	0	0	0	0	0	0	0	0	0	0	0	0	0	0	0	0	0	0	0	1	0	0	0	1	0	0	1
宁夏	0	0	0	0	1	0	0	0	0	0	0	0	0	0	0	0	0	0	0	0	0	0	0	0	0	1	1	0	0	0
新疆	0	0	0	0	0	0	0	0	0	0	0	0	0	0	0	0	0	0	0	0	0	0	0	0	0	0	1	1	0	0

附表28

标准化的地理距离权重矩阵

省域	北京	天津	河北	山西	内蒙古	辽宁	吉林	黑龙江	上海	江苏	浙江	安徽	福建	江西	山东	河南	湖北	湖南	广东	广西	海南	重庆	四川	贵州	云南	陕西	甘肃	青海	宁夏	新疆
北京	1.000	0.149	0.064	0.063	0.026	0.013	0.008	0.008	0.011	0.007	0.011	0.003	0.005	0.079	0.026	0.008	0.004	0.001	0.001	0.000	0.003	0.003	0.002	0.001	0.011	0.006	0.004	0.011	0.000	0.000
天津	0.000	1.000	0.393	0.293	0.193	0.100	0.063	0.079	0.107	0.068	0.107	0.034	0.052	0.929	0.214	0.071	0.044	0.021	0.018	0.015	0.034	0.031	0.024	0.016	0.086	0.048	0.037	0.079	0.011	0.011
河北	0.389	0.000	1.000	0.186	0.036	0.022	0.016	0.028	0.047	0.027	0.053	0.014	0.025	0.361	0.208	0.042	0.023	0.010	0.009	0.007	0.019	0.018	0.013	0.008	0.067	0.031	0.022	0.053	0.005	0.005
山西	0.153	1.000	0.000	0.247	0.026	0.018	0.013	0.023	0.036	0.023	0.044	0.013	0.024	0.161	0.219	0.042	0.024	0.010	0.009	0.008	0.024	0.022	0.015	0.010	0.103	0.044	0.031	0.092	0.006	0.006
内蒙古	0.461	0.753	1.000	0.000	0.124	0.083	0.064	0.060	0.083	0.057	0.091	0.036	0.057	0.270	0.236	0.084	0.056	0.029	0.027	0.022	0.063	0.064	0.042	0.029	0.191	0.146	0.112	0.371	0.028	0.028
辽宁	0.208	0.100	0.073	0.085	0.000	1.000	0.300	0.055	0.057	0.044	0.051	0.024	0.029	0.123	0.058	0.035	0.024	0.015	0.012	0.011	0.018	0.017	0.015	0.011	0.033	0.024	0.020	0.034	0.009	0.009
吉林	0.078	0.044	0.035	0.041	0.722	0.000	1.000	0.027	0.027	0.022	0.024	0.013	0.016	0.049	0.028	0.018	0.013	0.008	0.007	0.007	0.011	0.010	0.008	0.007	0.018	0.014	0.012	0.019	0.006	0.006
黑龙江	0.049	0.032	0.026	0.032	0.217	1.000	0.000	0.020	0.020	0.017	0.018	0.011	0.012	0.033	0.021	0.014	0.011	0.007	0.006	0.006	0.009	0.008	0.007	0.006	0.014	0.012	0.011	0.016	0.006	0.006
上海	0.031	0.029	0.024	0.015	0.020	0.014	0.010	0.000	0.400	1.000	0.177	0.077	0.077	0.054	0.043	0.060	0.037	0.019	0.011	0.011	0.014	0.010	0.012	0.007	0.019	0.010	0.008	0.011	0.003	0.003
江苏	0.032	0.036	0.028	0.016	0.016	0.010	0.008	0.298	0.000	0.383	1.000	0.049	0.098	0.072	0.066	0.104	0.043	0.017	0.010	0.009	0.015	0.011	0.012	0.007	0.023	0.010	0.008	0.012	0.002	0.002
浙江	0.027	0.028	0.024	0.015	0.016	0.011	0.009	1.000	0.514	0.000	0.269	0.129	0.143	0.049	0.046	0.091	0.054	0.026	0.014	0.013	0.017	0.012	0.015	0.009	0.022	0.011	0.008	0.012	0.003	0.003
安徽	0.032	0.040	0.034	0.017	0.014	0.009	0.007	0.132	1.000	0.200	0.000	0.047	0.149	0.074	0.098	0.213	0.064	0.019	0.012	0.010	0.019	0.013	0.015	0.008	0.032	0.012	0.009	0.014	0.003	0.003
福建	0.094	0.102	0.094	0.064	0.062	0.048	0.038	0.540	0.460	0.900	0.440	0.000	1.000	0.140	0.164	0.400	0.460	0.420	0.146	0.164	0.116	0.080	0.126	0.074	0.110	0.060	0.048	0.060	0.017	0.017
江西	0.049	0.061	0.059	0.034	0.025	0.019	0.015	0.180	0.307	0.333	0.467	0.333	0.000	0.087	0.133	1.000	0.800	0.147	0.067	0.059	0.080	0.049	0.080	0.037	0.080	0.034	0.027	0.035	0.007	0.007
山东	1.000	1.000	0.446	0.185	0.123	0.068	0.046	0.146	0.262	0.131	0.269	0.054	0.100	0.000	0.592	0.154	0.075	0.032	0.025	0.022	0.049	0.042	0.035	0.022	0.123	0.055	0.042	0.085	0.012	0.012

续 表

省域	北京	天津	河北	山西	内蒙古	辽宁	吉林	黑龙江	上海	江苏	浙江	安徽	福建	江西	山东	河南	湖北	湖南	广东	广西	海南	重庆	四川	贵州	云南	陕西	甘肃	青海	宁夏	新疆
河南	0.380	0.949	1.000	0.266	0.095	0.063	0.047	0.190	0.392	0.203	0.582	0.104	0.253	0.975	0.000	0.570	0.228	0.075	0.062	0.048	0.165	0.124	0.099	0.056	0.646	0.152	0.105	0.215	0.022	0.022
湖北	0.067	0.100	0.100	0.050	0.030	0.021	0.017	0.140	0.327	0.213	0.667	0.133	1.000	0.133	0.300	0.000	0.733	0.093	0.060	0.047	0.113	0.067	0.087	0.040	0.153	0.051	0.037	0.052	0.009	0.009
湖南	0.051	0.068	0.072	0.042	0.026	0.020	0.016	0.108	0.167	0.158	0.250	0.192	1.000	0.082	0.150	0.917	0.000	0.267	0.142	0.100	0.200	0.100	0.200	0.073	0.133	0.055	0.042	0.050	0.010	0.010
广东	0.053	0.063	0.065	0.046	0.033	0.026	0.023	0.119	0.137	0.161	0.160	0.368	0.386	0.074	0.104	0.246	0.561	0.000	0.684	1.000	0.175	0.116	0.298	0.153	0.102	0.061	0.051	0.053	0.016	0.016
广西	0.027	0.033	0.037	0.026	0.017	0.014	0.012	0.042	0.051	0.053	0.060	0.078	0.108	0.035	0.053	0.097	0.183	0.419	0.000	1.000	0.183	0.118	0.527	0.290	0.066	0.045	0.039	0.035	0.012	0.012
海南	0.023	0.027	0.029	0.022	0.015	0.013	0.011	0.041	0.045	0.051	0.052	0.088	0.095	0.030	0.041	0.075	0.129	0.613	1.000	0.000	0.094	0.065	0.183	0.129	0.045	0.032	0.028	0.027	0.010	0.010
重庆	0.034	0.050	0.061	0.040	0.017	0.014	0.011	0.034	0.049	0.041	0.064	0.041	0.086	0.046	0.093	0.121	0.171	0.071	0.121	0.062	0.000	1.000	0.664	0.186	0.221	0.121	0.086	0.071	0.014	0.014
四川	0.031	0.045	0.057	0.041	0.016	0.013	0.011	0.026	0.036	0.030	0.045	0.029	0.053	0.039	0.070	0.071	0.086	0.047	0.079	0.043	1.000	0.000	0.264	0.171	0.193	0.200	0.143	0.093	0.017	0.017
贵州	0.037	0.051	0.057	0.040	0.020	0.016	0.014	0.046	0.061	0.057	0.076	0.068	0.129	0.049	0.084	0.140	0.258	0.183	0.527	0.183	1.000	0.398	0.000	0.602	0.140	0.091	0.073	0.063	0.016	0.016
云南	0.041	0.054	0.063	0.046	0.025	0.021	0.018	0.046	0.059	0.055	0.070	0.066	0.098	0.052	0.079	0.107	0.157	0.155	0.482	0.214	0.464	0.429	1.000	0.000	0.127	0.118	0.105	0.077	0.029	0.029
陕西	0.235	0.471	0.725	0.333	0.084	0.063	0.051	0.131	0.216	0.149	0.294	0.108	0.235	0.314	1.000	0.451	0.314	0.114	0.120	0.082	0.608	0.529	0.255	0.139	0.000	0.784	0.392	0.745	0.043	0.043
甘肃	0.026	0.042	0.062	0.050	0.012	0.010	0.008	0.013	0.018	0.014	0.022	0.012	0.020	0.028	0.046	0.029	0.025	0.013	0.016	0.012	0.065	0.108	0.033	0.025	0.154	0.000	1.000	0.346	0.015	0.015
青海	0.020	0.030	0.042	0.038	0.010	0.008	0.007	0.010	0.014	0.011	0.017	0.009	0.015	0.021	0.032	0.021	0.019	0.011	0.014	0.010	0.046	0.077	0.026	0.023	0.077	1.000	0.000	0.196	0.018	0.018
宁夏	0.122	0.211	0.367	0.367	0.049	0.038	0.032	0.043	0.062	0.046	0.073	0.033	0.058	0.122	0.189	0.087	0.067	0.033	0.037	0.028	0.111	0.144	0.066	0.048	0.422	1.000	0.567	0.000	0.040	0.040
新疆	0.333	0.375	0.438	0.521	0.250	0.229	0.229	0.196	0.229	0.200	0.250	0.173	0.229	0.313	0.354	0.271	0.250	0.194	0.229	0.188	0.396	0.500	0.313	0.333	0.458	0.792	1.000	0.750	0.000	0.000

附表 29　　标准化的经济空间权重矩阵

省域	北京	天津	河北	山西	内蒙古	辽宁	吉林	黑龙江	上海	江苏	浙江	安徽	福建	江西	山东	河南	湖北	湖南	广东	广西	海南	重庆	四川	贵州	云南	陕西	甘肃	青海	宁夏	新疆
北京	1.000	0.134	0.098	0.090	0.029	0.013	0.066	0.020	0.027	0.005	0.017	0.002	0.008	0.070	0.027	0.007	0.008	0.001	0.001	0.000	0.003	0.002	0.001	0.000	0.011	0.004	0.004	0.011	0.000	0.000
天津	0.000	1.000	0.085	0.077	0.185	0.417	0.004	0.010	0.016	0.033	0.027	0.018	0.014	0.813	0.896	0.088	0.009	0.010	0.019	0.033	0.019	0.008	0.008	0.006	0.625	0.014	0.035	0.158	0.019	0.019
河北	0.122	0.000	0.056	0.012	0.006	0.009	0.000	0.001	0.002	0.009	0.003	0.005	0.002	1.000	0.053	0.086	0.001	0.003	0.038	0.002	0.007	0.002	0.002	0.002	0.024	0.004	0.147	0.033	0.004	0.004
山西	0.108	0.579	0.000	1.000	0.024	0.012	0.004	0.026	0.053	0.011	0.200	0.007	0.092	0.092	0.166	0.025	0.161	0.005	0.006	0.006	0.012	0.009	0.006	0.004	0.071	0.018	0.017	0.058	0.004	0.004
内蒙古	0.082	0.109	0.844	0.000	0.029	0.014	0.004	0.011	0.018	0.007	0.578	0.004	1.000	0.038	0.047	0.012	0.029	0.003	0.004	0.004	0.008	0.006	0.004	0.003	0.033	0.014	0.016	0.060	0.004	0.004
辽宁	0.254	0.063	0.027	0.037	0.000	1.000	0.028	0.011	0.013	0.018	0.023	0.011	0.014	0.071	0.091	0.023	0.008	0.006	0.008	0.023	0.008	0.005	0.005	0.004	0.034	0.007	0.012	0.028	0.007	0.007
吉林	0.571	0.103	0.013	0.018	1.000	0.000	0.120	0.006	0.007	0.022	0.011	0.015	0.007	0.097	0.100	0.051	0.004	0.008	0.018	0.016	0.012	0.005	0.005	0.005	0.286	0.008	0.027	0.129	0.029	0.029
黑龙江	0.048	0.031	0.038	0.043	0.231	1.000	0.000	0.040	0.038	0.015	0.024	0.010	0.017	0.031	0.021	0.013	0.016	0.006	0.006	0.006	0.008	0.007	0.006	0.005	0.014	0.010	0.010	0.015	0.006	0.006
上海	0.005	0.004	0.010	0.005	0.004	0.002	0.002	0.000	1.000	0.134	0.062	0.010	0.026	0.008	0.007	0.009	0.020	0.002	0.002	0.002	0.002	0.001	0.001	0.001	0.003	0.001	0.001	0.002	0.000	0.000
江苏	0.008	0.007	0.021	0.008	0.005	0.002	0.002	1.000	0.000	0.071	0.546	0.009	0.051	0.015	0.016	0.023	0.039	0.003	0.002	0.002	0.003	0.002	0.002	0.001	0.005	0.002	0.002	0.003	0.001	0.001
浙江	0.019	0.040	0.005	0.004	0.007	0.009	0.001	0.151	0.080	0.000	0.064	1.000	0.035	0.077	0.029	0.112	0.011	0.233	0.019	0.008	0.128	0.009	0.019	0.017	0.016	0.011	0.013	0.011	0.003	0.003
安徽	0.008	0.008	0.047	0.160	0.005	0.002	0.001	0.037	0.325	0.034	0.000	0.008	1.000	0.015	0.026	0.046	0.052	0.003	0.002	0.003	0.003	0.002	0.002	0.001	0.008	0.002	0.002	0.003	0.001	0.001
福建	0.000	0.001	0.000	0.000	0.000	0.000	0.000	0.000	0.000	0.034	0.001	0.000	0.001	0.001	0.001	0.003	0.000	0.008	0.001	0.000	1.000	0.000	0.001	0.001	0.000	0.000	0.000	0.000	0.000	0.000
江西	0.004	0.004	0.021	0.276	0.003	0.001	0.000	0.015	0.030	0.018	1.000	0.019	0.000	0.006	0.012	0.067	0.190	0.008	0.005	0.006	0.005	0.002	0.003	0.002	0.007	0.002	0.002	0.003	0.001	0.001
山东	0.099	1.000	0.009	0.004	0.006	0.009	0.000	0.002	0.004	0.017	0.006	0.009	0.002	0.000	0.048	0.063	0.001	0.004	0.015	0.002	0.008	0.002	0.002	0.002	0.015	0.003	0.066	0.015	0.003	0.003

续表

省域	北京	天津	河北	山西	内蒙古	辽宁	吉林	黑龙江	上海	江苏	浙江	安徽	福建	江西	山东	河南	湖北	湖南	广东	广西	海南	重庆	四川	贵州	云南	陕西	甘肃	青海	宁夏	新疆
河南	0.935	0.457	0.137	0.046	0.070	0.076	0.002	0.015	0.035	0.054	0.093	0.030	0.043	0.413	0.000	0.304	0.028	0.018	0.030	0.130	0.046	0.018	0.017	0.011	1.000	0.026	0.048	0.167	0.015	0.015
湖北	0.105	0.850	0.024	0.014	0.021	0.045	0.001	0.022	0.055	0.240	0.188	0.183	0.275	0.625	0.350	0.000	0.160	0.093	1.000	0.045	0.153	0.030	0.050	0.028	0.275	0.025	0.243	0.193	0.048	0.048
湖南	0.014	0.015	0.197	0.042	0.009	0.005	0.002	0.061	0.123	0.029	0.274	0.035	1.000	0.017	0.042	0.206	0.000	0.048	0.032	0.030	0.039	0.015	0.032	0.013	0.035	0.009	0.009	0.012	0.002	0.002
广东	0.023	0.052	0.009	0.007	0.010	0.013	0.001	0.011	0.014	0.952	0.025	1.000	0.062	0.067	0.040	0.176	0.071	0.000	0.524	0.357	0.524	0.067	0.276	0.267	0.048	0.046	0.042	0.030	0.010	0.010
广西	0.023	0.375	0.005	0.005	0.007	0.016	0.001	0.004	0.005	0.040	0.010	0.070	0.019	0.148	0.035	1.000	0.025	0.275	0.000	0.575	0.163	0.033	0.188	0.133	0.068	0.015	0.250	0.068	0.030	0.030
海南	0.070	0.026	0.010	0.009	0.035	0.025	0.001	0.008	0.010	0.028	0.021	0.052	0.040	0.026	0.261	0.078	0.040	0.326	1.000	0.000	0.057	0.021	0.070	0.057	0.104	0.011	0.025	0.038	0.013	0.013
重庆	0.000	0.001	0.000	0.000	0.000	0.000	0.000	0.000	0.000	0.004	0.000	1.000	0.000	0.001	0.001	0.002	0.000	0.004	0.003	0.001	0.000	0.009	0.009	0.004	0.002	0.001	0.002	0.001	0.000	0.000
四川	0.016	0.033	0.014	0.011	0.007	0.007	0.001	0.005	0.007	0.033	0.012	0.029	0.014	0.028	0.035	0.050	0.020	0.058	0.054	0.020	1.000	0.000	0.833	0.313	0.108	0.917	0.104	0.058	0.010	0.010
贵州	0.009	0.019	0.006	0.005	0.004	0.005	0.001	0.004	0.005	0.040	0.009	0.040	0.014	0.019	0.020	0.050	0.025	0.145	0.188	0.040	0.600	0.500	0.000	1.000	0.038	0.325	0.028	0.019	0.005	0.005
云南	0.008	0.016	0.004	0.004	0.003	0.004	0.001	0.002	0.003	0.038	0.005	0.038	0.007	0.016	0.013	0.028	0.010	0.140	0.133	0.033	0.250	0.188	1.000	0.000	0.024	0.083	0.030	0.017	0.007	0.007
陕西	0.652	0.204	0.059	0.033	0.026	0.217	0.001	0.007	0.012	0.030	0.028	0.024	0.024	0.126	1.000	0.239	0.024	0.022	0.059	0.052	0.135	0.057	0.033	0.021	0.000	0.091	0.167	0.783	0.035	0.035
甘肃	0.018	0.039	0.018	0.017	0.006	0.007	0.001	0.003	0.004	0.024	0.007	0.017	0.007	0.029	0.032	0.026	0.007	0.026	0.016	0.007	0.097	0.579	0.342	0.087	0.111	0.000	1.000	0.289	0.012	0.012
青海	0.029	1.000	0.011	0.013	0.007	0.016	0.001	0.002	0.003	0.019	0.005	0.019	0.005	0.448	0.038	0.167	0.005	0.015	0.172	0.010	0.093	0.043	0.019	0.021	0.133	0.655	0.000	0.569	0.066	0.066
宁夏	0.211	0.361	0.061	0.075	0.027	0.125	0.002	0.005	0.007	0.026	0.014	0.022	0.012	0.167	0.214	0.214	0.010	0.018	0.075	0.024	0.075	0.039	0.021	0.019	1.000	0.306	0.917	0.000	0.333	0.333
新疆	0.075	0.133	0.012	0.016	0.020	0.083	0.002	0.003	0.004	0.020	0.008	0.020	0.007	0.083	0.056	0.158	0.006	0.018	0.100	0.024	0.044	0.021	0.017	0.022	0.133	0.039	0.317	1.000	0.000	0.000

附表 30

结构因素 I：能源结构（ES）

省域	2001	2002	2003	2004	2005	2006	2007	2008	2009	2010	2011	2012	2013	2014	2015	2016
北京	0. 114	0. 1201	0. 1236	0. 1227	0. 1262	0. 1289	0. 132	0. 1376	0. 142	0. 1468	0. 1444	0. 1497	0. 1669	0. 1686	0. 1709	0. 1801
天津	0. 1044	0. 1116	0. 1168	0. 113	0. 1192	0. 1217	0. 127	0. 1226	0. 1207	0. 1217	0. 1124	0. 1082	0. 1208	0. 1199	0. 1191	0. 1204
河北	0. 1026	0. 1024	0. 0883	0. 0915	0. 0931	0. 0978	0. 1049	0. 1059	0. 1133	0. 1202	0. 1244	0. 125	0. 1347	0. 1389	0. 1328	0. 1347
山西	0. 086	0. 0828	0. 0858	0. 091	0. 0912	0. 0957	0. 1063	0. 103	0. 1	0. 1068	0. 1107	0. 1122	0. 114	0. 1128	0. 1101	0. 1138
内蒙古	0. 0848	0. 0864	0. 0886	0. 0855	0. 0849	0. 1337	0. 1116	0. 1064	0. 1032	0. 1123	0. 1223	0. 1253	0. 1517	0. 1622	0. 1651	0. 1645
辽宁	0. 0882	0. 0939	0. 0992	0. 0959	0. 1003	0. 1007	0. 101	0. 0975	0. 0957	0. 1006	0. 1007	0. 0992	0. 1136	0. 1149	0. 1126	0. 1191
吉林	0. 0939	0. 0865	0. 0805	0. 0816	0. 0875	0. 0858	0. 0867	0. 0845	0. 0823	0. 0855	0. 0851	0. 0829	0. 093	0. 0959	0. 0984	0. 1024
黑龙江	0. 093	0. 0959	0. 0903	0. 0865	0. 0869	0. 084	0. 0843	0. 0859	0. 0809	0. 0834	0. 0813	0. 0798	0. 0876	0. 0883	0. 0881	0. 0897
上海	0. 1253	0. 1297	0. 1349	0. 1363	0. 1378	0. 1371	0. 1363	0. 1371	0. 1367	0. 1422	0. 1461	0. 1464	0. 1528	0. 1518	0. 1517	0. 1559
江苏	0. 1492	0. 1593	0. 1672	0. 1639	0. 157	0. 1659	0. 1732	0. 1724	0. 1718	0. 1843	0. 1907	0. 1951	0. 2086	0. 2063	0. 2079	0. 216
浙江	0. 1597	0. 1682	0. 1591	0. 1571	0. 1678	0. 1775	0. 1853	0. 189	0. 1951	0. 2056	0. 2149	0. 2183	0. 2277	0. 2289	0. 2227	0. 2348
安徽	0. 0863	0. 0901	0. 1003	0. 1053	0. 1099	0. 1152	0. 1221	0. 1268	0. 1316	0. 1365	0. 142	0. 1469	0. 1606	0. 1622	0. 1634	0. 1738
福建	0. 1706	0. 175	0. 1497	0. 1498	0. 1514	0. 156	0. 162	0. 1712	0. 1675	0. 1648	0. 1749	0. 1736	0. 1868	0. 1883	0. 1869	0. 1958
江西	0. 1173	0. 1166	0. 1074	0. 1081	0. 1187	0. 1195	0. 1255	0. 1248	0. 1288	0. 1355	0. 1481	0. 1474	0. 1535	0. 1554	0. 1583	0. 1661
山东	0. 1364	0. 1381	0. 1032	0. 1027	0. 1006	0. 1044	0. 1094	0. 1096	0. 1115	0. 1165	0. 1203	0. 1199	0. 1419	0. 1422	0. 1657	0. 1711

续 表

省域	2001	2002	2003	2004	2005	2006	2007	2008	2009	2010	2011	2012	2013	2014	2015	2016
河南	0. 1205	0. 1309	0. 1209	0. 112	0. 1166	0. 1162	0. 1284	0. 1355	0. 1416	0. 1412	0. 1417	0. 1428	0. 1626	0. 1568	0. 1528	0. 1589
湖北	0. 1068	0. 1029	0. 1003	0. 0944	0. 1057	0. 0995	0. 1021	0. 103	0. 1061	0. 1151	0. 1075	0. 1048	0. 1276	0. 1247	0. 1248	0. 1286
湖南	0. 1169	0. 1163	0. 1065	0. 0998	0. 0996	0. 106	0. 1078	0. 1123	0. 1136	0. 1118	0. 0984	0. 0987	0. 1172	0. 1148	0. 115	0. 1163
广东	0. 1761	0. 1827	0. 1906	0. 1929	0. 1917	0. 1849	0. 1878	0. 1836	0. 1799	0. 1854	0. 1898	0. 1948	0. 2084	0. 2174	0. 2165	0. 2207
广西	0. 1528	0. 1471	0. 1451	0. 1336	0. 1288	0. 1321	0. 1396	0. 1439	0. 1487	0. 1541	0. 1591	0. 1548	0. 1672	0. 1689	0. 168	0. 1656
海南	0. 1015	0. 1	0. 1017	0. 111	0. 122	0. 1305	0. 1317	0. 1332	0. 1333	0. 143	0. 1422	0. 1515	0. 1658	0. 1701	0. 1727	0. 176
重庆	0. 0899	0. 0951	0. 1078	0. 1013	0. 0868	0. 0928	0. 0928	0. 0923	0. 0931	0. 0978	0. 1002	0. 0958	0. 1242	0. 124	0. 1204	0. 1235
四川	0. 1064	0. 1081	0. 1015	0. 0984	0. 098	0. 1003	0. 1018	0. 0985	0. 1025	0. 1064	0. 1093	0. 1094	0. 1247	0. 1246	0. 1231	0. 1268
贵州	0. 0928	0. 1008	0. 0887	0. 0936	0. 1061	0. 1159	0. 1209	0. 1178	0. 1219	0. 1256	0. 128	0. 1302	0. 1489	0. 1486	0. 1451	0. 1492
云南	0. 113	0. 1102	0. 1023	0. 1072	0. 1137	0. 1198	0. 1285	0. 1357	0. 1364	0. 1423	0. 1551	0. 155	0. 1781	0. 1798	0. 1707	0. 1627
陕西	0. 1213	0. 1178	0. 1191	0. 1228	0. 1138	0. 1164	0. 1186	0. 1173	0. 1131	0. 1189	0. 1237	0. 1234	0. 1335	0. 1343	0. 1282	0. 1376
甘肃	0. 1295	0. 1383	0. 1389	0. 1421	0. 1377	0. 139	0. 1479	0. 1558	0. 1582	0. 1669	0. 1747	0. 1744	0. 181	0. 179	0. 1795	0. 1785
青海	0. 1479	0. 1514	0. 1643	0. 171	0. 1529	0. 1589	0. 1684	0. 1689	0. 1765	0. 2226	0. 2161	0. 21	0. 2206	0. 2227	0. 1956	0. 1906
宁夏	0. 1459	0. 1594	0. 1294	0. 1429	0. 1488	0. 1641	0. 1757	0. 1673	0. 1706	0. 1826	0. 2063	0. 1998	0. 2085	0. 2109	0. 1997	0. 1949
新疆	0. 0696	0. 0728	0. 0695	0. 0667	0. 0692	0. 0724	0. 0779	0. 0833	0. 0895	0. 0981	0. 1039	0. 1133	0. 1388	0. 1565	0. 1696	0. 1746

附表 31　　结构因素Ⅱ：产业结构（IS）

省域	2001	2002	2003	2004	2005	2006	2007	2008	2009	2010	2011	2012	2013	2014	2015	2016
北京	0. 2779	0. 2588	0. 262	0. 2669	0. 2908	0. 27	0. 2548	0. 2423	0. 235	0. 2401	0. 2309	0. 227	0. 2232	0. 2131	0. 1974	0. 1926
天津	0. 4714	0. 4658	0. 483	0. 5015	0. 5252	0. 5576	0. 5507	0. 5687	0. 5302	0. 5247	0. 5243	0. 5168	0. 5064	0. 4916	0. 4658	0. 4233
河北	0. 5016	0. 5061	0. 5284	0. 5468	0. 5226	0. 5332	0. 5322	0. 5482	0. 5198	0. 525	0. 5354	0. 5269	0. 5216	0. 5103	0. 4827	0. 4757
山西	0. 4523	0. 4662	0. 4866	0. 5068	0. 5562	0. 5633	0. 5708	0. 5831	0. 5428	0. 5689	0. 5905	0. 5557	0. 539	0. 4932	0. 4069	0. 3854
内蒙古	0. 3655	0. 3753	0. 4078	0. 4382	0. 4541	0. 4707	0. 4911	0. 5027	0. 525	0. 5456	0. 5597	0. 5542	0. 5397	0. 5132	0. 5048	0. 4718
辽宁	0. 4849	0. 4782	0. 4829	0. 4914	0. 4913	0. 5083	0. 5243	0. 5496	0. 5197	0. 5405	0. 5467	0. 5325	0. 527	0. 5025	0. 4549	0. 3869
吉林	0. 4154	0. 4166	0. 4295	0. 4418	0. 4367	0. 448	0. 4684	0. 4769	0. 4866	0. 5199	0. 5309	0. 5026	0. 5283	0. 5279	0. 4982	0. 4741
黑龙江	0. 5896	0. 5964	0. 6242	0. 6642	0. 539	0. 5418	0. 5202	0. 5251	0. 4729	0. 5019	0. 5031	0. 441	0. 4115	0. 3687	0. 3181	0. 286
上海	0. 4521	0. 4467	0. 4677	0. 4693	0. 4815	0. 4756	0. 4545	0. 4432	0. 3989	0. 4205	0. 413	0. 3892	0. 3716	0. 3466	0. 3181	0. 2983
江苏	0. 5189	0. 5233	0. 5455	0. 5809	0. 5568	0. 5635	0. 5499	0. 5379	0. 5388	0. 5251	0. 5132	0. 5017	0. 4918	0. 474	0. 457	0. 4473
浙江	0. 5015	0. 4975	0. 5091	0. 5189	0. 5341	0. 5414	0. 5411	0. 5396	0. 518	0. 5158	0. 5123	0. 4995	0. 491	0. 4773	0. 4596	0. 4486
安徽	0. 4359	0. 441	0. 4539	0. 4559	0. 4152	0. 4332	0. 4468	0. 4674	0. 4875	0. 5208	0. 5431	0. 5464	0. 5465	0. 5313	0. 4975	0. 4843
福建	0. 4675	0. 4835	0. 5002	0. 5119	0. 4882	0. 4936	0. 4919	0. 5004	0. 4908	0. 5105	0. 5165	0. 5171	0. 52	0. 5203	0. 5029	0. 4892
江西	0. 3622	0. 3884	0. 4372	0. 4616	0. 4727	0. 4814	0. 4898	0. 4899	0. 512	0. 542	0. 5461	0. 5362	0. 535	0. 5249	0. 503	0. 4773
山东	0. 5062	0. 5167	0. 5511	0. 5808	0. 5787	0. 5822	0. 5732	0. 5723	0. 5576	0. 5422	0. 5295	0. 5146	0. 5015	0. 4844	0. 468	0. 4608

续 表

省域	2001	2002	2003	2004	2005	2006	2007	2008	2009	2010	2011	2012	2013	2014	2015	2016
河南	0. 4806	0. 489	0. 5172	0. 5279	0. 5208	0. 5439	0. 5517	0. 5815	0. 5652	0. 5728	0. 5728	0. 5633	0. 5538	0. 5099	0. 4842	0. 4763
湖北	0. 5962	0. 5806	0. 5424	0. 5316	0. 4264	0. 4418	0. 425	0. 4381	0. 4659	0. 4864	0. 5	0. 494	0. 4934	0. 4694	0. 457	0. 4486
湖南	0. 4105	0. 4184	0. 385	0. 3925	0. 3937	0. 4099	0. 4149	0. 4269	0. 4355	0. 4579	0. 476	0. 4742	0. 4701	0. 4617	0. 4432	0. 4228
广东	0. 4437	0. 4396	0. 4612	0. 4713	0. 5027	0. 5052	0. 5016	0. 5001	0. 4919	0. 5002	0. 497	0. 4854	0. 4734	0. 4634	0. 4479	0. 4342
广西	0. 3474	0. 3423	0. 3573	0. 3752	0. 3792	0. 3958	0. 4165	0. 4327	0. 4358	0. 4714	0. 4842	0. 4793	0. 4773	0. 4674	0. 4593	0. 4517
海南	0. 1921	0. 195	0. 2117	0. 2201	0. 2451	0. 2755	0. 2904	0. 289	0. 2681	0. 2766	0. 2832	0. 2817	0. 2769	0. 2502	0. 2365	0. 2235
重庆	0. 3681	0. 3706	0. 3824	0. 3893	0. 3631	0. 3842	0. 4046	0. 42	0. 5281	0. 55	0. 5537	0. 5237	0. 5055	0. 4578	0. 4498	0. 4452
四川	0. 4092	0. 4196	0. 4249	0. 4217	0. 4153	0. 4344	0. 4394	0. 4595	0. 4743	0. 5046	0. 5245	0. 5166	0. 5171	0. 4893	0. 4408	0. 4084
贵州	0. 3704	0. 3818	0. 4062	0. 426	0. 4122	0. 4193	0. 3981	0. 3955	0. 3774	0. 3911	0. 3848	0. 3908	0. 4051	0. 4163	0. 3949	0. 3965
云南	0. 4122	0. 4114	0. 4183	0. 4264	0. 4139	0. 4294	0. 4298	0. 4306	0. 4186	0. 4462	0. 4251	0. 4287	0. 4204	0. 4122	0. 3977	0. 3848
陕西	0. 406	0. 4108	0. 4381	0. 4462	0. 4701	0. 5145	0. 5149	0. 5253	0. 5185	0. 538	0. 5543	0. 5586	0. 5554	0. 5414	0. 504	0. 4892
甘肃	0. 4275	0. 4305	0. 4341	0. 449	0. 4336	0. 4582	0. 4734	0. 4646	0. 4508	0. 4817	0. 4736	0. 4602	0. 4501	0. 428	0. 3674	0. 3494
青海	0. 4404	0. 4521	0. 4722	0. 4871	0. 487	0. 5107	0. 524	0. 5197	0. 5321	0. 5514	0. 5838	0. 5769	0. 5732	0. 5359	0. 4995	0. 4859
宁夏	0. 3982	0. 4008	0. 4311	0. 4458	0. 4591	0. 4819	0. 4916	0. 4828	0. 4894	0. 49	0. 5024	0. 4952	0. 4932	0. 4874	0. 4738	0. 4697
新疆	0. 4226	0. 4168	0. 4224	0. 4572	0. 4473	0. 4792	0. 4676	0. 4988	0. 4511	0. 4767	0. 488	0. 4639	0. 4505	0. 4258	0. 3857	0. 3779

附表32 结构因素Ⅲ：能源强度

省域	2001	2002	2003	2004	2005	2006	2007	2008	2009	2010	2011	2012	2013	2014	2015	2016
北京	1.5156	1.4016	1.2689	0.8481	0.8019	0.751	0.6383	0.5692	0.5406	0.4927	0.4304	0.4015	0.3448	0.3202	0.2978	0.2712
天津	1.5858	1.4733	1.3135	1.1884	1.1048	1.0358	0.941	0.7983	0.7809	0.7391	0.672	0.6366	0.5485	0.5179	0.4995	0.461
河北	1.8629	1.8927	2.1551	2.0463	1.9647	1.8925	1.7333	1.519	1.4748	1.3499	1.2032	1.1383	1.0481	0.9966	0.9862	0.929
山西	4.4765	4.6289	4.2278	3.1503	3.0506	2.99	2.5896	2.1427	2.1168	1.8268	1.6298	1.5963	1.5681	1.5565	1.5183	1.4866
内蒙古	2.6349	2.6293	2.6869	2.5067	2.4813	2.3175	1.9892	1.6596	1.5753	1.4411	1.3048	1.2459	1.0504	1.0303	1.0614	1.0733
辽宁	2.1172	1.9418	1.8747	1.9595	1.6995	1.6265	1.4819	1.3023	1.2563	1.1349	1.0218	0.9469	0.8022	0.7616	0.7558	0.9453
吉林	1.9006	1.938	2.051	1.7947	1.4681	1.3819	1.2408	1.1237	1.0576	0.9572	0.8613	0.7909	0.6659	0.6201	0.579	0.5423
黑龙江	1.6953	1.5466	1.5156	1.5716	1.4606	1.4079	1.32	1.2002	1.2189	1.0835	0.9632	0.9318	0.8241	0.795	0.8039	0.7981
上海	1.1752	1.1313	1.0872	0.9174	0.8985	0.8562	0.774	0.7255	0.689	0.6525	0.5871	0.563	0.5252	0.4703	0.4532	0.4156
江苏	0.9337	0.9038	0.8876	0.9099	0.9378	0.8797	0.8051	0.7176	0.6881	0.6222	0.5618	0.5337	0.4936	0.4588	0.4312	0.4013
浙江	0.9677	0.9474	1.0136	0.9293	0.8954	0.8397	0.7745	0.7039	0.6771	0.6084	0.5516	0.5214	0.4962	0.4686	0.4573	0.4291
安徽	1.5556	1.4895	1.3737	1.2643	1.2104	1.153	1.0514	0.9405	0.884	0.7854	0.6908	0.6615	0.6143	0.5761	0.5604	0.5201
福建	0.7436	0.7454	0.9189	0.9455	0.935	0.9003	0.8203	0.7626	0.7286	0.6656	0.6067	0.5677	0.5143	0.5034	0.4688	0.4289
江西	1.0705	1.0606	1.2104	1.1034	1.0565	0.9977	0.8712	0.7722	0.7594	0.6724	0.592	0.5586	0.5289	0.5126	0.5047	0.4728
山东	1.0547	1.047	1.3369	1.3064	1.3049	1.2121	1.1319	0.9883	0.9564	0.8886	0.8186	0.7778	0.6466	0.6144	0.6023	0.5693

续 表

省域	2001	2002	2003	2004	2005	2006	2007	2008	2009	2010	2011	2012	2013	2014	2015	2016
河南	1. 4617	1. 3946	1. 5031	1. 5284	1. 3814	1. 313	1. 1882	1. 0531	1. 0139	0. 9284	0. 8563	0. 7989	0. 6813	0. 6552	0. 6259	0. 5712
湖北	1. 2981	1. 3492	1. 427	1. 619	1. 5463	1. 4574	1. 301	1. 1338	1. 0576	0. 948	0. 8445	0. 7944	0. 6366	0. 5961	0. 5551	0. 5158
湖南	1. 1604	1. 1622	1. 3577	1. 3469	1. 4911	1. 4091	1. 2319	1. 0692	1. 0208	0. 9278	0. 8216	0. 7558	0. 6089	0. 5665	0. 5352	0. 5009
广东	0. 956	0. 9648	0. 9613	0. 8063	0. 8012	0. 7634	0. 6992	0. 638	0. 6244	0. 5848	0. 5352	0. 5107	0. 4581	0. 4364	0. 414	0. 3864
广西	1. 1962	1. 2145	1. 2881	1. 2241	1. 1946	1. 1163	1. 0298	0. 9254	0. 9118	0. 8275	0. 733	0. 7023	0. 6329	0. 6071	0. 5809	0. 5509
海南	0. 9525	0. 9965	1. 0195	0. 9288	0. 9189	0. 8916	0. 8428	0. 7551	0. 7454	0. 6583	0. 6346	0. 5911	0. 5466	0. 5199	0. 5234	0. 4949
重庆	1. 7237	1. 6253	1. 3637	1. 3629	1. 6098	1. 555	1. 2718	1. 1171	1. 0766	0. 9912	0. 8782	0. 8132	0. 6359	0. 6025	0. 5684	0. 5188
四川	1. 5401	1. 5405	1. 6869	1. 6772	1. 6	1. 5034	1. 3457	1. 2019	1. 1534	1. 0411	0. 9367	0. 8619	0. 7316	0. 6966	0. 6618	0. 6183
贵州	4. 0907	3. 772	4. 0808	3. 5886	2. 8503	2. 7179	2. 3577	1. 989	1. 9337	1. 7763	1. 5904	1. 4416	1. 1614	1. 0478	0. 9472	0. 8684
云南	1. 6822	1. 7645	1. 8051	1. 6905	1. 7346	1. 663	1. 4946	1. 3195	1. 3018	1. 2007	1. 0727	1. 0121	0. 8593	0. 8159	0. 7605	0. 7206
陕西	1. 766	1. 8237	1. 7385	1. 504	1. 5156	1. 356	1. 1768	1. 014	0. 9846	0. 8774	0. 7801	0. 7352	0. 6613	0. 6344	0. 6501	0. 6248
甘肃	2. 7086	2. 5985	2. 702	2. 3145	2. 2586	2. 0833	1. 8905	1. 6881	1. 6183	1. 4374	1. 2939	1. 2401	1. 1626	1. 1001	1. 1079	1. 0186
青海	3. 0902	2. 9873	2. 8779	2. 9264	3. 0737	2. 9758	2. 6275	2. 2373	2. 1715	1. 9016	1. 9091	1. 8611	1. 7934	1. 7332	1. 7103	1. 5981
宁夏	4. 2848	4. 1849	5. 2291	4. 3227	4. 1842	3. 9817	3. 3478	2. 6821	2. 5035	2. 1786	2. 0531	1. 9485	1. 8639	1. 7972	1. 8563	1. 7648
新疆	2. 3534	2. 2662	2. 2246	2. 2226	2. 1143	1. 9857	1. 8665	1. 6899	1. 7596	1. 5246	1. 5018	1. 5764	1. 6306	1. 6095	1. 6784	1. 6894

附表 33 结构因素Ⅳ：能耗结构

省域	2001	2002	2003	2004	2005	2006	2007	2008	2009	2010	2011	2012	2013	2014	2015	2016
北京	0. 62022	0. 57056	0. 57528	0. 57183	0. 55578	0. 51761	0. 47494	0. 43432	0. 40561	0. 37892	0. 33822	0. 31626	0. 30030	0. 25421	0. 17002	0. 12175
天津	0. 90302	0. 96923	0. 99690	0. 94923	0. 93057	0. 84642	0. 79449	0. 74073	0. 70139	0. 70504	0. 69251	0. 64547	0. 66971	0. 61722	0. 54950	0. 51308
河北	1. 21653	1. 02492	0. 97079	0. 98422	1. 03559	0. 98008	1. 04646	1. 00399	1. 04317	0. 99760	1. 04386	1. 03665	1. 06740	1. 01076	0. 98463	0. 94332
山西	1. 86446	1. 93308	1. 97400	1. 99387	2. 02920	2. 02898	1. 90019	1. 81003	1. 78238	1. 77683	1. 82794	1. 78691	1. 85398	1. 89233	1. 91473	1. 83608
内蒙古	1. 53818	1. 50526	1. 56200	1. 49438	1. 44360	1. 98222	1. 45627	1. 57741	1. 56724	1. 60544	1. 85111	1. 85083	1. 97476	1. 99170	1. 92845	1. 88494
辽宁	0. 85248	0. 88238	0. 92897	0. 91363	0. 93382	0. 92328	0. 88927	0. 86213	0. 83890	0. 80720	0. 79490	0. 77441	0. 83480	0. 82568	0. 80013	0. 80564
吉林	1. 16076	1. 02935	1. 00551	1. 02008	1. 21289	1. 17416	1. 11509	1. 15865	1. 11578	1. 15495	1. 21223	1. 17367	1. 20460	1. 21254	1. 20429	1. 17504
黑龙江	0. 91718	0. 92322	0. 96671	0. 98410	1. 05888	1. 03425	1. 05117	1. 12271	1. 05573	1. 08773	1. 08924	1. 09462	1. 11928	1. 13723	1. 10777	1. 14282
上海	0. 79237	0. 74972	0. 73834	0. 69461	0. 64510	0. 57933	0. 54010	0. 53530	0. 51170	0. 52459	0. 54496	0. 50193	0. 50072	0. 44166	0. 41522	0. 39493
江苏	1. 00923	1. 00562	0. 98091	0. 97219	0. 99951	0. 98167	0. 96606	0. 93274	0. 88586	0. 89626	0. 99185	0. 96229	0. 95689	0. 90120	0. 89992	0. 90321
浙江	0. 84640	0. 72681	0. 76314	0. 77249	0. 80463	0. 85741	0. 89671	0. 86325	0. 85284	0. 82714	0. 82884	0. 79519	0. 75972	0. 73432	0. 70505	0. 68794
安徽	1. 24385	1. 25640	1. 37234	1. 30017	1. 27928	1. 24382	1. 26186	1. 36654	1. 42380	1. 37803	1. 33611	1. 29460	1. 33935	1. 31438	1. 27078	1. 23897
福建	0. 69712	0. 63999	0. 68049	0. 69852	0. 76804	0. 78238	0. 80623	0. 79912	0. 79729	0. 71632	0. 81802	0. 75858	0. 72195	0. 67699	0. 62889	0. 55241
江西	1. 10949	0. 87180	0. 90163	1. 03409	0. 98996	0. 98539	1. 02344	0. 97846	0. 92146	0. 98287	1. 00864	0. 94042	0. 95670	0. 92828	0. 91211	0. 87086
山东	1. 11482	0. 88623	0. 91225	0. 93102	1. 07839	1. 11505	1. 12141	1. 12496	1. 07325	1. 07240	1. 04818	1. 03429	1. 06577	1. 08356	1. 07859	1. 05724

续 表

省域	2001	2002	2003	2004	2005	2006	2007	2008	2009	2010	2011	2012	2013	2014	2015	2016
河南	1. 13113	1. 14114	1. 07788	1. 14256	1. 26280	1. 29365	1. 29949	1. 25778	1. 23764	1. 21515	1. 23034	1. 06736	1. 14374	1. 05941	1. 02413	1. 00472
湖北	1. 00727	0. 96574	0. 93906	0. 88311	0. 88009	0. 89691	0. 88873	0. 79379	0. 80976	0. 88984	0. 95330	0. 89388	0. 77480	0. 72842	0. 71726	0. 69354
湖南	0. 88706	0. 79654	0. 79143	0. 79482	0. 90007	0. 88849	0. 88374	0. 82305	0. 80646	0. 76095	0. 80478	0. 72169	0. 75232	0. 71160	0. 72030	0. 72407
广东	0. 59809	0. 58556	0. 60385	0. 57789	0. 54980	0. 54820	0. 55948	0. 56645	0. 55355	0. 59402	0. 64744	0. 60506	0. 60066	0. 57492	0. 55025	0. 51648
广西	0. 83477	0. 68365	0. 74391	0. 80104	0. 74334	0. 73836	0. 77884	0. 71971	0. 73484	0. 78381	0. 81861	0. 79349	0. 80705	0. 71429	0. 61948	0. 64581
海南	0. 38269	0. 39203	0. 88776	0. 64244	0. 39650	0. 36069	0. 40303	0. 41574	0. 43569	0. 47626	0. 50918	0. 55155	0. 58650	0. 55951	0. 55311	0. 50611
重庆	0. 90716	1. 13242	0. 86217	0. 79128	0. 84890	0. 87362	0. 85927	0. 81469	0. 82250	0. 81433	0. 81768	0. 72750	0. 71990	0. 70939	0. 67687	0. 61654
四川	0. 68282	0. 72730	0. 78818	0. 76533	0. 72046	0. 70535	0. 71696	0. 70828	0. 74422	0. 64387	0. 58153	0. 57701	0. 60788	0. 55563	0. 46706	0. 43559
贵州	1. 11447	1. 16309	1. 22757	1. 32769	1. 40412	1. 45728	1. 40785	1. 37380	1. 44218	1. 33424	1. 33273	1. 34921	1. 46798	1. 35108	1. 29006	1. 33401
云南	0. 88854	0. 81143	1. 03686	1. 09198	1. 10924	1. 13012	1. 06833	1. 05395	1. 10632	1. 07780	1. 01297	0. 94406	0. 97132	0. 82971	0. 74470	0. 70020
陕西	0. 96193	0. 92944	0. 94988	1. 03812	1. 08574	1. 23961	1. 19294	1. 20540	1. 18069	1. 31039	1. 36444	1. 48451	1. 62563	1. 63744	1. 56825	1. 62298
甘肃	0. 87814	0. 88154	0. 91317	0. 89028	0. 85881	0. 83470	0. 87468	0. 87593	0. 81710	0. 90999	0. 97032	0. 93592	0. 89764	0. 89295	0. 87160	0. 86963
青海	0. 69032	0. 60844	0. 60123	0. 49839	0. 56814	0. 56846	0. 61622	0. 57741	0. 55788	0. 49489	0. 47287	0. 52752	0. 55020	0. 45504	0. 36481	0. 47742
宁夏	0. 99257	0. 76705	1. 47160	1. 18894	1. 29215	1. 24356	1. 32878	1. 32755	1. 41130	1. 56611	1. 84115	1. 76552	1. 78488	1. 79074	1. 64799	1. 54962
新疆	0. 78204	0. 77840	0. 76234	0. 73977	0. 69990	0. 73355	0. 75183	0. 80757	0. 98571	0. 97778	0. 98172	1. 01662	1. 04207	1. 07785	1. 10915	1. 16458

附表 34 结构因素 V：要素禀赋

省域	2001	2002	2003	2004	2005	2006	2007	2008	2009	2010	2011	2012	2013	2014	2015	2016
北京	12. 5852	11. 2493	12. 0706	13. 2623	14. 6954	15. 0657	15. 4959	15. 8819	16. 2436	17. 1548	18. 1659	19. 4954	26. 7036	20. 1602	30. 7361	32. 9917
天津	8. 9490	10. 4318	11. 6854	13. 4869	15. 5887	18. 2233	21. 4097	22. 1256	27. 7661	34. 0281	40. 1411	46. 2583	37. 2989	41. 1480	45. 7541	47. 3070
河北	2. 8782	3. 1698	3. 5484	4. 0172	4. 6280	5. 3478	6. 1729	7. 1438	7. 9039	9. 4620	10. 8229	12. 1218	13. 1858	13. 9524	16. 1311	17. 5176
山西	2. 3346	2. 6775	3. 0196	3. 5859	4. 3165	5. 0896	5. 9825	6. 8750	8. 3268	9. 7060	11. 2626	12. 6642	13. 9775	14. 3343	17. 1399	17. 9072
内蒙古	1. 6622	2. 1940	3. 1329	4. 3776	6. 0836	8. 0037	10. 2965	12. 7847	15. 9986	19. 2510	22. 2178	25. 6566	28. 5482	26. 1731	33. 9988	34. 8804
辽宁	3. 3018	3. 8001	4. 4380	5. 1483	6. 1676	7. 4257	9. 0204	10. 9034	12. 5348	14. 7118	17. 0961	19. 4481	20. 7664	19. 1996	25. 5209	25. 4476
吉林	2. 7036	3. 0590	3. 7797	4. 2269	5. 3124	7. 0140	9. 3334	11. 8260	14. 4259	16. 9770	19. 6984	22. 6031	23. 4650	22. 9165	27. 9930	29. 3874
黑龙江	3. 3174	3. 6687	4. 0322	4. 4514	4. 9564	5. 5757	6. 3893	7. 3627	8. 8577	9. 9951	11. 3105	12. 8248	13. 2588	13. 1681	16. 8888	18. 1941
上海	16. 2874	16. 6716	17. 6030	18. 4991	19. 5626	21. 6371	24. 2781	26. 2727	28. 3031	30. 8296	32. 5564	34. 2869	25. 2762	26. 4837	29. 4823	30. 1978
江苏	4. 6369	5. 3105	6. 0117	6. 7989	7. 7185	8. 6850	9. 6767	10. 5666	11. 9013	13. 2540	15. 2218	17. 2951	19. 2160	15. 4600	23. 2209	25. 3013
浙江	3. 9350	4. 5643	5. 3381	6. 1798	7. 0757	7. 7590	8. 3944	9. 1735	10. 0336	10. 8984	12. 0552	13. 2841	16. 0523	14. 4994	19. 2672	21. 0476
安徽	1. 5475	1. 7069	1. 9021	2. 1745	2. 4909	2. 8489	3. 2728	3. 8141	4. 3470	4. 9009	5. 6424	6. 4221	6. 9143	8. 1583	8. 7595	9. 6999
福建	4. 1365	4. 4260	4. 7855	5. 2295	5. 8854	6. 6654	7. 6618	8. 8037	10. 0444	11. 6664	12. 4030	13. 7543	15. 5109	14. 5442	18. 8716	20. 4651
江西	1. 4585	1. 7659	2. 1782	2. 5929	3. 0478	3. 5747	4. 2325	4. 9493	5. 7711	6. 5155	7. 4071	8. 3331	8. 5143	8. 1398	10. 4492	11. 4604
山东	3. 5141	3. 9367	4. 4463	5. 1195	5. 8829	6. 8530	7. 9401	9. 0641	10. 4538	11. 7281	13. 2829	14. 9275	14. 7774	17. 0205	18. 3573	19. 6546

续 表

省域	2001	2002	2003	2004	2005	2006	2007	2008	2009	2010	2011	2012	2013	2014	2015	2016
河南	1. 5330	1. 7326	1. 9659	2. 2426	2. 6632	3. 2486	4. 0062	4. 8554	5. 9439	7. 1689	8. 3520	9. 7230	11. 1751	12. 5555	14. 0450	15. 3875
湖北	3. 6913	3. 9563	4. 1420	4. 4364	4. 7582	5. 3140	5. 9930	6. 5682	7. 2678	8. 2427	9. 6317	11. 1544	11. 0023	13. 0831	14. 5561	16. 3157
湖南	1. 4923	1. 7091	1. 9407	2. 1865	2. 5305	2. 9421	3. 4859	4. 1214	4. 8285	5. 6978	6. 7548	7. 9083	9. 2006	9. 2795	11. 9696	13. 2173
广东	4. 4215	4. 9485	5. 4281	5. 8837	6. 2364	6. 7492	7. 3288	7. 9997	8. 9951	10. 1899	11. 4883	13. 0694	14. 2268	14. 7849	17. 6863	19. 3384
广西	1. 1928	1. 3714	1. 5723	1. 8240	2. 1609	2. 6253	3. 1987	3. 8866	4. 9949	6. 4487	8. 1552	10. 5297	12. 0951	12. 1948	14. 9510	16. 3986
海南	3. 6453	3. 9028	4. 0947	4. 3097	4. 6091	4. 8867	5. 3004	6. 1705	6. 8595	7. 8643	8. 8792	10. 2021	11. 6238	11. 7014	14. 1148	15. 0707
重庆	1. 8392	2. 1734	2. 6171	3. 1065	3. 6801	4. 2797	4. 9244	5. 5261	6. 3028	7. 2421	8. 2737	9. 2504	12. 6588	10. 8061	16. 1118	17. 7882
四川	1. 6747	1. 8936	2. 1329	2. 3925	2. 6814	3. 0578	3. 5230	4. 0052	4. 6106	5. 3247	6. 1615	7. 0727	8. 3683	8. 3065	10. 3450	11. 3230
贵州	1. 3237	1. 4882	1. 6546	1. 8113	1. 9897	2. 2086	2. 4593	2. 7619	3. 1155	3. 5156	4. 0535	4. 7460	7. 6150	6. 2623	10. 3841	11. 9661
云南	1. 6856	1. 8530	2. 0844	2. 3213	2. 6284	2. 9941	3. 2362	3. 4439	3. 9944	4. 8353	5. 7893	6. 9979	8. 4768	8. 9141	11. 8552	13. 4633
陕西	2. 1663	2. 3515	2. 7039	3. 1969	3. 7781	4. 5003	5. 3444	6. 3613	7. 7781	9. 3199	11. 2126	13. 2650	14. 5119	14. 8048	18. 3735	20. 1946
甘肃	1. 8165	1. 9471	2. 1239	2. 3874	2. 6642	2. 9963	3. 3835	3. 8223	4. 3395	4. 9280	5. 7188	6. 6512	7. 2868	7. 5477	9. 3695	10. 5147
青海	3. 6888	4. 1451	4. 6410	5. 0967	5. 6888	6. 3186	7. 0084	7. 8415	8. 8714	10. 2975	12. 3035	15. 1769	17. 8823	19. 2232	26. 2501	30. 3491
宁夏	2. 9687	3. 4128	3. 9908	4. 6258	5. 4240	6. 2433	7. 2714	8. 9093	10. 1611	12. 5480	14. 1242	16. 3255	18. 6315	18. 9721	26. 3618	30. 0914
新疆	4. 7967	5. 3619	6. 0515	6. 7200	7. 5312	8. 5497	9. 3723	10. 2879	11. 2373	12. 4630	13. 3380	15. 0090	15. 9435	17. 3077	20. 6532	22. 1150

附表 35　结构因素Ⅵ：工业化

省域	2001	2002	2003	2004	2005	2006	2007	2008	2009	2010	2011	2012	2013	2014	2015	2016
北京	0. 2026	0. 1948	0. 2022	0. 2088	0. 2407	0. 2267	0. 2193	0. 1918	0. 1895	0. 1958	0. 1876	0. 1843	0. 2975	0. 2938	0. 2722	0. 263
天津	0. 3794	0. 3921	0. 4169	0. 4486	0. 4702	0. 5476	0. 5621	0. 526	0. 4815	0. 4782	0. 4803	0. 4749	0. 6499	0. 6262	0. 5651	0. 5522
河北	0. 2255	0. 2349	0. 2603	0. 2901	0. 3164	0. 3384	0. 3544	0. 4976	0. 4632	0. 4685	0. 4801	0. 4708	0. 6711	0. 6366	0. 5646	0. 3329
山西	0. 2463	0. 2723	0. 3183	0. 348	0. 4152	0. 4404	0. 4667	0. 5358	0. 4827	0. 5063	0. 5304	0. 4973	0. 7715	0. 667	0. 5155	0. 3014
内蒙古	0. 1795	0. 1936	0. 2163	0. 2554	0. 3176	0. 3596	0. 3945	0. 4471	0. 4623	0. 4814	0. 4945	0. 4871	0. 7568	0. 6986	0. 6351	0. 6736
辽宁	0. 2495	0. 2524	0. 2859	0. 3381	0. 3863	0. 4451	0. 4831	0. 4653	0. 4553	0. 4762	0. 4812	0. 4671	0. 6169	0. 59	0. 51	0. 3162
吉林	0. 2778	0. 285	0. 3061	0. 3185	0. 323	0. 3542	0. 3936	0. 4184	0. 4197	0. 4533	0. 4653	0. 44	0. 6743	0. 6743	0. 6034	0. 4179
黑龙江	0. 3563	0. 347	0. 336	0. 3409	0. 3908	0. 4128	0. 4018	0. 4724	0. 4134	0. 4272	0. 4453	0. 3828	0. 4156	0. 3699	0. 2965	0. 1656
上海	0. 3816	0. 3714	0. 4232	0. 4245	0. 4457	0. 4572	0. 4397	0. 4112	0. 3595	0. 3808	0. 3755	0. 3517	0. 409	0. 3889	0. 3539	0. 1941
江苏	0. 3113	0. 3344	0. 3754	0. 4297	0. 4365	0. 4742	0. 4968	0. 4929	0. 4778	0. 4654	0. 4537	0. 4423	0. 6453	0. 625	0. 5981	0. 4395
浙江	0. 2717	0. 3003	0. 3192	0. 3583	0. 36	0. 3813	0. 4037	0. 4827	0. 4575	0. 4566	0. 4543	0. 4425	0. 6488	0. 6179	0. 5873	0. 3763
安徽	0. 1778	0. 1962	0. 2247	0. 2274	0. 2773	0. 3085	0. 3481	0. 396	0. 4039	0. 4375	0. 4615	0. 4663	0. 7056	0. 6843	0. 6168	0. 4354
福建	0. 2149	0. 2636	0. 2906	0. 3203	0. 3496	0. 3755	0. 3891	0. 4244	0. 4173	0. 4341	0. 4371	0. 4336	0. 5748	0. 5768	0. 5491	0. 3901
江西	0. 1417	0. 148	0. 1591	0. 1787	0. 2175	0. 2672	0. 3142	0. 3969	0. 4176	0. 4612	0. 4624	0. 4501	0. 7259	0. 7043	0. 6521	0. 4703
山东	0. 3155	0. 3407	0. 3892	0. 4326	0. 5104	0. 5248	0. 5733	0. 5205	0. 5025	0. 4857	0. 469	0. 4558	0. 6358	0. 6119	0. 5793	0. 412

续 表

省域	2001	2002	2003	2004	2005	2006	2007	2008	2009	2010	2011	2012	2013	2014	2015	2016
河南	0. 2259	0. 23	0. 2534	0. 2727	0. 3192	0. 3724	0. 4906	0. 5298	0. 5082	0. 5175	0. 518	0. 5074	0. 7497	0. 6819	0. 6302	0. 4181
湖北	0. 2765	0. 2778	0. 2869	0. 2955	0. 3046	0. 314	0. 3495	0. 3876	0. 3999	0. 4213	0. 4349	0. 4296	0. 6901	0. 6566	0. 6325	0. 4461
湖南	0. 158	0. 1702	0. 1907	0. 2124	0. 2471	0. 2717	0. 3023	0. 373	0. 369	0. 3931	0. 413	0. 4125	0. 6536	0. 6416	0. 6021	0. 4213
广东	0. 3105	0. 323	0. 3609	0. 3756	0. 4174	0. 4431	0. 4438	0. 4787	0. 4619	0. 4664	0. 4632	0. 4523	0. 5948	0. 5863	0. 5637	0. 3772
广西	0. 1504	0. 1468	0. 1583	0. 1735	0. 1994	0. 2265	0. 2609	0. 3742	0. 3691	0. 4034	0. 4139	0. 405	0. 6267	0. 6094	0. 5911	0. 4197
海南	0. 1127	0. 128	0. 1349	0. 1253	0. 1698	0. 1821	0. 2229	0. 2137	0. 1817	0. 1866	0. 1883	0. 1825	0. 2593	0. 2231	0. 1955	0. 1232
重庆	0. 1559	0. 1613	0. 1751	0. 191	0. 1902	0. 2395	0. 2963	0. 3515	0. 4468	0. 4666	0. 4685	0. 4366	0. 657	0. 584	0. 565	0. 4787
四川	0. 1841	0. 2069	0. 2186	0. 2424	0. 2925	0. 3207	0. 3805	0. 3933	0. 4013	0. 4324	0. 4514	0. 4419	0. 6421	0. 6058	0. 523	0. 3775
贵州	0. 2088	0. 218	0. 2429	0. 2613	0. 2921	0. 3195	0. 3088	0. 3356	0. 3202	0. 3296	0. 3208	0. 3236	0. 6102	0. 6438	0. 614	0. 4436
云南	0. 2722	0. 285	0. 2918	0. 2859	0. 2885	0. 3188	0. 3281	0. 3614	0. 3385	0. 3607	0. 3367	0. 3347	0. 4842	0. 4636	0. 4209	0. 2542
陕西	0. 2286	0. 2368	0. 2606	0. 2742	0. 336	0. 386	0. 4139	0. 4503	0. 4286	0. 4503	0. 4682	0. 4737	0. 8503	0. 8253	0. 7028	0. 5422
甘肃	0. 2635	0. 2765	0. 2772	0. 2991	0. 2894	0. 3108	0. 3412	0. 3858	0. 3553	0. 389	0. 3832	0. 3664	0. 5324	0. 4972	0. 3614	0. 2119
青海	0. 2392	0. 2353	0. 2441	0. 2841	0. 348	0. 4003	0. 4298	0. 4348	0. 4359	0. 4544	0. 4859	0. 4731	0. 8046	0. 7244	0. 6272	0. 4599
宁夏	0. 2457	0. 2136	0. 2457	0. 2737	0. 3489	0. 3644	0. 4053	0. 4211	0. 3845	0. 3838	0. 3885	0. 3753	0. 763	0. 7282	0. 6785	0. 4516
新疆	0. 2448	0. 2317	0. 2456	0. 2793	0. 341	0. 3809	0. 3964	0. 4196	0. 3694	0. 3975	0. 4085	0. 3797	0. 597	0. 5706	0. 4521	0. 2611

附表 36

结构因素Ⅶ：产权结构

省域	2001	2002	2003	2004	2005	2006	2007	2008	2009	2010	2011	2012	2013	2014	2015	2016
北京	0. 3747	0. 2661	0. 2306	0. 2052	0. 1939	0. 1881	0. 1554	0. 1456	0. 1362	0. 1328	0. 1655	0. 1601	0. 1561	0. 1548	0. 1542	0. 1512
天津	0. 2516	0. 2282	0. 2049	0. 1946	0. 1858	0. 1386	0. 1761	0. 1544	0. 1492	0. 1436	0. 1064	0. 1049	0. 1064	0. 0996	0. 0807	0. 0765
河北	0. 1192	0. 1116	0. 1083	0. 1037	0. 0989	0. 0942	0. 0937	0. 0883	0. 0808	0. 0825	0. 0762	0. 0777	0. 0778	0. 0745	0. 0684	0. 0671
山西	0. 1891	0. 1791	0. 1694	0. 1707	0. 1676	0. 1595	0. 1601	0. 1578	0. 1506	0. 1393	0. 1364	0. 1298	0. 1238	0. 1213	0. 1078	0. 1004
内蒙古	0. 1838	0. 1728	0. 1651	0. 1604	0. 1534	0. 1503	0. 1482	0. 1462	0. 1439	0. 1407	0. 1366	0. 1331	1. 0126	0. 1202	0. 1148	0. 1129
辽宁	0. 2033	0. 1787	0. 1666	0. 1542	0. 1478	0. 1372	0. 1397	0. 1395	0. 1238	0. 1213	0. 1246	0. 1233	0. 1197	0. 1182	0. 1163	0. 1193
吉林	0. 2177	0. 1976	0. 1953	0. 1752	0. 1604	0. 1367	0. 1513	0. 1442	0. 1352	0. 1291	0. 1222	0. 1204	0. 1153	0. 1122	0. 1107	0. 1093
黑龙江	0. 2262	0. 2135	0. 1979	0. 1883	0. 1762	0. 1592	0. 1707	0. 1656	0. 1733	0. 1661	0. 1464	0. 143	0. 1393	0. 15	0. 133	0. 126
上海	0. 2364	0. 2053	0. 1828	0. 1556	0. 1406	0. 1321	0. 133	0. 132	0. 1283	0. 1324	0. 1232	0. 1165	0. 0946	0. 0983	0. 0754	0. 0672
江苏	0. 1059	0. 0941	0. 0845	0. 0755	0. 0705	0. 0579	0. 064	0. 0603	0. 058	0. 0558	0. 0582	0. 059	0. 0591	0. 0599	0. 0618	0. 0631
浙江	0. 064	0. 0607	0. 0574	0. 0551	0. 0539	0. 0561	0. 0502	0. 0507	0. 0499	0. 0493	0. 0532	0. 0572	0. 0595	0. 0589	0. 0588	0. 0597
安徽	0. 0746	0. 0679	0. 0621	0. 0597	0. 0572	0. 0516	0. 053	0. 0521	0. 0508	0. 0493	0. 0482	0. 0491	0. 0489	0. 0494	0. 0435	0. 0424
福建	0. 0944	0. 0871	0. 0837	0. 08	0. 0773	0. 0739	0. 0714	0. 0693	0. 0658	0. 0668	0. 0578	0. 0604	0. 063	0. 0609	0. 0561	0. 0563
江西	0. 1149	0. 1058	0. 0994	0. 0943	0. 0908	0. 0827	0. 0868	0. 0839	0. 0835	0. 0814	0. 0749	0. 0764	0. 0664	0. 0486	0. 075	0. 0751
山东	0. 1112	0. 1039	0. 1004	0. 0979	0. 0814	0. 0686	0. 0782	0. 0773	0. 0758	0. 0747	0. 0654	0. 0659	0. 0575	0. 0589	0. 0589	0. 0568

续 表

省域	2001	2002	2003	2004	2005	2006	2007	2008	2009	2010	2011	2012	2013	2014	2015	2016
河南	0. 0812	0. 0755	0. 0701	0. 0712	0. 0698	0. 0685	0. 0669	0. 0656	0. 0622	0. 0625	0. 0629	0. 0637	0. 0629	0. 0618	0. 0552	0. 0531
湖北	0. 1547	0. 1392	0. 1301	0. 1188	0. 1122	0. 0802	0. 0997	0. 094	0. 0875	0. 0837	0. 0739	0. 0748	0. 0639	0. 0632	0. 0759	0. 0771
湖南	0. 092	0. 0895	0. 0848	0. 0781	0. 0673	0. 0651	0. 0667	0. 0657	0. 0639	0. 0633	0. 0647	0. 0649	0. 0619	0. 0655	0. 0614	0. 061
广东	0. 0989	0. 0939	0. 0888	0. 0842	0. 0787	0. 0712	0. 0701	0. 0684	0. 0668	0. 0672	0. 0689	0. 0703	0. 0698	0. 0708	0. 0625	0. 0603
广西	0. 086	0. 0756	0. 073	0. 0715	0. 0698	0. 0674	0. 0679	0. 0656	0. 0641	0. 0637	0. 0661	0. 0714	0. 0715	0. 072	0. 0718	0. 072
海南	0. 1825	0. 1721	0. 1611	0. 1547	0. 1498	0. 1439	0. 1321	0. 1306	0. 1233	0. 1155	0. 1125	0. 1103	0. 0992	0. 0958	0. 0778	0. 0729
重庆	0. 083	0. 0783	0. 0735	0. 0715	0. 0698	0. 0747	0. 0629	0. 0627	0. 0608	0. 0621	0. 0735	0. 0756	0. 0761	0. 0758	0. 07	0. 0693
四川	0. 0794	0. 0742	0. 071	0. 0679	0. 066	0. 0645	0. 0654	0. 0638	0. 0631	0. 0636	0. 0693	0. 0714	0. 0722	0. 0733	0. 071	0. 0713
贵州	0. 072	0. 0706	0. 067	0. 0644	0. 0634	0. 0617	0. 062	0. 0613	0. 0606	0. 0611	0. 0883	0. 0883	0. 0878	0. 0883	0. 0867	0. 0865
云南	0. 0893	0. 0836	0. 0775	0. 0714	0. 0684	0. 0679	0. 0674	0. 0664	0. 0652	0. 0655	0. 0637	0. 0633	0. 0633	0. 0626	0. 063	0. 0619
陕西	0. 1445	0. 1352	0. 1287	0. 1287	0. 1285	0. 1193	0. 125	0. 1232	0. 1213	0. 1226	0. 1217	0. 1243	0. 1264	0. 1272	0. 1148	0. 112
甘肃	0. 1338	0. 125	0. 1189	0. 1156	0. 1148	0. 1006	0. 1035	0. 103	0. 1017	0. 0995	0. 0963	0. 102	0. 0854	0. 1028	0. 1002	0. 1008
青海	0. 1506	0. 1391	0. 1298	0. 1243	0. 1155	0. 102	0. 1155	0. 1178	0. 1212	0. 1223	0. 1265	0. 1387	0. 1436	0. 1498	0. 1064	0. 0983
宁夏	0. 1723	0. 1531	0. 1342	0. 1248	0. 1248	0. 1168	0. 1141	0. 1129	0. 1029	0. 1042	0. 1026	0. 1107	0. 1056	0. 1052	0. 0976	0. 0955
新疆	0. 2882	0. 2699	0. 2551	0. 2455	0. 238	0. 2254	0. 2266	0. 2216	0. 2121	0. 2092	0. 197	0. 1935	0. 181	0. 1772	0. 1717	0. 1663

附表 37

技术因素Ⅰ：发明专利

省域	2001	2002	2003	2004	2005	2006	2007	2008	2009	2010	2011	2012	2013	2014	2015	2016
北京	0. 1515	0. 1672	0. 2741	0. 3571	0. 3442	0. 3438	0. 3226	0. 365	0. 3995	0. 3345	0. 3884	0. 3987	0. 3302	0. 3112	0. 3755	0. 4037
天津	0. 0525	0. 0558	0. 0962	0. 1676	0. 2506	0. 2325	0. 2085	0. 2371	0. 2551	0. 1754	0. 1808	0. 1681	0. 1264	0. 1244	0. 1238	0. 1305
河北	0. 0706	0. 0567	0. 077	0. 1048	0. 1035	0. 0985	0. 0862	0. 0999	0. 101	0. 0948	0. 1321	0. 1262	0. 1104	0. 1136	0. 1274	0. 1334
山西	0. 1261	0. 1724	0. 2349	0. 2481	0. 2295	0. 221	0. 1541	0. 1843	0. 1869	0. 1555	0. 224	0. 1802	0. 1555	0. 1862	0. 2427	0. 2396
内蒙古	0. 0983	0. 0781	0. 0979	0. 13	0. 116	0. 1104	0. 0914	0. 1054	0. 1191	0. 125	0. 1609	0. 1845	0. 1431	0. 1136	0. 1443	0. 149
辽宁	0. 0778	0. 0846	0. 1139	0. 1585	0. 1521	0. 1437	0. 1269	0. 1421	0. 1634	0. 1379	0. 165	0. 1872	0. 1769	0. 2036	0. 2609	0. 2681
吉林	0. 0956	0. 1042	0. 1379	0. 2103	0. 1933	0. 1936	0. 159	0. 1924	0. 2195	0. 1808	0. 2443	0. 2669	0. 2406	0. 2142	0. 2523	0. 2429
黑龙江	0. 0775	0. 0663	0. 082	0. 1161	0. 1401	0. 156	0. 1552	0. 1618	0. 2248	0. 223	0. 1596	0. 1193	0. 1129	0. 1592	0. 2124	0. 2408
上海	0. 0451	0. 0509	0. 0528	0. 1588	0. 1585	0. 1593	0. 1331	0. 174	0. 1718	0. 1424	0. 191	0. 2209	0. 2187	0. 23	0. 2903	0. 3127
江苏	0. 0396	0. 044	0. 0636	0. 0906	0. 0914	0. 0843	0. 0699	0. 0789	0. 061	0. 0521	0. 0553	0. 0602	0. 0701	0. 0983	0. 1439	0. 1773
浙江	0. 0209	0. 0179	0. 0298	0. 0515	0. 0582	0. 046	0. 0526	0. 0617	0. 0603	0. 0559	0. 0702	0. 0614	0. 055	0. 0709	0. 0993	0. 12
安徽	0. 0556	0. 0698	0. 0863	0. 0933	0. 1227	0. 1217	0. 0929	0. 1125	0. 0925	0. 0694	0. 062	0. 0708	0. 0868	0. 1072	0. 1894	0. 2508
福建	0. 0249	0. 0157	0. 0255	0. 0336	0. 047	0. 0483	0. 0433	0. 0668	0. 073	0. 0678	0. 089	0. 0976	0. 0784	0. 0905	0. 093	0. 1068
江西	0. 0771	0. 0603	0. 0784	0. 0898	0. 1043	0. 1022	0. 0851	0. 095	0. 1324	0. 0945	0. 1223	0. 1117	0. 0926	0. 0747	0. 0678	0. 0608
山东	0. 0495	0. 0442	0. 064	0. 081	0. 0841	0. 0685	0. 0629	0. 0691	0. 083	0. 0797	0. 0995	0. 0987	0. 1158	0. 1447	0. 1721	0. 1978

续 表

省域	2001	2002	2003	2004	2005	2006	2007	2008	2009	2010	2011	2012	2013	2014	2015	2016
河南	0. 0662	0. 0575	0. 0865	0. 0922	0. 095	0. 0858	0. 0805	0. 0731	0. 0988	0. 0906	0. 1278	0. 1188	0. 1076	0. 1047	0. 1127	0. 1386
湖北	0. 0844	0. 0869	0. 1463	0. 2268	0. 1899	0. 1806	0. 1339	0. 1376	0. 1301	0. 1166	0. 166	0. 1655	0. 1409	0. 1716	0. 2003	0. 2036
湖南	0. 0691	0. 0673	0. 109	0. 1329	0. 1457	0. 1036	0. 1292	0. 195	0. 2109	0. 1384	0. 1622	0. 1445	0. 1481	0. 1562	0. 1989	0. 2046
广东	0. 0165	0. 0155	0. 0326	0. 0617	0. 0508	0. 0561	0. 0658	0. 1226	0. 1358	0. 1147	0. 1421	0. 1442	0. 1178	0. 1238	0. 1388	0. 1491
广西	0. 0491	0. 0436	0. 0624	0. 0998	0. 1143	0. 1269	0. 0986	0. 0916	0. 1207	0. 1168	0. 144	0. 1529	0. 1643	0. 2	0. 296	0. 3472
海南	0. 0528	0. 0302	0. 0946	0. 1295	0. 18	0. 1573	0. 1723	0. 1378	0. 1333	0. 2661	0. 3556	0. 3623	0. 3373	0. 2379	0. 2023	0. 1975
重庆	0. 0343	0. 029	0. 0434	0. 0408	0. 0496	0. 0536	0. 0709	0. 1104	0. 1112	0. 0946	0. 1201	0. 1191	0. 0951	0. 0955	0. 1019	0. 118
四川	0. 0769	0. 0679	0. 0844	0. 1316	0. 1331	0. 0947	0. 083	0. 0812	0. 0793	0. 0684	0. 115	0. 1056	0. 0989	0. 1206	0. 1402	0. 1657
贵州	0. 0654	0. 0764	0. 1093	0. 2429	0. 1751	0. 1406	0. 1349	0. 1563	0. 1545	0. 1429	0. 176	0. 1048	0. 098	0. 1036	0. 1063	0. 1953
云南	0. 0839	0. 0736	0. 1426	0. 1859	0. 2216	0. 2169	0. 172	0. 1895	0. 1628	0. 1705	0. 2396	0. 2223	0. 1928	0. 1752	0. 1783	0. 1766
陕西	0. 0975	0. 0958	0. 105	0. 2287	0. 235	0. 2434	0. 2188	0. 219	0. 2205	0. 1881	0. 2692	0. 2695	0. 1984	0. 2141	0. 2043	0. 1548
甘肃	0. 1094	0. 1788	0. 1751	0. 2471	0. 2121	0. 1743	0. 1756	0. 2015	0. 1782	0. 1868	0. 2316	0. 1922	0. 1657	0. 1593	0. 1791	0. 164
青海	0. 1485	0. 1647	0. 1889	0. 3	0. 3038	0. 3093	0. 1261	0. 1009	0. 0951	0. 1553	0. 1301	0. 1917	0. 1813	0. 1777	0. 1701	0. 1997
宁夏	0. 0649	0. 1019	0. 1598	0. 157	0. 1869	0. 2207	0. 1081	0. 0792	0. 0571	0. 0564	0. 168	0. 1659	0. 1519	0. 1706	0. 237	0. 2092
新疆	0. 1192	0. 0973	0. 0997	0. 0947	0. 0955	0. 0901	0. 0587	0. 0549	0. 0643	0. 0738	0. 1143	0. 1326	0. 108	0. 1155	0. 1084	0. 1279

附表 38

技术因素Ⅱ：研发投入

省域	2001	2002	2003	2004	2005	2006	2007	2008	2009	2010	2011	2012	2013	2014	2015	2016
北京	0.0462	0.0509	0.0512	0.0526	0.0548	0.0533	0.0513	0.0495	0.055	0.0582	0.0576	0.0595	0.0608	0.0595	0.0601	0.0578
天津	0.0131	0.0145	0.0157	0.0173	0.0186	0.0213	0.0218	0.0232	0.0237	0.0249	0.0263	0.028	0.0298	0.0295	0.0308	0.03
河北	0.0047	0.0056	0.0055	0.0052	0.0059	0.0067	0.0066	0.0068	0.0078	0.0076	0.0082	0.0092	0.01	0.0106	0.0118	0.012
山西	0.0053	0.0062	0.0055	0.0066	0.0062	0.0074	0.0082	0.0086	0.011	0.0098	0.0101	0.0109	0.0123	0.0119	0.0104	0.0102
内蒙古	0.0023	0.0025	0.0027	0.0026	0.003	0.0033	0.0038	0.004	0.0053	0.0055	0.0059	0.0064	0.007	0.0069	0.0076	0.0081
辽宁	0.0107	0.0131	0.0138	0.016	0.0155	0.0146	0.0148	0.0139	0.0153	0.0156	0.0164	0.0157	0.0165	0.0152	0.0127	0.0168
吉林	0.0078	0.0112	0.0104	0.0114	0.0109	0.0096	0.0096	0.0082	0.0112	0.0087	0.0084	0.0087	0.0092	0.0095	0.0101	0.0095
黑龙江	0.0059	0.0064	0.0081	0.0075	0.0089	0.0092	0.0093	0.0104	0.0127	0.0119	0.0102	0.0107	0.0115	0.0107	0.0105	0.0099
上海	0.0169	0.0192	0.0193	0.0212	0.0225	0.0245	0.0246	0.0253	0.0281	0.0281	0.0311	0.0337	0.036	0.0154	0.0373	0.0372
江苏	0.0098	0.0111	0.0121	0.0143	0.0145	0.0159	0.0165	0.0187	0.0204	0.0207	0.0217	0.0238	0.0251	0.0254	0.0257	0.0262
浙江	0.006	0.0068	0.0077	0.0099	0.0122	0.0079	0.015	0.0161	0.0173	0.0178	0.0185	0.0208	0.0218	0.0226	0.0236	0.0239
安徽	0.0065	0.0073	0.0083	0.008	0.0086	0.0097	0.0098	0.0111	0.0135	0.0132	0.014	0.0164	0.0185	0.0189	0.0196	0.0195
福建	0.0055	0.0055	0.0075	0.008	0.0082	0.0089	0.0089	0.0094	0.0111	0.0116	0.0126	0.0138	0.0144	0.0148	0.0151	0.0158
江西	0.0036	0.0048	0.0061	0.0062	0.007	0.0078	0.0084	0.0091	0.0099	0.0092	0.0083	0.0088	0.0095	0.0097	0.0104	0.0112
山东	0.0066	0.0086	0.0086	0.0095	0.0106	0.0107	0.0121	0.014	0.0153	0.0172	0.0186	0.0204	0.0215	0.0219	0.0227	0.023

续 表

省域	2001	2002	2003	2004	2005	2006	2007	2008	2009	2010	2011	2012	2013	2014	2015	2016
河南	0. 0051	0. 0049	0. 005	0. 005	0. 0052	0. 0065	0. 0067	0. 0068	0. 009	0. 0091	0. 0098	0. 0105	0. 011	0. 0114	0. 0118	0. 0122
湖北	0. 0095	0. 0114	0. 0115	0. 01	0. 0114	0. 0124	0. 0119	0. 0132	0. 0165	0. 0165	0. 0165	0. 017	0. 0181	0. 0186	0. 019	0. 0184
湖南	0. 0063	0. 0063	0. 0065	0. 0066	0. 0067	0. 007	0. 0078	0. 0098	0. 0118	0. 0116	0. 0119	0. 013	0. 0133	0. 0136	0. 0143	0. 0149
广东	0. 0114	0. 0116	0. 0113	0. 0112	0. 0108	0. 0118	0. 0127	0. 0137	0. 0165	0. 0176	0. 0196	0. 0217	0. 0232	0. 0237	0. 0247	0. 0252
广西	0. 0035	0. 0036	0. 004	0. 0035	0. 0037	0. 0038	0. 0038	0. 0047	0. 0061	0. 0066	0. 0069	0. 0075	0. 0075	0. 0071	0. 0063	0. 0064
海南	0. 0014	0. 0019	0. 0017	0. 0026	0. 0018	0. 002	0. 0021	0. 0022	0. 0035	0. 0034	0. 0041	0. 0048	0. 0047	0. 0048	0. 0046	0. 0054
重庆	0. 0051	0. 0056	0. 0068	0. 0078	0. 0092	0. 0094	0. 0101	0. 0104	0. 0122	0. 0127	0. 0128	0. 014	0. 0139	0. 0142	0. 0157	0. 017
四川	0. 0134	0. 0131	0. 0149	0. 0122	0. 0131	0. 0124	0. 0132	0. 0127	0. 0152	0. 0154	0. 014	0. 0147	0. 0152	0. 0157	0. 0167	0. 017
贵州	0. 0047	0. 0049	0. 0055	0. 0052	0. 0055	0. 0062	0. 0048	0. 0053	0. 0067	0. 0065	0. 0064	0. 0061	0. 0059	0. 006	0. 0059	0. 0062
云南	0. 0036	0. 0042	0. 0043	0. 0041	0. 0062	0. 0052	0. 0054	0. 0054	0. 006	0. 0061	0. 0063	0. 0067	0. 0068	0. 0044	0. 008	0. 009
陕西	0. 0257	0. 0269	0. 0263	0. 0263	0. 0235	0. 0214	0. 0211	0. 0196	0. 0232	0. 0215	0. 0199	0. 0199	0. 0214	0. 0207	0. 0218	0. 0216
甘肃	0. 0075	0. 0089	0. 0091	0. 0085	0. 0101	0. 0105	0. 0095	0. 01	0. 011	0. 0102	0. 0097	0. 0107	0. 0107	0. 0112	0. 0122	0. 0121
青海	0. 004	0. 0062	0. 0062	0. 0064	0. 0054	0. 0051	0. 0048	0. 0038	0. 007	0. 0073	0. 0075	0. 0069	0. 0066	0. 0062	0. 0048	0. 0054
宁夏	0. 0044	0. 0053	0. 0054	0. 0058	0. 0052	0. 0069	0. 0082	0. 0062	0. 0077	0. 0068	0. 0073	0. 0078	0. 0081	0. 0087	0. 0088	0. 0094
新疆	0. 0021	0. 0022	0. 002	0. 0027	0. 0025	0. 0028	0. 0028	0. 0038	0. 0051	0. 0049	0. 005	0. 0053	0. 0054	0. 0053	0. 0056	0. 0059

附表 39 对外因素Ⅰ：对外开放度

省域	2001	2002	2003	2004	2005	2006	2007	2008	2009	2010	2011	2012	2013	2014	2015	2016
北京	0. 9574	0. 8719	0. 7652	0. 7287	0. 7138	0. 686	0. 6807	0. 6199	0. 5991	0. 5735	0. 5349	0. 5271	0. 5622	0. 5786	1. 0313	1. 1055
天津	1. 4718	1. 4046	1. 333	1. 2506	1. 1919	1. 2282	1. 2072	0. 9788	0. 8871	0. 8069	0. 6569	0. 5819	0. 5489	0. 5628	0. 6831	0. 8264
河北	0. 2216	0. 2127	0. 2093	0. 1957	0. 1796	0. 1721	0. 1637	0. 1482	0. 1466	0. 1343	0. 1206	0. 1163	0. 1193	0. 1297	0. 1539	0. 1756
山西	0. 2011	0. 2052	0. 1772	0. 1601	0. 1494	0. 1818	0. 2259	0. 1725	0. 1903	0. 1692	0. 1837	0. 1665	0. 1679	0. 1882	0. 2006	0. 2145
内蒙古	0. 107	0. 1032	0. 1328	0. 294	0. 2654	0. 2392	0. 2042	0. 1828	0. 1683	0. 1352	0. 115	0. 1025	0. 0843	0. 0914	0. 1228	0. 1505
辽宁	1. 0483	1. 0062	1. 0127	0. 8418	0. 8305	0. 8115	0. 7453	0. 6398	0. 5917	0. 543	0. 4831	0. 4713	0. 4188	0. 4261	0. 449	0. 6366
吉林	0. 3158	0. 6307	0. 5674	0. 5126	0. 4691	0. 5756	0. 4536	0. 1908	0. 1811	0. 1744	0. 1423	0. 1188	0. 1515	0. 1567	0. 1561	0. 16
黑龙江	0. 1866	0. 1698	0. 1656	0. 1648	0. 1633	0. 1762	0. 156	0. 1363	0. 144	0. 1285	0. 1077	0. 1025	0. 0981	0. 0979	0. 0921	0. 122
上海	1. 7887	1. 8433	1. 8632	1. 7639	1. 7794	0. 1704	1. 5738	1. 4647	1. 3999	1. 3424	1. 2719	1. 2937	1. 3122	1. 382	1. 6398	1. 7302
江苏	0. 8045	0. 9784	0. 997	1. 196	1. 1715	1. 1918	1. 1233	0. 9411	0. 8809	0. 8328	0. 7547	0. 7295	0. 6972	0. 6774	0. 695	0. 7549
浙江	0. 4084	0. 4464	0. 5217	0. 5923	0. 6228	0. 639	0. 5942	0. 5169	0. 4872	0. 4488	0. 4042	0. 3965	0. 3961	0. 4018	0. 4239	0. 4495
安徽	0. 2345	0. 2261	0. 2455	0. 2248	0. 2373	0. 2392	0. 2469	0. 2017	0. 1894	0. 1666	0. 1391	0. 1465	0. 1353	0. 1414	0. 3015	0. 183
福建	1. 0408	1. 0996	1. 0972	0. 9883	0. 9424	0. 925	0. 8495	0. 7263	0. 6558	0. 5751	0. 5044	0. 4668	0. 4452	0. 4422	0. 4717	0. 5216
江西	0. 3565	0. 3331	0. 4026	0. 3906	0. 3737	0. 3845	0. 3821	0. 3367	0. 3292	0. 3155	0. 2713	0. 2624	0. 2537	0. 2619	0. 2704	0. 279
山东	0. 3824	0. 379	0. 4085	0. 3821	0. 351	0. 3229	0. 2858	0. 2293	0. 2257	0. 2159	0. 2045	0. 1995	0. 1998	0. 2058	0. 2169	0. 2459

续 表

省域	2001	2002	2003	2004	2005	2006	2007	2008	2009	2010	2011	2012	2013	2014	2015	2016
河南	0. 1506	0. 1619	0. 1521	0. 1437	0. 1599	0. 1506	0. 1307	0. 114	0. 1217	0. 1113	0. 1018	0. 0988	0. 092	0. 1035	0. 1157	0. 1349
湖北	0. 3014	0. 3112	0. 3073	0. 3332	0. 3208	0. 2937	0. 2569	0. 2106	0. 1987	0. 1823	0. 171	0. 1623	0. 164	0. 1742	0. 1881	0. 2019
湖南	0. 1417	0. 1729	0. 1813	0. 1745	0. 1967	0. 2213	0. 1971	0. 1615	0. 1464	0. 1372	0. 115	0. 1093	0. 1023	0. 1052	0. 1124	0. 1221
广东	1. 5237	1. 4476	1. 2593	1. 144	1. 0503	0. 9445	0. 8443	0. 7099	0. 6814	0. 6216	0. 5502	0. 5292	0. 5105	0. 5089	0. 5513	0. 6418
广西	0. 3717	0. 3422	0. 3063	0. 3054	0. 3028	0. 303	0. 2878	0. 2579	0. 2394	0. 1985	0. 1653	0. 1508	0. 1375	0. 1465	0. 1577	0. 1585
海南	3. 0694	1. 2675	1. 0309	0. 871	0. 8401	0. 9023	5. 7399	4. 508	3. 7284	0. 8514	0. 5659	0. 5982	0. 5311	0. 4891	0. 5245	1. 2457
重庆	0. 2938	0. 2553	0. 2119	0. 1974	0. 1899	0. 1902	0. 3235	0. 2885	0. 2908	0. 2989	0. 2921	0. 297	0. 2878	0. 2907	0. 3125	0. 3296
四川	0. 2107	0. 21	0. 2114	0. 1813	0. 1843	0. 183	0. 1946	0. 2343	0. 2225	0. 2149	0. 1767	0. 1693	0. 1709	0. 1781	0. 1833	0. 1899
贵州	0. 1167	0. 1258	0. 1218	0. 1101	0. 0957	0. 0888	0. 0742	0. 0633	0. 0628	0. 061	0. 0645	0. 0706	0. 0917	0. 1025	0. 1076	0. 1337
云南	0. 208	0. 2165	0. 2365	0. 2118	0. 1994	0. 2144	0. 1897	0. 1737	0. 176	0. 1687	0. 1502	0. 1381	0. 1273	0. 121	0. 1497	0. 1482
陕西	0. 3947	0. 3899	0. 3707	0. 3246	0. 2856	0. 251	0. 2189	0. 1312	0. 1354	0. 121	0. 1028	0. 1359	0. 1413	0. 1553	0. 1783	0. 192
甘肃	0. 1811	0. 1454	0. 1278	0. 1498	0. 134	0. 0983	0. 0867	0. 0847	0. 0988	0. 1036	0. 0824	0. 0779	0. 0643	0. 0607	0. 0703	0. 0694
青海	0. 1786	0. 1699	0. 1666	0. 1702	0. 1056	0. 2464	0. 2328	0. 2279	0. 1769	0. 1181	0. 1218	0. 0943	0. 0878	0. 0825	0. 1906	0. 1943
宁夏	0. 2603	0. 4956	0. 7212	0. 6262	0. 5963	0. 4843	0. 1817	0. 1426	0. 1262	0. 1593	0. 1354	0. 0835	0. 0854	0. 1152	0. 192	0. 1825
新疆	0. 0621	0. 0587	0. 0548	0. 0542	0. 0583	0. 0682	0. 0671	0. 0764	0. 0767	0. 0653	0. 0548	0. 056	0. 0478	0. 0502	0. 0569	0. 0665

附表 40　　**2000—2016 年中国与全球的碳排放**　　单位：MMTons CO_2

年份	China	world	比例
2000	3531. 3066	24534. 7629	0. 1439
2001	3711. 1443	24732. 7531	0. 1500
2002	3975. 4822	25329. 1998	0. 1570
2003	4642. 0212	26590. 0665	0. 1746
2004	5389. 3850	27869. 4009	0. 1934
2005	6115. 6383	29023. 4140	0. 2107
2006	6747. 8155	29997. 5319	0. 2249
2007	7224. 1105	30802. 1787	0. 2345
2008	7499. 2835	31178. 7552	0. 2405
2009	8188. 0950	30948. 0079	0. 2646
2010	8778. 3798	32725. 0612	0. 2682
2011	9824. 2013	34200. 2168	0. 2873
2012	10340. 3689	34958. 7018	0. 2958
2013	10791. 2106	35648. 5413	0. 3027
2014	10724. 5856	35785. 9186	0. 2997
2015	10594. 0879	35751. 7010	0. 2963
2016	10295. 1758	35271. 5413	0. 2919

数据来源：U. S. Energy Information Administration。

后　　记

本书是在我主持完成的国家社科基金一般项目“中国对外贸易中的碳排放绩效评估”的成果（项目批准号 13BJY069）基础上修改完成的，已经有部分成果公开发表在 *Energy Policy*、《资源科学》《河海大学学报（哲学社会科学版）》《国际商务——对外经济贸易大学学报》《中国矿业大学学报（社会科学版）》等核心期刊上。在课题研究过程中，除了课题组自行计算的结果数据之外，我收集并整理了来自于公开出版的统计数据，并在本书最后的附录中一一列出，其他研究者可以使用这些数据对本研究结果进行重复性验证。这些数据为相关研究提供了一个基础性的数据库，可以为后续研究节约大量时间。

“观画如临情中景，无限感激言迄尽”，在本书出版之际，向所有关心和支持课题研究的人表示衷心感谢！感谢国家社科基金的资助，感谢匿名评审专家在课题的申报和结题中给予的建议，感谢省社科规划办提供的帮助，感谢学校的支持！本成果在研究过程中得到了很多学者的指导和帮助，我也学习和借鉴了很多素不相识学者的研究成果，在此也表示衷心的感谢！最后要特别感谢中国衬科学出版社编辑老师严谨求实、科学细致的工作，正是他们的辛苦付出才让此研究成果得以面世。

“半卷帘笼半卷书，毕生求索毕生学”，在未来的学术之路上我将不懈努力，将教书育人与学术研究融入日常生活，踏踏实实做好每一件事，向更高、更远、更深的未来领域奋斗！